Metin Tolan, Joachim Stolze
Geschüttelt, nicht gerührt

PIPER

Zu diesem Buch

Nie war die Vermittlung physikalischen Wissens aufregender: Seit fünfzehn Jahren geht der Physik-Professor Metin Tolan den technischen Spielereien aus den James-Bond-Klassikern auf den Grund und fühlt dem Supertüftler Q auf den Zahn. Kann man wirklich mit einem Raketenrucksack durch die Luft fliegen oder wird beim britischen Geheimdienst etwa geschummelt? Tolan sagt: Dass sich 007 bei seinen atemberaubenden Stunts nie den Hals bricht, ist nicht Glück, sondern angewandte Physik. Wie der Top-Agent in Sekundenbruchteilen Geschwindigkeiten berechnet und ein Flugzeug im Sturzflug einholt, wie seine Magnetuhr und die Röntgenbrille funktioniert, warum er seinen Wodka-Martini geschüttelt trinkt, und nicht gerührt: lesen Sie nach!

Metin Tolan, geboren 1965 in Oldenburg, ist Professor für Experimentelle Physik und Prorektor für Forschung an der Technischen Universität Dortmund. Seine Leidenschaften sind Physik, Fußball und James-Bond-Filme. Die Vorträge, die er über diese aufregende Mischung hält, werden vom Publikum gefeiert. Zuletzt erschien von ihm »So werden wir Weltmeister. Die Physik des Fußballspiels«.
Joachim Stolze, geboren 1953, ist Professor für Theoretische Physik an der Technischen Universität Dortmund.

Metin Tolan, Joachim Stolze

GESCHÜTTELT, NICHT GERÜHRT

James Bond und die Physik

Mit 77 Abbildungen

Piper München Zürich

Mehr über unsere Autoren und Bücher:
www.piper.de

Von Metin Tolan liegen bei Piper vor:
Geschüttelt, nicht gerührt. James Bond und die Physik (mit Joachim Stolze)
So werden wir Weltmeister. Die Physik des Fußballspiels

Ungekürzte Taschenbuchausgabe
1. Auflage März 2010
4. Auflage November 2012
© 2008 Piper Verlag GmbH, München
Umschlaggestaltung: semper smile, München
Umschlagfoto: DIZ München
Satz: Sebastian Lehnert, München
Papier: Munken Print von Arctic Paper Munkedals AB, Schweden
Druck und Bindung: CPI – Clausen & Bosse, Leck
Printed in Germany   ISBN 978-3-492-25847-0

INHALT

Vorwort
Ein Quantum Physik 009

Kapitel 1
007 in tödlicher Mission – Verfolgungsjagden 019

Die körperlichen Belastungen eines Geheimagenten 022

James Bond im freien Fall 036

Luftwiderstand einmal anders 043

Wie man ein Flugzeug in der Luft einholen
kann 059

Wie sich Autos im Film überschlagen 076

Ein Auto auf zwei Rädern 089

Kapitel 2
James Bond und der Weltraum 099

Die Zentrifugalkraft – mal angenehm,
mal tödlich 099

Von Raketen und Rucksäcken 115

Kapitel 3
Laser, Röntgenstrahlen und optische Tricks 135

»Ikarus« – Waffe oder Wahnsinn? 136

Feine Schnitte und grobe Zerstörung:
Laserstrahlen 151

Ich sehe was, was du nicht siehst –
James Bond hat den Durchblick 164

»Ich schau dir in die Augen, Kleines« 185

Polarisation durch Reflexion: Wie man
durch spiegelnde Scheiben sieht 194

Kapitel 4
Immer auf der Höhe der Zeit – Die James-Bond-Uhren 199

Eine Uhr, ein Stahlseil und eine Menge
phantastischer Physik 200

Die Technik macht's möglich! – Eine Magnet-uhr 213

Kapitel 5
Die Mythen aus *Goldfinger* 233

Woran starb die goldene Dame? 234

Das Unternehmen »Grand Slam« 245

Wie breitet sich Giftgas aus? 258

Eine Pistole, ein Flugzeug und Pussy Galore 269

Kapitel 6
»Geschüttelt, nicht gerührt!« 283

Nachwort
Wie es zu diesem Buch kam 291

Anhang 295

Die Autoren 295

Personen- und Sachregister 298

Abbildungsnachweis 302

VORWORT

EIN QUANTUM PHYSIK

Als Ian Fleming im Jahr 1953 den ersten James-Bond-Roman mit dem Titel *Casino Royale* veröffentlichte, konnte er nicht ahnen, welche Figur er da erschaffen hatte. Der britische Geheimagent James Bond, den Ian Fleming nach einem Ornithologen aus Philadelphia benannt hat, gehört zu den bekanntesten Filmfiguren überhaupt.[1] Er hat die Angewohnheit, sich mit »Mein Name ist Bond, James Bond.« vorzustellen, und genießt eine weltweite Popularität, die kaum noch zu steigern ist. Die Doppelnull-Nummer steht für die Lizenz zum Töten, oder wie es sein Vorgesetzter M[2] einmal im Film *007 jagt Dr. No* ausdrückte: »Ihre Doppelnull-Nummer bedeutet, Sie dürfen notfalls einen Gegner erschießen – nicht er Sie!« Bisher ist allerdings nicht geklärt, ob es ein Zufall ist, dass seine Geheimnummer »007« aus-

---

1 Ian Fleming besaß tatsächlich das Buch *Birds of the West Indies* des Ornithologen James Bond (1900–1989). In *Stirb an einem anderen Tag* wird darauf direkt angespielt: James Bond sagt zum Bond-Girl Jinx: »Na, ich bin wegen der Vögel hier – Ornithologe.«

2 M wurde in den ersten elf James-Bond-Filmen von Bernhard Lee gespielt. Erst seit dem Film *Golden Eye* ist M weiblich und wird von Judi Dench verkörpert.

gerechnet mit der internationalen Vorwahl Russlands übereinstimmt.

James Bond gilt als Inbegriff des eleganten Briten, der an den schönsten Orten der Welt Beluga-Kaviar verspeist, dabei gerne Dom Pérignon oder Château Lafite Rothschild 1953 zu sich nimmt und keine schöne Frau vorbeigehen lässt. Er übersteht Gefahren, ist immer topfit, hat Nerven wie Drahtseile und verfügt über ein sagenhaftes Allgemeinwissen.

Doch was hat dieser alles könnende Frauenschwarm mit Physik zu tun? Eigentlich müsste man genau andersrum fragen: Glaubt irgendjemand ernsthaft, dass James Bond ohne Physikkenntnisse noch leben würde? Wenn 007 Bösewichte halsbrecherisch verfolgt oder spektakulär vor seinen Feinden flieht, dann hat er dabei natürlich, wie jeder andere auch, die Gesetze der Physik zu beachten, selbst wenn die entsprechende Szene noch so unrealistisch erscheint. Um diese Gesetze der Physik für sich zu nutzen, sollte er sie natürlich beherrschen. So wird nach der Lektüre dieses Buches jeder der Aussage zustimmen, dass James Bond einfach über profunde Physikkenntnisse verfügen muss, sonst wäre 007 schon längst nicht mehr unter den Lebenden. Und nicht nur das. Mehr als einmal beweist er, dass er auch im Kopfrechnen Übermenschliches zu leisten vermag. Wer sonst kann gekoppelte nichtlineare Differenzialgleichungen[3] auf einem Motorrad sitzend in wenigen Sekunden lösen, wie Bond dies in der Anfangssequenz von *Golden Eye* vorführt?

Nach Ian Fleming hat James Bond blaue Augen und schwarzes Haar. Er ist schlank, ein guter Sportler, aus-

---

3 Experten wissen, was das ist. Nicht-Experten können beruhigt sein: Selbst Experten haben großen Respekt vor gekoppelten nichtlinearen Differenzialgleichungen.

0.1 Sean Connery ist der beliebteste Darsteller des Geheimagenten 007.

gezeichneter Pistolenschütze, Boxer, Messerwerfer und starker Raucher der Marke »Morlands«. Bewaffnet ist der Geheimagent mit einer Walther PPK 7,65 Millimeter Pistole, die 1997 durch eine moderne Walther P 99 ersetzt wurde, und mit einem Messer am linken Unterarm. Weiterhin ist James Bond in der beneidenswerten Lage, bei einer Körpergröße von 1,83 Metern immer genau 76 Kilogramm[4] zu wiegen, egal wie alt er ist oder von welchem Schauspieler er dargestellt wird. Er hat damit einen perfekten Body-Mass-Index[5] von 22,7. Die Darsteller haben sich diesen Idealwerten immer ziem-

---

4 Genau genommen müsste man davon sprechen, dass seine Masse 76 Kilogramm beträgt. Sein Gewicht, genauer seine Gewichtskraft, ist dann gleich seiner Masse multipliziert mit der Erdbeschleunigung, also $76\,kg \times 9{,}81\,m/s^2 = 745{,}5$ Newton. Da die Erdbeschleunigung aber konstant ist, braucht zwischen Masse und Gewicht nicht unterschieden zu werden.

5 Der Body-Mass-Index (BMI) berechnet sich nach der Formel Körpergewicht in Kilogramm geteilt durch Körpergröße in Meter zum Quadrat. Ein BMI zwischen 20 und 25 ist optimal. Ein BMI unter 20 bedeutet Untergewicht, über 25 beginnt die Zone des Übergewichts.

lich genau angepasst. So hatte Daniel Craig bei den Dreharbeiten zum Film *Casino Royale* im Jahr 2006 mit 78 Kilogramm bei einer Größe von 1,82 Metern fast die optimalen Maße. Bei allen Berechnungen in diesem Buch wird James Bond daher stets 76 Kilogramm wiegen. Diese Angabe wird immer dann verwendet, wenn der Top-Agent beispielsweise durch die Luft fliegt oder wenn er selber beschleunigt wird und mithilfe der Formel Kraft = Masse × Beschleunigung die auf ihn einwirkende Kraft zu bestimmen ist. Entfernungen oder die Größe von Gegenständen werden jeweils in »James-Bond-Einheiten« angegeben, mit seiner Körpergröße von 1,83 Metern verglichen und damit skaliert. Dadurch gelingt häufig eine recht genaue Schätzung der relevanten Zahlen. Beispielsweise kann man so den Abstand des Teelöffels auf Ms Untertasse genau bestimmen, den 007 im Film *Leben und sterben lassen* mit seiner phantastischen Magnetuhr anzieht.

Auch andere Zahlenwerte für einzelne Szenen in James-Bond-Filmen sind gut bekannt. Die Angaben für den Beißer aus den Filmen *Der Spion, der mich liebte* und *Moonraker* können über die entsprechenden Werte des Schauspielers Richard Kiel ermittelt werden: 144 Kilogramm bei einer Körpergröße von 2,20 Metern.[6] Mit diesen Angaben kann schließlich der Sturz von James Bond und dem Beißer aus einem Flugzeug zu Beginn des Filmes *Moonraker* im Detail analysiert werden.

Manche Angaben sind aber unscheinbarer als beispielsweise die imposante Statur des Beißers. In *Golden*

---

6 Im Gegensatz zu den präzisen Werten für James Bond schwanken hier die Angaben aber etwas. Manche Quellen sprechen auch nur von 140 Kilogramm Gewicht, und für die Körpergröße des Beißers findet man Werte zwischen 2,14 und 2,38 Metern.

Eye stürzen James Bond und ein führerloses Flugzeug von einer Klippe. Hier ist die Höhe dieser Klippe von entscheidender Bedeutung. Der Anfang dieser Szene wurde tatsächlich real gedreht, es gibt diese Klippe wirklich, sie hat eine Höhe von 2651 Metern. Es ist klar, dass diese Zahl für James Bond, der dem Flugzeug hinterherspringt und es in der Luft einholt, äußerst wichtig ist. Sollte eine Berechnung ergeben, dass er nach 5000 Metern Falltiefe einsteigen kann, dann ist dies sicherlich interessant – hätte ihm aber leider nicht weitergeholfen.

Bei der Diskussion der Szenen in diesem Buch werden daher alle verfügbaren Angaben aus der Literatur, wie die Höhe von Klippen oder Gebäuden, die Gewichte von Schauspielern und Geräten oder die Ausmaße von Raumstationen und Raketen, soweit sie bekannt sind, verwendet.[7]

Sollten wichtige Angaben aber gar nicht bekannt sein, dann muss etwas getan werden, was der Normalbürger wohl nicht mit dem Image eines präzise analysierenden Physikers in Einklang zu bringen wagt: Man muss schätzen! Um beispielsweise zu berechnen, ob Jill Masterson wirklich an ihrem Goldüberzug gestorben ist, benötigt man ihr Gewicht. Es ist aber klar, dass Angaben über das Gewicht einer Dame wie der Schauspielerin Shirley Eaton, die 1964 Jill Masterson in *Goldfinger* spielte, natürlich nirgendwo zu finden sind. Deswegen muss ihr Gewicht möglichst realistisch geschätzt werden. Aus ihrer Körpergröße und ihrer allgemeinen Erscheinung folgt, dass sie sicher schwerer

---

7 Hier ist *Das große James Bond Buch* von Siegfried Tesche (Berlin 1999) mit seinen über 500 Seiten eine schier unerschöpfliche Informationsquelle.

als 45 Kilogramm und leichter als 65 Kilogramm ist. Also erscheint ein Wert von 55 Kilogramm als durchaus realistisch, selbst wenn er nicht ganz exakt sein sollte. Mit diesem Wert kann dann berechnet werden, dass die Dame nach etwa sechs Stunden an ihrem Goldüberzug gestorben sein muss. Das gleiche Schicksal erleidet übrigens auch die unglückliche Strawberry Fields in *Ein Quantum Trost*. Nach einem Schäferstündchen mit dem Top-Agenten liegt sie ganz mit Rohöl überzogen tot in ihrem Hotelzimmer.

Bisher gibt es 22 offizielle Filme, in denen 007 die verschiedensten Abenteuer zu bestehen hat.[8] Begonnen hat die Serie im Jahr 1962 mit dem Film *007 jagt Dr. No*, dem im Jahresabstand die Filme *Liebesgrüße aus Moskau*, *Goldfinger* und *Feuerball* folgten. *Goldfinger* ist wohl der populärste James-Bond-Film überhaupt, der einige Mythen begründet hat, an die bis heute noch geglaubt wird. 1967 kam *Man lebt nur zweimal* in die Kinos, in dem der Schotte Sean Connery zunächst das letzte Mal als James Bond auftrat. Es dauerte weitere zwei Jahre, bis 007 wieder mit *Im Geheimdienst Ihrer Majestät* auf die Kinoleinwand zurückkehrte, diesmal gespielt vom australischen Schauspieler George Lazenby. Dieser Film war jedoch nicht so erfolgreich wie seine Vorgänger, sodass 1971 für *Diamantenfieber* nochmals Sean Connery überredet werden konnte, den Top-Agenten zu verkörpern.[9] Danach wurde James Bond in sieben Abenteuern

---

8 Damit sind Filme der Produktionsfirma EON gemeint, die die Lizenzen zum Verfilmen aller Bücher von Ian Fleming innehat. Filme wie *Sag niemals nie* aus dem Jahre 1983 oder die Slapstick-Version von *Casino Royale* aus dem Jahre 1967 zählen damit nicht zu den offiziellen Filmen.

9 Gerüchte besagen, dass Sean Connery mit Geld »überredet« wurde.

vom Engländer Roger Moore gespielt. *Leben und sterben lassen* kam im Jahr 1973 in die Kinos, *Der Mann mit dem goldenen Colt* 1974, *Der Spion, der mich liebte* 1977, *Moonraker* 1979, *In tödlicher Mission* 1981 und *Octopussy* 1983. Schließlich spielte Moore nochmals in *Im Angesicht des Todes*, schon leicht außer Form, im Jahr 1985 den Agenten in geheimer Mission. *Der Hauch des Todes* war dann 1987 die Premiere des Walisers Timothy Dalton in der Hauptrolle, dem der Film *Lizenz zum Töten* zwei Jahre später folgte. Es schloss sich eine lange Pause von sechs Jahren an, in der mit dem irischen Schauspieler Pierce Brosnan ein neuer Darsteller für 007 gefunden wurde. Gleich der erste Film *Golden Eye* im Jahr 1995 war ein Paukenschlag, der auch die neue weltpolitische Lage nach dem Zusammenbruch des Ostblocks berücksichtigte.

Nun war James Bond wieder regelmäßig auf der Kinoleinwand zu sehen: 1997 in *Der Morgen stirbt nie* und 1999 in *Die Welt ist nicht genug*, übrigens der letzte Film, in dem Desmond Llewelyn den legendären Erfinder Q spielt, der die technischen Spielereien für James Bond entwickelt, die diesem oft das Überleben in ausweglosen Situationen ermöglichen.[10] Gleichzeitig wird aber John Cleese als sein Nachfolger bereits eingearbeitet und tritt im folgenden Film *Stirb an einem anderen Tag* aus dem Jahr 2002 in der Q-Rolle auf. Es dauerte weitere vier Jahre – bis zum Herbst 2006 – bis *Casino Royale* in die Kinos kam. Als Darsteller des Top-Agenten kommt diesmal der englische Schauspieler Daniel Craig zum Einsatz, der die Rolle auch im Novem-

---

10 Desmond Llewelyn starb 1999 bei einem Autounfall. Übrigens: In *Goldfinger* nennt James Bonds deutsche Stimme Q versehentlich K. Ein peinlicher Synchronisationsfehler.

ber 2008 im letzten Film *Ein Quantum Trost* besetzte.
Für 2011 ist der 23. Bond-Streifen bereits angekündigt, wieder mit dem blonden Engländer als 007. Die
neuesten Filme zeigen einen Bond, der erst noch
zum Doppelnull-Agenten aufsteigen muss und somit
noch nicht all die technischen Tricks seiner Vorgänger
zur Verfügung hat. Q kommt deswegen nicht vor,
und auch seine Martinis lässt sich Bond nicht schütteln.
Kurzum: 007 ist noch nicht der smarte Draufgänger,
den wir alle lieben. Er ist hingegen ein knüppelharter
Faustkämpfer, der von einer spektakulären Action-
Szene zur nächsten hetzt und in *Ein Quantum Trost*
sogar vergisst, das Bondgirl zu vernaschen! Doch nicht
nur das, sondern auch die Physik kommt dabei etwas
zu kurz. Spektakuläre Action-Szenen beinhalten meist
gar nicht so viel spektakuläre Physik. Wenn zwei Autos
mit hoher Geschwindigkeit zusammenstoßen, dann
ist das Resultat ein Haufen Schrott – viel mehr kann ein
Physiker dazu auch nicht sagen.

Insgesamt bestellte James Bond in allen seinen
Abenteuern 26-mal einen Wodka-Martini, er besuchte
38 Länder, und ihm wird 33-mal gesagt, dass er sterben wird. Es gab 59 Bond-Girls, davon 30 Brünette,
24 Blonde und 5 Rothaarige. Insgesamt 16-mal hört
man Frauen raunen »Oh, James!« und 81-mal hat er
Sex, davon 21-mal in Hotelzimmern, 2-mal in einer
Londoner Wohnung, 14-mal bei ihr, einmal bei jemand anderem, 3-mal im Zug, 2-mal in einer Scheune,
2-mal im Wald, 2-mal in einem Nomadenzelt, 2-mal
im Krankenhaus, 2-mal im Flugzeug, 2-mal in einem
Wasserflugzeug, einmal in einem U-Boot, einmal im
Auto, einmal in einem motorisierten Eisberg, einmal
in einem Spaceshuttle und 24-mal im, am, unter oder
auf dem Wasser.

Mindestens so akribisch wie diese Fakten werden in den Kapiteln dieses Buches ganz konkrete Szenen aus den James-Bond-Filmen physikalisch analysiert und so quantitativ und so detailgenau wie möglich ausgewertet. Alle James-Bond-Filme beziehen ihren Reiz auch aus der Tatsache, dass sich der Betrachter bei spektakulären Stunts oder technischen Tricks immer wieder die Frage stellt: »Könnte das vielleicht doch irgendwie funktionieren?« Deswegen zielen wir nicht darauf ab, zu erklären, wie unrealistisch die eine oder andere Filmszene ist, sondern versuchen jedes Mal, Bedingungen anzugeben, unter denen die Filmszenen tatsächlich realisiert werden könnten, denn James Bond ist keine Figur der Science-Fiction. Dass diese Bedingungen aber manchmal etwas ungewöhnlich sind, sollte nicht weiter verwundern.

James Bond ist immer nur so gut wie sein Gegenspieler. Der Bösewicht Hugo Drax baut eine große Station im Weltraum und verfolgt einen teuflischen Plan: Er will die Menschheit mithilfe von Satelliten, die tödliches Gift aus Orchideen enthalten, vernichten und die Erde mit von ihm ausgesuchten, makellosen Menschen neu bevölkern. Ein Plan, der eine genauere Analyse geradezu herausfordert.

Der beste James-Bond-Gegenspieler ist aber zweifellos Auric Goldfinger aus dem gleichnamigen Film. Jeder kennt ihn, jeder weiß, dass Goldfinger in Fort Knox, dem amerikanischen Golddepot, einbrechen will, und jeder weiß, dass ihm dabei ein sogenanntes Atomgerät helfen soll, das James Bond nur »007« Sekunden (so zeigt es der Zähler der Zeitbombe an) vor der Detonation entschärft. Aber hat jemand wirklich das Unternehmen »Grand Slam«, wie Goldfinger sein Verbrechen nennt, jemals im Detail verstanden? Dieses Buch wird

Geheimnisse wie diese endlich lüften und schließlich sogar die Frage aller Fragen beantworten: Warum muss das Lieblingsgetränk von 007, der Wodka-Martini, stets geschüttelt sein und nicht gerührt?

Da die Leserinnen und Leser dieses Buches sicher eine unterschiedliche physikalische Vorbildung haben, sind die Abschnitte immer dreigeteilt. Zuerst wird die James-Bond-Szene, um die es geht, im Detail erklärt. Danach wird die Physik hinter dieser Szene erläutert, wobei weitestgehend auf komplizierte Formeln verzichtet wird. Zum Ende eines jeden Abschnitts gibt es die Rubrik »Details für Besserwisser«, in der etwas mehr über die relevante Physik hinter den besprochenen Szenen und die durchgeführten Berechnungen verraten wird.

Als famose Einstimmung auf dieses Buch empfehlen wir, *Goldfinger* anzusehen. Erstens kann man diesen Klassiker nicht oft genug genießen und zweitens untersuchen wir in diesem Buch sechs wichtige Details aus diesem Film. Sowieso am meisten Spaß macht dieses Buch, wenn man sich vor jedem Kapitel die entsprechende Szene aus dem James-Bond-Film auf DVD ansieht. Dann ist man optimal vorbereitet, um unsere Analysen nachzuvollziehen. Allerdings ist das kein Muss: Alle Szenen sind in der Regel so bekannt, dass die meisten sie schon einmal gesehen haben. Außerdem beschreiben wir zu Beginn eines jeden Kapitels noch einmal genau die jeweiligen Szenen, sodass man sich die Situation immer gut vorstellen kann.

KAPITEL 1

007 IN TÖDLICHER MISSION – VERFOLGUNGSJAGDEN

Kein James-Bond-Film vergeht ohne atemberaubende Verfolgungsjagden. Ob 007 der Gejagte oder der Jäger ist, spielt kaum eine Rolle, denn immer erreicht er sein Ziel, wie es sich für einen Top-Agenten im Geheimdienst Ihrer Majestät gehört. Dank neuer Wunderwaffen aus Qs Labor, einem schicken neuen Auto mit diversen Extras oder seinem schier unerschöpflichen Einfallreichtum ist James Bond am Ende immer der Sieger. Aufwendige Verfolgungsjagden sind natürlich ein wesentliches Element der James-Bond-Filme. Die spektakulären Szenen, die dabei immer wieder zu sehen sind und wie Zauberei anmuten, können aber meistens mit ganz banaler Physik erklärt werden.

Alle in diesem Kapitel diskutierten Szenen basieren auf der klassischen Mechanik, mit der die meisten unserer Alltagsphänomene erklärt werden können. Isaac Newton leitete im Jahr 1687 mit dem Aufstellen der drei Newtonschen Axiome[1], die die Basis der klas-

---

1 Newton veröffentlichte die drei Axiome 1687 in seinem bahnbrechenden Werk *Philosophiae Naturalis Principia Mathematica*. Sie lauten: (i) Trägheitsprinzip: Ein Körper bleibt in Ruhe oder bewegt sich mit konstanter Geschwindigkeit, wenn keine Kraft auf ihn wirkt.

1.1 James Bond (Daniel Craig) verfolgt in *Casino Royale* den Bombenleger Mollaka.

sischen Mechanik darstellen, die industrielle Revolution ein. Im Prinzip könnten alle Phänomene bei Verfolgungsjagden auf diese drei Axiome zurückgeführt werden. Da dies oft recht mühsam ist, greifen wir häufig zugunsten der Klarheit auf eine allgemeine Erklärung zurück.

Wir analysieren also zum Beispiel die Verfolgungsjagd auf dem Kran zu Beginn von *Casino Royale*. Scheinbar leichtfüßig läuft Bond senkrecht an Eisenträgern

---

(ii) Aktionsprinzip: Die zeitliche Änderung des Impulses ist proportional zur äußeren Kraft, die auf den Körper wirkt. (iii) Reaktionsprinzip: Bei Wechselwirkung zweier Körper ist die Kraft, die der erste Körper auf den zweiten ausübt, umgekehrt gleich der Kraft, die der zweite auf den ersten ausübt (actio = reactio). Wenn sich die Masse eines Körpers bei seiner Bewegung nicht ändert, dann folgt aus dem 2. Axiom unmittelbar die bekannte Formel: Kraft = Masse × Beschleunigung.

hoch und springt aus großer Höhe in die Tiefe. Für den Betrachter wirkt das alles kinderleicht, James Bond muss sich weder groß anstrengen noch verletzt er sich. Oder der waghalsige Bungee-Sprung vom Staudamm, den James Bond in *Golden Eye* vollführt. Ist dieser Sprung wirklich echt? Eine der spektakulärsten Szenen zum Thema freier Fall ist sicher die Szene aus *Moonraker*, bei der Bond ohne Fallschirm aus einem Flugzeug gestoßen wird und dann in der Luft dem vor ihm fliegenden Bösewicht den Fallschirm abnimmt. Diese Szene wurde aus mehr als 90 Einzelszenen zusammengesetzt. Doch hätte sie rein prinzipiell auch exakt so, wie sie im Film zu sehen ist, passieren können? Ebenfalls spektakulär ist die Verfolgungsszene aus *Der Mann mit dem goldenen Colt*, in der James Bond und der etwas übergewichtige Polizist Nepomuk Pepper in einem Auto den Bösewicht Scaramanga verfolgen, der sich gerade auf der anderen Seite eines Flusses befindet. James Bond nutzt eine eingestürzte Brücke als Rampe, um mit dem Auto über den Fluss zu springen. Die Rampe ist allerdings etwas verdreht, sodass sich das Auto in der Luft einmal um die eigene Achse bewegt. Funktioniert dieser Spiralsprung überhaupt? Und wenn ja, könnte im Prinzip jeder einen solchen Sprung mit seinem Auto wagen? Der letzte Abschnitt dieses Kapitels zeigt den Top-Agenten bei einer Szene aus dem Film *Diamantenfieber*, in der er seinen Verfolgern dadurch entkommt, dass er sein Auto auf zwei Räder stellt und so durch eine sehr enge Gasse verschwinden kann. Außerdem entdecken wir hier eine mögliche Erklärung für einen peinlichen Filmfehler ...

Die körperlichen Belastungen eines Geheimagenten

In *Casino Royale* sieht sich James Bond einer neuen Herausforderung gegenübergestellt. Nachdem die unauffällige Beschattung des Bombenlegers Mollaka[2] missglückt, muss er Kopf und Kragen riskieren, um den flüchtigen Verbrecher in Madagaskar zu stellen. Die Verfolgungsjagd führt die beiden Kontrahenten auf eine Großbaustelle und in die Botschaft des fiktiven Lands Nambutu, in der 007 den Flüchtigen dann letztendlich einholen kann. Das einzige Problem: James Bond muss dieses Mal auf sämtliche Accessoires seines Agentendaseins verzichten und seinen Gegner zu Fuß verfolgen. Dies stellt sich als gar nicht so leicht heraus, denn Mollaka gelingt es mit spektakulären Sprüngen und akrobatischen Tricks, den Abstand zu seinem Verfolger zu vergrößern. Schnell stellt sich die Frage: Sind diese todesmutigen Einlagen physikalisch überhaupt möglich? Ist der menschliche Körper in der Lage, die dabei auftretenden Belastungen zu ertragen?

Ein Großteil der Verfolgungsjagd findet auf der sehr betriebsamen Baustelle statt. Um jedoch erst einmal auf das Baugerüst zu gelangen, wählt James Bond den Weg über den Ausleger eines Autokrans (siehe Abbildung 1.2). Er läuft diesen in aufrechter Haltung hinauf und springt am Ende an das Treppengeländer des Gerüstes. Anhand der Anzahl der Stockwerke des Gebäudes und der anzunehmenden durchschnittlichen Stockwerkshöhe lässt sich die Höhe des Kranauslegers auf etwa 16 Meter schätzen. Der Anstellwinkel des Auslegers lässt sich nicht so leicht bestimmen. Hier

---

2 Mollaka wurde übrigens gespielt von Sébastien Foucan, dem Begründer des sogenannten »Freerunning«.

1.2 James Bond kann auf eine Baustelle gelangen, indem er den Ausleger eines Autokrans hinaufläuft. Im Bild eingezeichnet sind die Höhe h und die Länge l des Auslegers sowie die parallele und die senkrechte Kraftkomponente seiner Gewichtskraft.

muss berücksichtigt werden, dass Szenen oftmals perspektivisch verzerrt zu sehen sind. Um den Winkel dennoch mit ausreichender Genauigkeit zu ermitteln, wählt man eine Einstellung, bei der die Kamera fast senkrecht zur Laufrichtung von James Bond aufgestellt ist. Dadurch gelingt es, den Anstellwinkel mit etwa 40 Grad zu bestimmen. Jetzt ist es einfach zu berechnen, dass 007 eine Strecke von 25 Metern zurücklegen muss. Es gibt jedoch noch eine andere Möglichkeit, die Laufstrecke zu ermitteln. James Bond benötigt zwölf Sekunden, um den Kran hinaufzulaufen und macht mit einer Schrittspanne von etwa 60 Zentimetern ungefähr 3,5 Schritte pro Sekunde. Eine kurze Rechnung ergibt auch hier für den Kranausleger eine Länge von 25 Metern. Interessant für die physikalische Betrachtung ist nun der Haftreibungskoeffizient zwischen den Schuhen des Top-Agenten und der Oberfläche des Krans. Dieser beschreibt die Stärke der mechanischen Haftung seiner Schuhe auf der Oberfläche des Krans.[3] Allgemein hängt das Haftvermögen auf einer schiefen Ebene vom Haftreibungskoeffizienten und dem Anstellwinkel ab. Je steiler der Anstellwinkel, desto größer muss der Haftreibungskoeffizient sein. Das ist in Abbildung 1.3 illustriert.

Der zum Laufen auf der Schräge notwendige minimale Haftreibungskoeffizient kann also einfach berechnet werden. Es stellt sich heraus, dass dieser bei Zahlenwerten liegen muss, die denen von Autoreifen auf Asphalt nahekommen. Erfüllen die Schuhe des Geheimagenten, die sicherlich von Qs Abteilung entwickelt wurden, diese notwendige Bedingung, dann sollte ihm die Verfolgung von Mollaka über den Ausleger des Krans keine weiteren Probleme bereiten.

James Bonds analytisches Verständnis geht jedoch noch weit über diese recht einfachen Berechnungen hinaus. Schnell erkennt er, dass die Arbeiter auf der Baustelle – wohl aus Wartungsgründen – drei Bahnen handelsüblicher Dachpappe auf die Oberfläche des Auslegers geklebt haben. Normalerweise wird diese mit Bitumen getränkte Pappe, der grobkörniger Sand beigemischt ist, als Feuchtigkeitssperre in Dachstühlen verwendet. Aufgrund ihrer Zusammensetzung erhöht sich der Haftreibungskoeffizient deutlich und macht das Laufen auf dem Kran zu einer für einen Top-Agen-

---

3 Der minimale benötigte Haftreibungskoeffizient ergibt sich aus dem Quotienten der parallelen und der senkrechten Kraftkomponenten der Gewichtskraft, wie in Abbildung 1.2 eingezeichnet. Dies ist nichts anderes als der Tangens des Anstellwinkels.

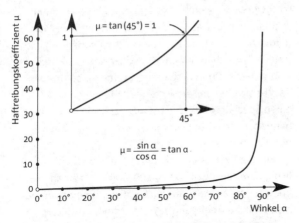

1.3 Verlauf des minimalen Haftreibungskoeffizienten μ in Abhängigkeit vom Anstellwinkel des Kranauslegers. Das kleine Bild ist ein Ausschnitt des Winkelbereichs bis 45 Grad. Für Winkel nahe 90 Grad (also eine senkrechte Wand) steigt der Haftreibungskoeffizient ins Unendliche. Die meisten Haftreibungskoeffizienten liegen zwischen 0 und 1, sodass Steigungen von maximal 45 Grad aufrecht gehend erklommen werden können. Übliche Werte sind: Holz auf Stein 0,7; Leder auf Metall 0,4; Ski auf Schnee 0,2 und Autoreifen auf Asphalt 0,8.

ten eher einfachen Übung. In der Filmszene ist diese Dachpappe zur Erhöhung der Haftreibung auf der Oberfläche des Kranauslegers deutlich zu erkennen.

In der nächsten Szene klettern zuerst Mollaka und kurz darauf auch James Bond einen senkrecht stehenden Doppel-T-Träger[4] von knapp drei Metern Länge mit atemberaubender Geschwindigkeit und Leichtigkeit hinauf. Im ersten Moment könnte einem diese Art der

---

4 Unter einem T-Träger versteht man einen Stahlträger, der im Profil die Form des Buchstabens T hat. Im Film sieht man einen Doppel-T-Träger; dieser hat die Form eines gekippten H.

Fortbewegung, wenn nicht als unmöglich, so zumindest als sehr schwer durchführbar vorkommen. Man tendiert dazu zu glauben, dass andere Varianten, das Hindernis zu überwinden, sinnvoller und realistischer wären. James Bond hingegen ist offenbar sofort klar, dass es sich bei dieser Klettervariante lediglich um einen Spezialfall des Laufens auf der schiefen Ebene handelt, welches er ja bereits – wie eben gesehen – perfekt beherrscht.

Ein senkrecht stehender Träger entspricht also folglich einem Anstellwinkel von 90 Grad, was einen unendlich großen Haftreibungskoeffizienten notwendig macht (siehe Abbildung 1.3). Allerdings wird jetzt auch, im Gegensatz zum Laufen auf der schiefen Ebene, eine Haltekraft ausgeübt.

Der nun interessierende Winkel ist nicht der Winkel zwischen der begehbaren Oberfläche und der Erdoberfläche, wie aus der obigen Betrachtung zur Physik der schiefen Ebene gefolgert werden könnte, sondern der Winkel zwischen der Richtung der beim Klettern wirkenden Kraft und der Senkrechten zur Oberfläche. Vereinfacht man die Situation, dann ergibt sich für den statischen Fall, also das bloße Festhalten am Träger, das rechte Bild in Abbildung 1.4.

Ist der statische Fall klar, dann stellt der bewegte, dynamische Fall kein Problem mehr dar, denn jeder Schritt ist nur ein Übergang zwischen zwei solcher statischen Fälle. So verwendet Mollaka zum Beispiel seinen linken Arm und sein rechtes Bein für den Übergang, während die anderen beiden Extremitäten die Statik aufrechterhalten. Haben die beiden bewegten Körperteile ihre neuen Positionen erreicht, dienen sie im folgenden Schritt der Stabilisierung. James Bond scheint diese, dem Kreuzgang bei Tieren ähnelnde

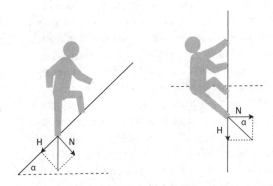

1.4 Vergleich des Laufens auf der schiefen Ebene und des Kletterns am Doppel-T-Träger. Der Winkel α ist in einem Fall der Anstellwinkel der Ebene, im anderen Fall beschreibt er den Winkel zwischen dem abstützenden Bein und der Senkrechten zur Oberfläche. Allgemein beschreibt α den Winkel zwischen der wirkenden Kraft und ihrer senkrecht zur Oberfläche gerichteten Komponente N. Die parallel zur jeweiligen Oberfläche gerichtete Kraft ist mit H bezeichnet.

Klettermethode nicht zu reichen. Er wählt stattdessen die wesentlich mehr Geschicklichkeit erfordernde parallele Methode, bei der immer die Extremitäten einer Seite die Statik aufrechterhalten, während die andere Seite für die Fortbewegung verwendet wird. Bei dieser Technik ist ein zusätzlicher Kraftaufwand notwendig, um zu vermeiden, dass der Körper seitlich wegkippt. Beide Fortbewegungsarten sind für gut durchtrainierte Personen aber möglich.

Mollaka sieht seine Chance nur in der Flucht nach oben. Das Dach des Gebäudes ist schnell erreicht, und er muss auf einen der beiden riesigen Baukrane ausweichen. Nach einem spannenden Kampf, in dessen Verlauf James Bond alle Kraft aufbringen muss, um nicht in die Tiefe zu stürzen, bleibt Mollaka keine andere Wahl, als wieder den Weg nach unten anzutreten. In bester Manier gelingt ihm dies durch zwei waghalsige Sprünge. Zuerst springt er auf den Ausleger des Nachbarkrans, anschließend auf das Dach eines im Bau befindlichen Gebäudes. James Bond folgt ihm.

Anhand der Körpergröße des Top-Agenten von 1,83 Meter können wir die ungefähren Sprunghöhen abschätzen. Eine weitere Möglichkeit ergibt sich über die Fallzeit der Personen. Sowohl Mollaka als auch James Bond unterliegen der gleichen Erdanziehung, die sie im freien Fall unabhängig von ihrer Masse beschleunigt.[5] Diese über die Fallzeit wirkende Beschleunigung lässt sich sehr leicht in die gesuchte Höhe umrechnen. Die Fallzeit beträgt 1,1 Sekunden, wie eine Detailauswertung der Filmszene ergibt. James Bond prallt daher mit einer Endgeschwindigkeit von knapp 40 Kilometern pro Stunde auf den zweiten Kran auf. Hieraus können wir berechnen, dass die beiden Kranausleger 6,1 Höhenmeter voneinander entfernt sind.

Die aus diesem todesmutigen Sprung resultierende Bewegungsenergie[6] von 4 500 Joule entspricht umgerechnet gut einer Kilokalorie. Dies ist ungefähr der Brennwert von nur 100 Millilitern, also etwa fünf Schnapsgläsern Cola light. Zum Vergleich: Hamburger aus einschlägigen Fast-Food-Ketten haben Brennwerte von etwa 500 Kilokalorien. Mit Recht kann behauptet werden, dass beim Sprung eine vergleichsweise kleine

---

5 Wegen der relativ kurzen Fallstrecken kann der Luftwiderstand vernachlässigt werden. Die genaue Fallzeit kann wegen der Filmschnitte aber häufig nicht einfach mit der Stoppuhr bestimmt werden, sondern erfordert eine sorgfältige Detailanalyse der betreffenden Filmszene.

6 Bewegungsenergie wird oft auch als kinetische Energie bezeichnet.

Energiemenge frei wird. Dies ist nicht weiter verwunderlich, denn die Energie, die bei diesem Sprung frei wird, ist gleich der Energie, die man benötigen würde, um 6,1 Meter hinaufzusteigen.[7] Jeder würde natürlich zustimmen, dass bei der Überwindung der Höhe vom Erdgeschoss ins zweite Obergeschoss nicht allzu viel Energie verbrannt wird.[8] Daher ist die Größe bzw. die Kleinheit der Energie des Sprungs durchaus verständlich. Gleichzeitig ist aber klar, dass man nur sehr ungern Bekanntschaft mit einem massiven Kranarm machen möchte, der sich mit 40 Stundenkilometern auf einen zubewegt.

Die entscheidende Größe bei diesem Vorgang ist deshalb nicht die Gesamtenergie des Sprungs, sondern die extrem kurze Zeitspanne, in der der Körper diese Energie absorbieren muss. Durch die kurze Zeitspanne des Abbremsens nach dem Sprung wirken sehr große Kräfte. Dies folgt aus der Tatsache, dass die Geschwindigkeit des fallenden Körpers in kurzer Zeit auf Null abgebremst wird, was einer sehr großen Beschleunigung[9] entspricht. Diese große Beschleunigung ergibt wegen der Grundgleichung Kraft = Masse × Beschleunigung eine große auf den fallenden Körper einwirkende Kraft. James Bonds einzige Möglichkeit, die auftretenden Kräfte bei der Landung aus größerer Höhe

7 Hier geht es um die Lageenergie, die auch als potenzielle Energie bezeichnet wird.

8 Der Energie in der Nahrung, d. h. ihrem sogenannten Brennwert, entspricht daher eine relativ große mechanische Energie. Darum ist es so einfach, viele Kilogramm zuzunehmen, aber so schwer, sie wieder loszuwerden.

9 Eine Beschleunigung ist eine Geschwindigkeitsänderung, damit ist physikalisch gesprochen ein Abbremsen auch eine Beschleunigung. Das Abbremsen wird manchmal auch als negative Beschleunigung bezeichnet.

zu kompensieren, besteht daher darin, die Zeit zum Abbremsen zu maximieren, indem er seinen Körperschwerpunkt absenkt so weit es geht. Er muss also beim Auftreffen auf dem Boden tief in die Knie gehen. Aufgrund des Körperbaus kann hier von einem dadurch entstehenden Bremsweg von etwa einem halben Meter ausgegangen werden. Eine Berechnung zeigt, dass der vollständige Abbremsvorgang dann in einer knappen Zehntelsekunde stattfindet. Dabei treten Kräfte von etwa 9 800 Newton auf. Dies entspricht einem Gewicht von etwa einer Tonne (siehe Abbildung 1.5).

Der menschliche Körper ist sehr robust und konnte sich in der Evolution besonders gut durchsetzen. Dies ermöglicht es, den Alltag mit all seinen Gefahren und Anstrengungen erfolgreich zu bewältigen, aber zum Beispiel auch Höchstleistungen zu erbringen, wie beim Klettern, Skilaufen, Fallschirmspringen und anderen Sport- und Extremsportarten. Sehr hohe Belastungen können also durchaus über kurze Zeiträume verkraftet werden. Wie sieht das im vorliegenden Fall des Sprungs aus 6,1 Metern Höhe aus? Physiker vom Massachusetts Institute of Technology in Cambridge (Boston, USA) haben sich dieses Problems angenommen und herausgefunden, welchen Belastungen das menschliche Schienbein widerstehen kann. Natürlich handelt es sich hierbei nur um einen einzelnen Knochen, für den exemplarisch die folgende Argumentation gilt:

Das Schienbein mit einem kleinsten Querschnitt von etwa 3,2 Quadratzentimetern (das ist ungefähr die Fläche eines 50-Cent-Stücks) kann einen Kompressionsdruck, der dem 1 600-fachen Luftdruck entspricht, ertragen, ohne dabei Schaden zu nehmen. Auf dieser kleinen Fläche ergibt sich daraus eine noch zu ertragende Kraft von maximal 50 000 Newton, bevor das

1.5 Skizze des Abbremsvorgangs am Ende eines Sprungs aus der Höhe h. Der Schwerpunkt des Körpers muss auf der Strecke Δh in sehr kurzer Zeit auf die Geschwindigkeit Null abgebremst werden. Dies entspricht einer großen Beschleunigung und somit einer großen auf den Körper einwirkenden Kraft. Auch mit der Energieerhaltung kann der Vorgang erklärt werden: Zu der potenziellen Energie der Absprunghöhe h addiert sich der Anteil der potenziellen Energie aus der Schwerpunktsverlagerung Δh während des Finknickens der Beine. Gleichzeitig muss beim Einknicken diese Gesamtenergie aufgefangen werden.

Schienbein bricht. Das entspricht wieder etwa einem Gewicht von fünf Tonnen, das ein Schienbeinknochen zumindest kurzzeitig aushalten sollte. Zur Erinnerung: Bonds 9 700 Newton liegen damit weit unterhalb der insgesamt 100 000 Newton, der Obergrenze für zwei Schienbeine. Einen Sprung aus gut sechs Metern Höhe sollte ein Schienbein also noch ohne großen Schaden überstehen.

Mollaka gibt nicht auf. Nach kurzem Zögern springt er auch von dem zweiten Kran auf das darunterliegende Dach des Gebäudes. Hier handelt es sich um einen freien Fall aus immerhin elf Metern Höhe. Da der Abbremsweg durch seine Körpergröße weiterhin auf einen halben Meter beschränkt bleibt, bedarf es nun einer ausgefeilteren Technik, um diesen Sprung ohne Verletzungen zu überstehen. Will Bond den auftretenden Kräften wieder nur durch In-die-Knie-Gehen und damit durch Absenken seines Schwerpunkts entgegentreten, dann muss er in nur 0,07 Sekunden[10] Kräfte von mindestens 17 100 Newton verkraften, dies entspricht einer Gewichtskraft von 1,7 Tonnen – das ist in etwa das Gewicht von James Bonds Aston Martin. Das schafft selbst ein Agent im Geheimdienst Ihrer Majestät sicher nicht ohne größere Schmerzen.

Schaut man sich die Szene im Film jedoch aufmerksam an, dann sieht man, dass Bond zusätzliche Tricks anwendet, um den Aufprall abzumildern. Dabei helfen ihm offensichtlich seine zahlreichen Einsätze als Fallschirmspringer hinter den feindlichen Linien und seine Ausbildung in den Reihen der Spezialeinheiten des MI6. Dort hat 007 gelernt, dass das Abrollen des Körpers die entstehenden Kräfte auf eine größere Fläche verteilt und dadurch den Druck auf einzelne Körperteile wirksam reduziert. Dieser Vorgang lässt sich anhand von Berechnungen auch nachvollziehen. Vergleicht man die Fußflächen von knapp 500 Quadratzentimetern, die beim ersten Sprung die Kraft aufnehmen und an den Boden übertragen, mit der Oberfläche des Rückens von etwa 5000 Quadratzentimetern beim zweiten Sprung, und beachtet, dass Druck nichts anderes als Kraft pro Fläche ist, dann ergibt sich eine zehnfache Druckreduktion auf den gesamten Körper. Leider ist die Plattform, auf der James Bond landet, etwas zu kurz, und er macht die unfreiwillige Bekanntschaft mit einem darunterliegenden Metallblech.

---

10 Dass es sich ausgerechnet um 0,07 Sekunden handelt, ist Zufall. Der gleiche Abbremsvorgang würde im Fall des Doppelnull-Agenten 009 ebenfalls nur 0,07 Sekunden dauern und nicht etwa 0,09 Sekunden.

Wenn also Sprünge aus großer Höhe leicht zu verkraften sind, warum erfahren wir dann im Alltag genau das Gegenteil? Sprünge aus elf Metern Höhe auf eine feste Fläche verursachen mindestens Knochenbrüche. Der entscheidende Faktor ist auch hier wieder die Zeit. Vergleichen wir die Zeit von 0,07 Sekunden, in der James Bond den Abrollvorgang einleiten muss, mit geläufigen Vorgängen aus dem Alltag, dann fällt es schwer, eine ähnlich kurze Zeitspanne zu finden. Verschlusszeiten von Spiegelreflexkameras liegen üblicherweise in Bereichen von 1/8 bis 1/500 Sekunden. Kaum vorstellbar, dass ein so komplexer Vorgang wie das Abrollen so schnell durchgeführt werden kann. Deswegen muss die Abbremszeit bei Sprüngen aus großer Höhe verlängert werden. Im Film wird dies in der Regel dadurch erreicht, dass die Stuntmen in eine größere Ansammlung von Kartons springen, die die Abbremszeit deutlich vergrößern und damit die auf die Personen einwirkenden Kräfte und Drücke deutlich verkleinern.

Fazit: Das Laufen auf der schiefen Ebene ebenso wie das Klettern an einem senkrecht stehenden Doppel-T-Träger sind physikalisch unbedenklich und für einen perfekt durchtrainierten Geheimagenten relativ einfach durchführbar. Zumindest der erste Sprung vom höheren Kran zum tiefer liegenden Kran ist durchaus möglich, wenngleich nicht ungefährlich. Um den zweiten Sprung unbeschadet zu überstehen, muss 007 aber nicht nur top-fit, sondern auch weitestgehend schmerzunempfindlich sein.

Details für Besserwisser

Für das Laufen auf der schiefen Ebene (siehe Abbildung 1.2) gelten die folgenden genaueren Betrachtungen: Die Gewichtskraft des Läufers ergibt sich als das Produkt aus seiner Masse M und der Erdbeschleunigung g = 9,81 m/s². Da die Aufteilung der Gewichtskraft in eine parallele Komponente (die Hangabtriebskraft H) und eine senkrechte Komponente (die Normalkraft N) ein Kräftedreieck ergibt (vergleiche die Abbildungen 1.2 und 1.4), können diese über das Produkt der Gewichtskraft mit den Winkelfunktionen Sinus und Kosinus beschrieben werden: $H = M \times g \times \sin\alpha$ und $N = M \times g \times \cos\alpha$.

Der Haftreibungskoeffizient µ ergibt sich als Quotient der beiden Kraftkomponenten H und N. Da die Gewichtskraft in beiden Komponenten enthalten ist, fällt diese weg, und der Haftreibungskoeffizient ist unabhängig vom Körpergewicht. Der Quotient der beiden Winkelfunktionen Sinus und Kosinus ist der Tangens des Winkels: $\mu = \tan\alpha$. Dies ist in Abbildung 1.3 skizziert. Der Haftreibungskoeffizient ist eine Materialkonstante und kann nicht mit einfachen Methoden berechnet, sondern muss für jede Kombination von zwei Oberflächen experimentell bestimmt werden.

Für das senkrechte Hochklettern am Doppel-T-Träger gelten die folgenden Überlegungen: Wie in Abbildung 1.4 zu erkennen ist, können die Betrachtungen, die bei der schiefen Ebene angestellt wurden, im Prinzip übernommen werden. Allerdings müssen hier noch geometrische Größen wie die Länge der Beine, der Arme und des Oberkörpers mit einbezogen werden. Anders als beim Laufen auf der schiefen Ebene hängt die Bewegung jetzt also auch stark von den Körpermaßen des Kletterers ab, denn sie bestimmen die maximal auftretenden Winkel in den Kraftdiagrammen und damit die minimal benötigten Haftreibungskoeffizienten.

Die Landungen bei Sprüngen aus großer Höhe sind schmerzhaft, das ist klar: Die potenzielle Energie eines Körpers ergibt sich aus dem Produkt seiner Masse M, der Erdbeschleunigung g und der relativen Höhe h seines Schwerpunkts. Es gibt keine absolute potenzielle Energie, sondern sie wird immer relativ zu einer Bezugshöhe angegeben. Aus der Definition der potenziellen Energie folgt, dass sie proportional mit der Fallhöhe zunimmt. Die kinetische Energie ist proportional zu dem Produkt aus der Masse M und dem Quadrat der Geschwindigkeit v des sich bewegenden Körpers, genauer: $E = 0.5 \times M \times v^2$. Um bei einem Sprung die Endgeschwindigkeit zu bestimmen, wird vereinfachend angenommen, dass während des Gesamtprozesses keine Energie verloren geht. Das heißt, dass die potenzielle Energie vor dem Sprung vollständig in die kinetische Energie beim Aufprall umgewandelt wird. Somit kann durch Gleichsetzen der beiden Energien die Endgeschwindigkeit einfach berechnet werden.

Ebenfalls auf der Energieerhaltung beruht die Berechnung zum Abbremsvorgang durch das Einknicken der Beine. In dem Moment, in dem die Füße beim Aufprall den Boden berühren, ist der Schwerpunkt gerade die Höhe h hinuntergefallen. Ab diesem Zeitpunkt wirkt vom Boden über die komplette Abbremsstrecke Δh eine Kraft F auf den Körper, die alle Körperteile belastet, beispielsweise auch die Schienbeine. Das Produkt dieser Kraft und der Abbremsstrecke, also $F \times \Delta h$, entspricht genau der Summe der potenziellen Energien aus Fallhöhe und Abbremsweg, da am Ende des Vorgangs die komplette Energie absorbiert werden muss. Stellt man diese Gleichung um, dann ergibt sich die auf den Körper wirkende Kraft F. Diese ist abhängig von dem Quotienten aus der Absprunghöhe h und dem Abbremsweg Δh. Je höher der Absprungpunkt und je kleiner der Abbremsweg, desto größer ist die auf den Körper der Person einwirkende Kraft.

Da die Kraft das Produkt aus der Masse und der Beschleunigung ist und die Beschleunigung die Änderung der Geschwindigkeit pro Zeitintervall (die Abbremsdauer) beschreibt, lässt sich durch Umstellen der Gleichung für die wirkende Kraft die Abbremsdauer berechnen. So wurde beispielsweise die Zeitdauer von 0,07 Sekunden für den Abbremsvorgang des Sprungs aus 11 m Höhe berechnet.

James Bond im freien Fall

Golden Eye beginnt mit einem Bungee-Sprung des Top-Agenten von einem Staudamm. James Bond hat den Auftrag, eine Fabrik für Giftgas zu zerstören. Er flüchtet vor russischen Militärs und läuft von einem sich öffnenden Gatter über die Staumauer bis zu ihrer Mitte, um dort am Geländer sein mitgebrachtes Bungee-Seil zu befestigen und so in die Fabrik im Tal zu gelangen. Vergleicht man die Filmbilder mit denen des echten Staudamms, so kann man schätzen, dass er dabei ca. 130 Meter zurücklegt; die Krone des Verzasca-Staudamms hat nämlich eine Länge von 380 Metern. Wird nun die Zeit gestoppt, die 007 für diese Strecke benötigt, dann ergeben sich ungefähr 13 Sekunden. Bond läuft also mit einer Geschwindigkeit von ca. zehn Metern pro Sekunde, das sind 36 Kilometer pro Stunde, über den Damm. Damit könnte der Doppelnull-Agent

1.6 Im Film befindet sich der Staudamm in der Sowjetunion. Gedreht wurde diese Szene allerdings in Verzasca in der Südschweiz im Kanton Tessin.

auch sehr gut bei den Olympischen Spielen um die Goldmedaille im 100-Meter-Lauf kämpfen: Der Weltrekord über diese Strecke aus dem Jahr 1995 lag bei 9,85 Sekunden, das entspricht 36,5 Stundenkilometern Durchschnittsgeschwindigkeit, also ungefähr der Geschwindigkeit von James Bond auf der Krone der Staumauer.[11] Aber: 007 schultert auch noch eine schwere Ausrüstung und trägt keine professionellen Laufschuhe. James Bond ist also nicht nur ein Top-Agent, sondern auch ein Top-Sprinter!

In der Mitte der Staumauer angekommen, befestigt James Bond sein Bungee-Seil am Geländer und springt sofort in die Tiefe. Bis sich das Seil spannt und er abgebremst wird, kann sein freier Fall 13 Sekunden lang im Film genossen werden. Aber ist 007 wirklich so lange gefallen?

11 Im Jahr 2008 liegt der Weltrekord im 100-Meter-Sprint bei 9,72 Sekunden, was einer Durchschnittsgeschwindigkeit von 37 Stundenkilometern entspricht.

An dem besagten Staudamm in der Südschweiz gibt es tatsächlich eine Bungee-Sprunganlage, auf der jeder, der den nötigen Mut mitbringt, den Filmsprung nachspielen kann. Daher sind auch die Daten des Sprungs recht genau bekannt: James Bond hat ungefähr 200 Meter Platz zwischen der Krone des Staudamms und seinem Ziel. Würde ein Mensch aber 13 Sekunden lang fallen, dann ergibt eine einfache Rechnung, dass er danach eine Strecke von gut 830 Metern zurückgelegt hätte. James Bond wäre also viel zu tief gefallen und schon vorher auf dem Boden aufgeschlagen.

Die Erklärung für diesen Widerspruch ist leicht: Betrachtet man die Szene genau, sehen die Fallbewegung des Top-Agenten und andere Details nicht natürlich aus, sondern wirken irgendwie verlangsamt. Wird die Filmszene mit der doppelten Geschwindigkeit abgespielt, dann sehen alle Bewegungen wieder so flüssig aus, wie bei üblichen Bungee-Sprüngen. Die Filmproduzenten haben hier also aus dramaturgischen Gründen eine Zeitlupe eingesetzt, damit der Zuschauer den Sprung länger genießen kann! Durch die halbierte Fallzeit von nur noch 6,5 Sekunden passt nun auch die Falltiefe besser, da 007 in der halben Zeit nur ein Viertel der ursprünglichen Fallhöhe von 830 Metern, also etwa 200 Meter, zurücklegt.[12]

Diese 200 Meter sind aber trotzdem zu viel, da James Bond so keinen Platz mehr hätte, um vom Bungee-Seil abgebremst zu werden. Es scheint also noch etwas an der Szene verändert worden zu sein: Um einen möglichst guten Effekt für die Zuschauer zu erzielen,

---

12 Diese Betrachtungen gelten ohne Berücksichtigung des Luftwiderstands. Der Luftwiderstand würde sich bei der Fallbewegung eines Bungee-Springers durchaus bemerkbar machen. An der prinzipiellen Argumentation würde sich aber nichts ändern.

wurde die Sprungszene aus verschiedenen Kamera-
perspektiven gleichzeitig gefilmt. Diese Aufnahmen
wurden dann im Film überlappend zusammenge-
schnitten. Man sieht also manche Teile des Sprungs
doppelt. Werden diese Überschneidungen nur einmal
gezählt, dann ergeben sich als echte Fallzeit nur noch
4,5 Sekunden. In dieser Zeit würde der Top-Agent etwa
100 Meter frei fallen, bis sich das Bungee-Seil spannt
und ihn abbremst. Das entspricht der Hälfte der gesamten zur Verfügung stehenden Fallstrecke und ist
durchaus realistisch. Die restlichen 100 Meter spannt
sich das Bungee-Seil und bremst Bonds Fall so ab, dass
er nach weiteren 4,5 Sekunden Fallzeit und 100 Metern
Fallstrecke für einen Moment fast bewegungslos in der
Luft hängt, nur wenige Meter über dem Boden.

Die Stärke dieser Abbremsung lässt Rückschlüsse
auf die Materialeigenschaften des Bungee-Seils zu. Aus
den Daten der Filmszene ergibt sich, dass eine Kraft von
30 Newton angewendet werden muss, um das Bungee-
Seil um einen Meter zu dehnen. Dabei ist ein Newton
das Maß für eine Kraft, die auf der Erde der Gewichtskraft von etwa 100 Gramm entspricht. Für Bonds Bungee-Seil bedeutet das, dass es sich jeweils um einen
Meter weiter ausdehnt, wenn drei Kilogramm Gewicht
zusätzlich angehängt werden. Diese Ausdehnung pro
Gewichtskraft ist eine materialspezifische Konstante.
Je größer das benötigte Gewicht für eine Verlängerung
um einen Meter ist, desto steifer ist das Seil.

Um die restlichen Meter bis hinunter zu seinem Ziel
zu überbrücken, nutzt Bond eine Pistole, aus der ein Seil
herausschießt. An der Seilspitze befindet sich ein Haken,
der sich in die Betondecke der Staudammausbuchtung
bohrt. Das so gespannte Seil wird über eine Winde in
der Pistole wieder eingezogen und das Bungee-Seil da-

mit weiter gedehnt bis James Bond den Boden erreicht hat. Auf diese Art legt 007 knapp zehn Meter zurück.

Hier stellt sich die Frage, ob es möglich ist, eine Pistole mit einem Akku zu bauen, der stark genug ist, um das Bungee-Seil weit genug zu dehnen. Bei dem hier verwendeten Seil, welches aus einem Material mit 30 Newton pro Meter als Ausdehnungskonstante gefertigt ist, müsste der Akku dafür eine Gesamtenergie von knapp 23 500 Joule liefern.[13] In einem herkömmlichen Lithium-Ionen-Akkumulator, der ein Kilogramm wiegt, können etwa 140 000 Joule an elektrischer Energie gespeichert werden. Die benötigte Gesamtenergie könnte also im Prinzip völlig problemlos zur Verfügung gestellt werden. Allerdings muss die gesamte Energie von 23 500 Joule in den elf Sekunden verfügbar sein, die James Bond benötigt, um sich nach unten zu ziehen. Dies erfordert einen Elektromotor mit einer Leistung von etwa 2 000 Watt,[14] was schon recht beträchtlich ist. Dies und die Tatsache, dass die Leistung von 2 000 Watt aus einem kleinen Akku über elf Sekunden herausgeholt werden muss, erfordern mit Sicherheit einige Spezialanfertigungen aus dem Hause Q.

Details für Besserwisser

Der freie Fall gehorcht einfachen Gesetzmäßigkeiten. Lässt man einen Körper auf die Erde fallen, so wird er konstant von der Erdanziehungskraft beschleunigt. Dies hat schon Galileo Galilei im 17. Jahrhundert herausge-

---

13 Die Einheit Joule ist ein gebräuchliches Maß für Energie.
14 Die Leistung ist als Arbeit bzw. Energie pro Zeit definiert. 2 000 Watt entsprechen in etwa der Leistung von einem großen Staubsaugermotor.

funden: Schwere Körper fallen zwar schneller als leichte. Dies liegt aber nicht an der größeren Erdbeschleunigung, sondern am Luftwiderstand, der die Fallbewegung unterschiedlich stark hemmt. Der Luftwiderstand wurde bei den Betrachtungen zum Bungee-Sprung allerdings vernachlässigt. Die Geschwindigkeit v, die ein Körper – wie zum Beispiel der von James Bond – nach einer bestimmten Zeit erlangt, lässt sich dann mit der Formel $v = g \times t$ berechnen, wobei t die Fallzeit und g die Erdbeschleunigung von $g = 9,81\,m/s^2$ darstellen. Die Geschwindigkeit von James Bond ergibt sich nach der Hälfte der Fallzeit also für $t = 4,5\,s$ zu $v = 44,15\,m/s$, was fast 160 km/h sind. Mit der scheinbaren Fallzeit von $t = 13\,s$ aus dem Film ergäbe sich sogar eine Geschwindigkeit von $v = 460\,km/h$! Man kann hier erkennen, dass mit der Originalfilmszene etwas nicht stimmt und sie möglicherweise in Zeitlupe vorgeführt wird. Diese Argumentation gilt übrigens auch, wenn bei der Analyse der Luftwiderstand mit einbezogen wird. Dann würde sich eine Endgeschwindigkeit von ca. 300 km/h ergeben, was immer noch sehr groß ist.

Die in der Zeit t gefallene Strecke s kann mit der Formel $s = 0,5 \times g \times t^2$ berechnet werden. Bei einer Fallzeit von $t = 13\,s$ (Dauer der Originalfilmsequenz) ergibt sich damit eine Fallstrecke von $s = 830\,m$, wobei die Erdbeschleunigung wieder als $g = 9,81\,m/s^2$ eingesetzt wurde. Mit einer um die Zeitlupe und die Mehrfachschnitte korrigierten Fallzeit von $t = 4,5\,s$ ergibt sich für die Fallstrecke der realistischere Wert von $s = 99\,m$.

Die Eigenschaften des Seils können aus der Strecke und der Fallzeit bestimmt werden. Hierzu wird angenommen, dass die Zeit, während der das Seil gespannt wird, etwa gleich der des freien Falls ist. James Bond wurde dann also durch das Bungee-Seil genau so stark abgebremst, wie ihn vorher der freie Fall beschleunigte. Um das Problem noch genauer zu analysieren, wird wieder eine Energiebilanz aufgestellt. Zu Beginn hat Bond eine große potenzielle Energie (Lageenergie), weil er hoch oben auf dem Staudamm steht. Während er fällt, wandelt sich diese potenzielle Energie in kinetische Energie (Bewegungsenergie) um, welche beim Abbremsvorgang wieder in Spannungsenergie des Seils (eine andere Form der potenziellen Energie) umgewandelt wird.

Quantitativ ergibt sich dabei Folgendes: Die Lageenergie E ist gegeben durch $E = M \times g \times h$, wobei M die Masse, g wiederum die Erdbeschleunigung und h die Höhendifferenz sind. Die Spannungsenergie des Seils ist $E = D \times x^2 / 2$, wobei x die Strecke, um die das Seil insgesamt gedehnt wurde, und D die Federkonstante sind. Die Zugkraft, die das Seil auf Bond ausübt, ist dann $F = D \times x$. Das Seil hat eine ungespannte Länge von $L = 100\,m$ und wird dann noch einmal um etwa $x = L = 100\,m$ gedehnt. Die gesamte Fallhöhe ist also $h = 2 \times L = 200\,m$. Die dieser Höhe entsprechende Lageenergie ist vollständig in Spannungsenergie des Bungee-Seils am tiefsten Punkt umgesetzt worden. Aus der Gleichheit dieser beiden Energien, $M \times g \times 2 \times L = D \times L^2 / 2$, ermittelt man die Federkonstante des Seils zu $D = 4 \times M \times g / L = 30\,N/m$. Dabei wurden $L = 100\,m$, für die Masse von James Bond der bekannte Wert von $M = 76\,kg$ und $g = 9{,}81\,m/s^2$ eingesetzt. Wenn James Bonds Fall zum Stillstand kommt, wirkt auf ihn die Seilkraft $F = D \times L = 4 \times M \times g$, also immerhin das Vierfache seiner Gewichtskraft!

Um sich mit der Pistolen-Seilwinde die letzten 10 m bis zur Plattform hinabzuziehen, muss 007 zusätzliche Spannungsenergie für das Seil aufbringen. Einen Teil

davon bringt er als Lageenergie auf, indem er sich um
10 m absenkt, der Rest muss von der Seilwinde aufgebracht werden:
$E = D \times (L+10m)^2/2 - D \times L^2/2 - M \times g \times 10m = 23500$ J.
Dieser recht hohe Wert ergibt sich daraus, dass das elas-
tische Seil durch den Fall des Geheimagenten schon
sehr stark vorgespannt wurde.

Die benötigte Leistung P des Motors der Seilwinde
in der Pistole ergibt sich einfach als Quotient der benötigten Energie $E = 23500$ J, die über die Dauer von
$t = 11$ s, in der die Seilwinde betrieben wird, zur Verfügung stehen muss, also $P = E/t \approx 2000$ W.

Luftwiderstand einmal anders

Zu Beginn des Films *Moonraker* verschwindet ein Raum-
gleiter, den James Bond wiederfinden soll. In der Anfangssequenz befinden sich ein Pilot, der Bösewicht
Beißer und James Bond über den Wolken in einem vom
Absturz bedrohten Flugzeug. Der Pilot, der das Flugzeug flugunfähig gemacht hat, versucht 007 über Bord
zu werfen, wird aber durch einen geschickten Schlag
des Geheimagenten selber aus dem Flugzeug katapul-
tiert. Im nächsten Moment wird James Bond unerwartet
durch den Beißer aus dem Flugzeug gestoßen, dieser
springt einige Sekunden später ebenfalls hinterher. Da
der Pilot einen Fallschirm besitzt, versucht James Bond
ihn durch geschickte Fallstrategien einzuholen, um
sich seines Fallschirms zu bemächtigen. Nach einer gewissen Zeit gelingt es ihm, den Piloten einzuholen und
ihm den Fallschirm in einem spektakulären Luftkampf
abzunehmen. Der Pilot fällt dann gnadenlos ohne Fallschirm weiter. Sein vermutlich unerfreuliches Schicksal

bleibt ungeklärt. Kaum hat 007 den Fallschirm umgeschnallt und wiegt sich bereits in Sicherheit, da taucht in einiger Entfernung der Beißer hinter ihm auf. Da der Beißer deutlich schwerer ist als der Geheimagent, holt er ihn recht schnell ein. Allerdings haben die beiden nur kurz das Vergnügen miteinander, da James Bond in dem Moment, als der Beißer seine Zähne in sein Bein rammen will, an der Reißleine seines Fallschirms zieht – und somit scheinbar blitzartig nach oben schießt.

Der Beißer, der nun ebenfalls seinen Fallschirm öffnen möchte, zieht so kräftig an seiner Reißleine, dass diese abreißt und sich der Fallschirm nicht öffnen kann. Völlig verzweifelt erkennt er am Boden ein Zirkuszelt und versucht sich dorthin zu bewegen, indem er mit den Armen heftig rudert. Er schafft es auch gerade noch und plumpst auf das Zeltdach.

Ist es für James Bond überhaupt möglich, den Piloten während des freien Falls zu erreichen und welche Möglichkeiten hat er, seinen Flug zu variieren? Und: Kann der gemeine Beißer den riskanten Sturz ins Zirkuszelt überleben?

Bei dieser Sequenz kommt es ganz entscheidend auf den Luftwiderstand an. Da alle Körper von der Erde gleich stark beschleunigt werden, fallen alle Körper auch gleich schnell[15], und James Bond hätte ohne Luftwiderstand und ohne äußeren Antrieb keine Chance, den Piloten unter ihm einzuholen. Die drei Sekunden,

---

15 Das bedeutet, dass in der gleichen Fallzeit die gleiche Strecke zurückgelegt wird. Dabei ist es egal, welcher Körper fällt. Eine Feder würde ohne Luftwiderstand genauso schnell zu Boden fallen wie ein Hammer. Dies wurde vom Astronauten David R. Scott bei der Apollo-15-Mission im Jahr 1971 eindrucksvoll auf dem Mond demonstriert. Dort gibt es keine Luft und folglich auch keinen Luftwiderstand, sodass alle Körper gleich schnell zu Boden fallen.

044

die er nach dem Piloten aus dem Flugzeug stürzt, wären durch kein Manöver in der Luft aufzuholen – James Bond würde immer drei Sekunden hinter dem Piloten bleiben. Das Gleiche gilt für den Beißer. Trotz seines enormen Gewichts kann er ohne Luftwiderstand James Bond nicht einholen.[16]

Für die Berechnung des Luftwiderstands werden die Daten der Protagonisten benötigt. Da ist zunächst James Bond, der 1,83 Meter groß ist, 76 Kilogramm wiegt und eine geschätzte, aber glaubwürdige Schulterbreite von 45 Zentimetern besitzt. Der Beißer hingegen ist beachtliche 2,20 Meter groß, wiegt 144 Kilogramm und hat eine Schulterbreite von etwa 55 Zentimetern.[17] Auch beim Piloten sind Gewicht und Größe von Bedeutung für die Rechnungen. Seine Werte kann man ungefähr aus den Szenen abschätzen. Dabei ergeben sich eine Größe von 1,86 Metern, ein Gewicht von etwa 70 Kilogramm und eine Schulterbreite von 43 Zentimetern.

Die gesamte auf den fallenden Körper einwirkende Kraft setzt sich aus der nach unten wirkenden Gewichtskraft und der nach oben gerichteten, durch den Luftwiderstand verursachten, Reibungskraft zusammen. Während die Gewichtskraft einfach das Produkt aus

16 Bei den Sprüngen vom Kranausleger wären die Korrekturen durch den Luftwiderstand minimal, da dort die Fallzeiten sehr kurz sind. Es würde sich also nichts ändern. Beim Bungee-Sprung würden sich unter Berücksichtigung des Luftwiderstands allerdings schon Abweichungen der Zahlenwerte von bis zu 15 Prozent ergeben. Prinzipiell würde sich aber wieder überhaupt nichts an den Ergebnissen ändern. Im Gegensatz dazu spielt der Luftwiderstand beim Einholen des Piloten durch James Bond in der Luft nun aber die entscheidende Rolle!

17 Der Beißer wurde vom Schauspieler Richard Kiel verkörpert. Es sind einfach dessen Maße, die hier angegeben sind.

der Masse und der Erdbeschleunigung ist, ist die Luftreibung komplizierter zusammengesetzt. Sie hängt
von der Körperform, genauer von der Stromlinienförmigkeit, der Luftdichte, der Angriffsfläche und der
Geschwindigkeit des fallenden Körpers ab. Die Abhängigkeit von der Geschwindigkeit ist dabei quadratisch, d.h. einer Verdopplung der Geschwindigkeit
entspricht eine Vervierfachung des Luftwiderstands.

Die Stromlinienförmigkeit eines Körpers wird durch
den sogenannten Luftwiderstandsbeiwert, der besser
als c_w-Wert bekannt ist, beschrieben. Dieser Wert ändert sich, je nachdem welche Form der fallende Körper hat. Am größten ist der c_w-Wert für einen Körper,
der sich an einem Fallschirm befindet. Der c_w-Wert
einer nach unten offenen Halbschale, d.h. eines offenen Fallschirms, ist mit $c_w = 3,4$ recht groß. Für eine
glatte Kugel gilt $c_w = 0,5$. Sehr stromlinienförmige
Körper, wie beispielsweise die Tragflächen eines Flugzeugs, weisen Werte von nur etwa $c_w = 0,01$ auf. Weiterhin ist der c_w-Wert größer für eine fallende Person,
die waagerecht in der Luft liegt, als für eine Person,
die chaotisch durch die Luft purzelt, dabei zusammen-
gekauert ist und quasi wie eine Kugel fällt. Diese verschiedenen c_w-Werte wurden jeweils in den Berechnungen zu dieser Filmszene zugrunde gelegt.

Außerdem spielt auch die Querschnittsfläche des
Fallenden eine große Rolle. Dabei handelt es sich um
die effektive Angriffsfläche für den Luftwiderstand.
James Bond nutzt genau diese Tatsache aus, um den
Piloten, der unter ihm fliegt, einzuholen. Die Verklei-
nerung der effektiven Angriffsfläche für den Luftwiderstand ist in Abbildung 1.7 deutlich zu erkennen. Dadurch kann 007 seine Sinkgeschwindigkeit beträchtlich
erhöhen.

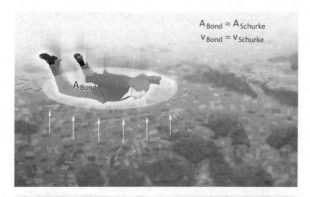

1.7 Im oberen Bild fällt Bond waagerecht zum Erdboden. Seine Angriffsfläche A_{Bond} ist relativ groß und entspricht in etwa seiner Körpergröße multipliziert mit seiner Schulterbreite. Diese Angriffsfläche ist ungefähr gleich groß wie die Angriffsfläche des Piloten $A_{Schurke}$, also des Schurken, der sich unter ihm befindet. Deswegen fallen die beiden Körper etwa gleich schnell. Im unteren Bild ist zu sehen, wie Bond seine effektive Angriffsfläche A_{Bond} für den Luftwiderstand verkleinert, damit sich seine Fallgeschwindigkeit v_{Bond} vergrößert.

Bei den Berechnungen zu dieser Szene muss berücksichtigt werden, dass die Dichte der Luft mit der Höhe recht stark abnimmt. So hat Luft auf Meereshöhe eine

Dichte von 1,2 Kilogramm pro Kubikmeter, die auf einer Höhe von 6000 Metern über dem Meer, also der Höhe des Absprungs, auf gut ein Drittel mit nur noch 0,44 Kilogramm pro Kubikmeter abgesunken ist.

Um mit allen Daten möglichst genau rechnen zu können, wurde das Programm *Dynasys* zur Modellbildung und Simulation dynamischer Systeme verwendet. *Dynasys* ist sogenannte Freeware. Mit dieser Software können Bewegungen von Körpern simuliert werden, wenn alle einwirkenden Kräfte gegeben sind. Das Programm löst dann durch numerische Integrationen die zugehörigen Bewegungsgleichungen.[18] Die Zeiten jedes einzelnen Absprungs und die Dauer des gesamten freien Falls sind aus der Filmszene bekannt. Somit sind die Anfangsbedingungen für die Berechnung gegeben. Dann wurden alle Zeiten, bei denen sich irgendein Einflussfaktor auf die Fallbewegung der jeweiligen Personen ändert, durch eine genaue Analyse der Filmszene bestimmt. Damit sind die Änderungen der effektiven Angriffsflächen der fallenden Körper und die Änderungen der c_w-Werte während des Falls gemeint. Hinzu kommen noch die unterschiedlichen Gewichte der einzelnen Personen, die sich selbstverständlich nicht mit der Zeit ändern, sowie der c_w-Wert des Fallschirms, den James Bond am Ende öffnet. Für das Gewicht des Fallschirms wurden zwölf Kilogramm angesetzt, was ein realistischer Wert ist. Es wird angenommen, dass alle Fallschirme identisch sind. Somit muss das Gewicht von zwölf Kilogramm jeweils den Gewichten von James Bond, des Beißers und des Piloten

18 Das Programm ist hervorragend für den Einsatz im Unterricht in der Schule geeignet, da die für das Verständnis notwendige Mathematik auf ein Minimum reduziert wird. Es ist im Internet zu finden unter http://www.hupfeld-software.de/ (Mai 2008).

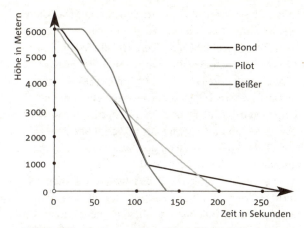

1.8 Die Fallhöhe der Protagonisten ist im zeitlichen Verlauf dargestellt. Die vertikale Achse zeigt die jeweilige Fallhöhe in Metern, startend bei 6000 Metern. Auf der horizontalen Achse ist die Zeit aufgetragen, die seit dem Absprung des Piloten vergangen ist. Der Pilot (helle Linie) fällt zum Zeitpunkt Null aus dem Flugzeug und seine Höhe nimmt ab. James Bond (dunkle Linie) wird drei Sekunden später vom Beißer hinausgestoßen. Erst dann nimmt seine Höhe mit der Zeit ab. Der Beißer wiederum (graue Linie) springt 30 Sekunden nach dieser Szene aus dem Flugzeug. Deswegen verringert sich seine Höhe erst ab einer Zeitspanne von 33 Sekunden und bleibt vorher konstant auf 6000 Metern.

zugeschlagen werden. Ferner wurde noch berücksichtigt, dass die Dichte der Luft mit zunehmender Falltiefe größer wird.

Eine Simulation der Fallbewegung der drei Personen ist in Abbildung 1.8 zu sehen. Aufgetragen ist jeweils die entsprechende Höhe, in der sich die entsprechende Person befindet, als Funktion der Zeit, die seit dem Absprung des Piloten vergangen ist.

Die Berechnungen ergeben, dass das Flugzeug mindestens in einer Höhe von 6000 Metern geflogen sein muss. Dieser Wert ist zwar recht hoch, kann aber damit erklärt werden, dass dieser Absprung natürlich nicht geplant war, schließlich müssen sich alle Beteiligten aus einem abstürzenden Flugzeug retten. Fallschirmsprünge können aber durchaus aus 5000 Metern Höhe durchgeführt werden. Die eigentliche Szene endet mit dem Einschlag des Beißers ins Zirkuszelt nach 135 Sekunden bzw. 2:15 Minuten. Abbildung 1.8 verrät aber, dass James Bond offensichtlich noch 140 Sekunden weiter am Fallschirm fliegt, bevor er sicher nach insgesamt 275 Sekunden landet. Der Pilot schlägt wahrscheinlich recht unsanft nach insgesamt 205 Sekunden Fallzeit auf dem Boden auf. Da diese und auch James Bonds Landung nicht gezeigt werden, folgt das nur aus den berechneten Daten. Weiterhin kann der Abbildung 1.8 entnommen werden, dass alle drei Hauptfiguren zu unterschiedlichen Zeiten das Flugzeug verlassen haben. Dies sind die jeweils aus der Szene gemessenen bzw. nachträglich bestimmten Anfangszeiten. James Bond wird vom Beißer drei Sekunden, nachdem der Pilot abgesprungen ist, aus dem Flugzeug gestoßen. Wann der Beißer selber abspringt, ist in der Filmszene nicht zu erkennen und muss nachträglich aus dem Verlauf rekonstruiert werden. Es stellt sich heraus, dass der Beißer ca. 30 Sekunden, nachdem James Bond das Flugzeug verlassen hat, auf die Reise geht. Das Abknicken der Fallkurve von James Bond nach etwa 28 Sekunden zeigt seinen schnelleren Fall, den er dadurch einleitet, dass er seine effektive Angriffsfläche durch ein steileres Abtauchen in etwa halbiert. Ebenfalls 30 Sekunden, nachdem der Top-Agent abgesprungen ist, oder nach 1350 Metern Falltiefe bzw. in einer absoluten Höhe von 4650 Metern über dem Erdboden, hat er den Piloten erreicht. Dies ist am Zusammentreffen der dunklen

Linie von Bond und der hellen Linie des Piloten in Abbildung 1.8 zu erkennen. In dieser Höhe beginnen die beiden Männer ihren Luftkampf um den Fallschirm. Bei ca. 3450 Metern trennen sich ihre Wege wieder und der Pilot beginnt seinen tödlichen Weg nach unten ohne Fallschirm. In einer Höhe von etwa 2000 Metern hat es der Beißer aufgrund seines großen Gewichts geschafft, auf etwas mehr als 100 Meter an Bond heranzukommen. Doch er fällt noch fast 1000 Meter, um Bond zu fassen, da 007 den Beißer über sich bemerkt und sich beide im Sturzflug mit der optimalen Stromlinienform bewegen. James Bond benötigt dann aber nur zwei Sekunden, um sich vom Beißer zu lösen, indem er an seiner Reißleine zieht. Dadurch vergrößern sich sein c_w-Wert und seine effektive Angriffsfläche schlagartig, was zu einer abrupten Abbremsung seiner Bewegung führt. So kann der Geheimagent sicher zu Boden schweben, während der Beißer weiter ungebremst fällt.

In der Abbildung 1.9 sind die Fallgeschwindigkeiten der Personen in Metern pro Sekunde als Funktion der seit dem Absprung des Piloten vergangenen Zeit dargestellt. Anhand dieser Grafik können die einzelnen Phasen der Bewegung etwas besser als in Abbildung 1.8 abgelesen werden. Die Personen starten alle aus der Ruhelage, da das Flugzeug sich auf einer konstanten Höhe von 6000 Metern befindet. Der Pilot erreicht schnell eine Fallgeschwindigkeit von 54 Metern pro Sekunde, das entspricht immerhin 194 Kilometern pro Stunde, wenn er chaotisch in der Luft herumwirbelt. Danach kann er seine Geschwindigkeit drosseln, indem er, wie bereits erwähnt, seinen Körper in eine waagerechte ausgestreckte Lage bringt und somit seine effektive Angriffsfläche für den Luftwiderstand maximiert.

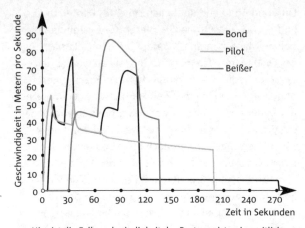

1.9 Hier ist die Fallgeschwindigkeit der Protagonisten im zeitlichen Verlauf dargestellt. Die vertikale Achse zeigt die Geschwindigkeit in Metern pro Sekunde. Die horizontale Achse gibt die seit dem Absprung des Piloten verstrichene Zeit an. Solange sich eine Person noch im Flugzeug befindet, ist ihre Geschwindigkeit Null. Die dunkle Linie für James Bond beginnt beispielsweise drei Sekunden nach der des Piloten und 30 Sekunden vor der des Beißers.

Beim Zusammentreffen und anschließenden Luftkampf mit James Bond erreicht der Pilot noch einmal eine Geschwindigkeit von 55 Metern pro Sekunde, was seiner absoluten Maximalgeschwindigkeit entspricht. 007 hingegen erreicht bei seiner Verfolgungsjagd eine Spitzengeschwindigkeit von 76 Metern pro Sekunde, oder umgerechnet stolze 274 Stundenkilometer![19] Nach 30 Sekunden gemeinsamen Fallens trennen sich der

---

19 Zum Vergleich: Die Höchstgeschwindigkeit des neuen Porsche 911 Carrera ist mit 285 Kilometern pro Stunde nur unwesentlich größer. Den Aston Martin DB5, den James Bond in mehreren Filmen fährt, würde Bond im freien Fall ohne Probleme abhängen, da dieser lediglich eine Spitzengeschwindigkeit von 238 Kilometern pro Stunde erreichen kann.

Pilot und Bond. Der Pilot hat schließlich eine Geschwindigkeit von 118 Kilometern pro Stunde, die bis zu seinem unbekannten, aber wahrscheinlich unerfreulichen Ende nur langsam abnimmt.

Der Beißer, der mit 144 Kilogramm ein fast doppelt so großes Gewicht wie James Bond besitzt, hat damit noch bessere Voraussetzungen und kann eine deutlich höhere Spitzengeschwindigkeit erreichen. Nach ca. 80 Sekunden fällt der Beißer mit seiner Höchstgeschwindigkeit von fast 86 Metern pro Sekunde, was knapp 310 Stundenkilometern entspricht.[20] Am Ende fallen alle drei Personen mit konstanter Geschwindigkeit, wobei nur James Bond mit etwa 30 Kilometern pro Stunde so langsam ist, dass er die Landung sicher überlebt. Der Pilot schlägt mit etwa 100 Stundenkilometern auf und überlebt dies wahrscheinlich nicht.

Der Beißer überlebt seinen Absturz völlig unbeschadet. Sein Sturz wird allerdings durch das Zirkuszelt weich abgebremst. Das Zirkuszelt hat eine geschätzte Höhe von 20 Metern, die als Bremsweg zur Verfügung stehen. Die Abbremszeit beträgt etwa eine Sekunde, wie die genaue Analyse des entsprechenden Filmausschnitts ergibt. Zur Zeit des Einschlagens in das Zirkuszelt beträgt die Fallgeschwindigkeit des Beißers 40 Meter pro Sekunde. Die Kraft, die über den Abbremszeitraum von einer Sekunde auf ihn einwirkt, beträgt dann ungefähr 5760 Newton. Das entspricht etwa 4 g, also dem Vierfachen der Erdbeschleunigung.[21] Zum

---

20 Diese Geschwindigkeit entspricht nun in etwa der Spitzengeschwindigkeit eines Ferrari Testarossa, der bei 390 PS etwa 320 Kilometer pro Stunde auf die Strecke bringt.

21 Auf sogenannte g-Kräfte wird im Kapitel 2 genauer eingegangen. Hier bedeutet »4 g« einfach nur, dass der Beißer das Vierfache seines Gewichts aushalten muss.

Vergleich: Bei einer Achterbahnfahrt wirken auf die Fahrgäste in einem Looping bis zu 6 g, allerdings über einen sehr viel kürzeren Zeitraum. Daher erscheinen 4 g selbst über einen Zeitraum von einer Sekunde als noch verträgliche Belastung. Dies gilt erst recht für den Beißer, der von äußerst robuster Natur zu sein scheint.[22]

Die Anfangssequenz wäre also genau so realisierbar, wie sie die Zuschauer auf der Leinwand zu sehen bekommen, wenn alle Akteure aus einer Anfangshöhe von 6000 Metern abspringen. Sie hätte also theoretisch mit drei Stuntmen direkt gefilmt werden können. In Wirklichkeit wurde sie aber in einer Höhe von nur 3000 Metern aufgenommen und aus mehr als 90 Einzelszenen zusammengesetzt.[23]

Details für Besserwisser

Um diese prekäre Situation zu überstehen, ist der Luftwiderstand für James Bond wirklich essenziell. Damit hängt die Frage zusammen, wieso die Erde alle Körper gleich stark beschleunigt. Dieses Rätsel hat die Mensch-

---

[22] Der Beißer übersteht im Film *Moonraker* einiges. So rast er mit einer Seilbahn in eine Betonhütte, die dabei völlig zerstört wird. Er selber bleibt aber vollkommen unverletzt. Der Beißer übersteht mit seinem Motorboot auch den Absturz von einem hohen Wasserfall. Am Ende des Films rettet er James Bond sogar und hilft ihm, die mit den tödlichen Sporen gefüllten Globen zu zerstören. In diesem Zusammenhang überlebt er sogar die Explosion einer Raumstation! 4 g über den Zeitraum von einer Sekunde sind daher wirklich keine große Belastung für einen so unverwüstlichen Charakter.

[23] Das ist in der Dokumentation *Best ever Bond*, die schon mehrfach in der ARD ausgestrahlt wurde, genau beschrieben worden.

heit immerhin bis in das 17. Jahrhundert hinein beschäftigt, da die Alltagserfahrung zeigt, dass schwere Körper schneller zu Boden fallen als leichte. Wer würde bestreiten, dass ein Blatt Papier langsamer fällt als ein Ziegelstein? Wird das Blatt Papier aber zusammengeknüllt, dann fällt es deutlich schneller zu Boden als vorher, obwohl sich seine Masse beim Zusammenknüllen sicher nicht geändert hat. Der berühmte Physiker Galileo Galilei machte sich im 17. Jahrhundert bereits mithilfe eines eindrucksvollen Gedankenexperiments klar, dass alle Körper gleich stark von der Erde beschleunigt werden müssen.

Galilei führte einen sogenannten Beweis durch Widerspruch[24]: Die Ausgangshypothese ist, dass schwere Körper tatsächlich schneller beschleunigt werden als leichte. Sie müssten dann auch schneller fallen. Diese Annahme soll nun durch logische Überlegung zum Widerspruch geführt werden. Wenn sich ein leichter Körper direkt unterhalb eines schweren befindet, dann müsste dieser die schnellere Fallbewegung des schweren Körpers hemmen, denn er fällt ja laut Annahme langsamer.[25] Insgesamt müssten die beiden Körper zusammen zwar schneller als der leichte, aber insgesamt langsamer als der schwere zu Boden fallen. Werden nun aber diese beiden Körper zu einer Einheit verbunden, dann ist diese Einheit insgesamt schwerer

---

24 Beweise durch Widerspruch sind generell das Schwierigste, was die Logik zu bieten hat. Sie sind aber zugleich auch das schönste Element der Logik und sorgen immer für ein bleibendes Aha-Erlebnis.

25 Ein Cent-Stück allein fällt auch schneller zu Boden als ein Cent-Stück auf einem Stück Papier. Hier hemmt der Luftwiderstand des Papiers die Bewegung. In unserem Gedankenexperiment gibt es aber keinen Luftwiderstand, sondern nur unterschiedliche Massen.

als der schwere der beiden Einzelkörper. Nach unserer Ausgangshypothese müsste dieser Gesamtkörper damit schneller fallen als der schwere Einzelkörper. Es hatte sich aber vorher bereits ergeben, dass er langsamer fallen muss. Er kann aber nicht zugleich schneller und langsamer fallen! Also ist die Ausgangshypothese falsch und alle Körper müssen von der Erde gleich stark beschleunigt werden – der Beweis durch Widerspruch ist vollendet.

Die Tatsache, dass alle Körper in Richtung des Erdmittelpunkts gleich stark beschleunigt werden, steht nicht im Widerspruch zu der Beobachtung, dass unterschiedliche Gegenstände unterschiedlich schnell fallen, da alle Kräfte, die auf einen Körper einwirken, seine Bewegung bestimmen. Neben der Erdanziehungskraft wirkt als zweite wesentliche Kraft die Luftreibung, die die Fallbewegung hemmt. Diese Kraft ist nun für verschiedene Körper unterschiedlich groß und sorgt letztlich für unsere Alltagserfahrung, dass schwere, stromlinienförmig geformte Körper schneller fallen als leichte, ausgedehnte. Leider ist die exakte mathematische Beschreibung einer Fallbewegung unter Berücksichtigung der Luftreibung schon so anspruchsvoll, dass die entsprechenden Bewegungsgleichungen sogenannte Differenzialgleichungen sind. Ihre Lösung erfordert sehr viel höhere Mathematik.

Mithilfe des Programms *Dynasys* ist es möglich, diese Bewegungsgleichungen aufzustellen und mit einem numerischen Rechenverfahren zu lösen.[26] So sind die Abbildungen 1.8 und 1.9 entstanden. Allerdings lässt

---

26 Für wahre Experten: Das Programm *Dynasys* verwendet ein sogenanntes Runge-Kutta Verfahren 4. Ordnung zur Lösung der auftauchenden Differenzialgleichungen.

sich auch mit einem einfachen Kräftegleichgewicht die konstante Fallgeschwindigkeit, die sich nach einer größeren Fallzeit einstellt, unter Berücksichtigung der Luftreibung berechnen. Mit dieser Überlegung wurden alle exakten Rechnungen mit dem Programm *Dynasys* noch zusätzlich überprüft.

Für die auf einen fallenden Körper einwirkende Gesamtkraft gilt:

Gesamtkraft = Gewichtskraft − Reibungskraft

Die Reibungskraft muss von der Gewichtskraft abgezogen werden, da sie ihr entgegenwirkt.

Die Gewichtskraft ist einfach: Gewichtskraft = $M \times g$

Dabei sind M die Masse des fallenden Körpers und g die Erdbeschleunigung mit dem Wert $g = 9{,}81\,m/s^2$.

Für die Reibungskraft gilt:

Reibungskraft = $0{,}5 \times c_W \times A_{eff} \times \rho_{Luft} \times v^2$

Hierbei sind c_W der sogenannte Luftwiderstandsbeiwert des fallenden Körpers, der ausschließlich von seiner Form abhängt, A_{eff} seine effektive Querschnittsfläche, v seine augenblickliche Geschwindigkeit und ρ_{Luft} die von der Fallhöhe abhängige Dichte der Luft. Die quadratische Abhängigkeit von v führt dazu, dass die Reibungskraft sehr schnell mit steigender Fallgeschwindigkeit anwächst.

Wenn die Reibungskraft gleich der Gewichtskraft ist, dann verschwindet die auf den fallenden Körper wirkende Gesamtkraft, und er bewegt sich mit konstanter Geschwindigkeit weiter. Das folgt aus dem 1. newtonschen Axiom. Diese konstante Geschwindigkeit kann somit aus dem Kräftegleichgewicht Gewichtskraft = Reibungskraft abgeleitet werden. Wenn die Formeln eingesetzt werden und die resultierende Gleichung nach v^2 aufgelöst wird, dann ergibt sich:

$v^2 = 2 \times M \times g / (c_W \times A_{eff} \times \rho_{Luft})$

Da die Masse M im Zähler des Bruches und der Luft-widerstandsbeiwert c_W und die Querschnittsfläche A_{eff} jeweils im Nenner stehen, gibt diese Formel die Alltags-erfahrung richtig wieder, dass schwere, stromlinien-förmige Körper mit kleiner Querschnittsfläche schneller fallen als leichte, nicht-stromlinienförmige Gegenstände mit großer Fläche. James Bond nutzt bei seiner Verfol-gung des Piloten in der Luft die Größen c_W und A_{eff} im Nenner der obigen Formel aus, indem er beide Werte für sich verkleinert und seine Geschwindigkeit damit erhöht. Der Beißer wiederum nutzt für die Verfolgung von 007 die Tatsache aus, dass M im Zähler der obigen Formel steht und seine Masse fast doppelt so groß ist, wie die des smarten Geheimagenten.

Generell ändert sich der c_W-Wert mit der Form des fallenden Objekts und müsste für jeden Körper empi-risch bestimmt werden. Für die Berechnungen wurden hier aber die entsprechenden c_W-Werte durch Verglei-che mit ähnlichen Objekten möglichst gut abgeschätzt. Wenn eine Person mehr oder weniger chaotisch fällt, dann wurde in den Berechnungen mit dem Programm *Dynasys* ein Wert von $c_W = 1{,}5$ zugrunde gelegt. Im waagerecht ausgestreckten Fall ist eine Person nicht so stromlinienförmig. Daher wurde für diesen Fall $c_W = 2$ verwendet. Deutlich stromlinienförmiger ist jemand, der kopfüber fällt. Dies wurde durch einen kleineren c_W-Wert von $c_W = 0{,}8$ berücksichtigt. Schließlich ergibt sich der größte Luftwiderstandsbeiwert mit $c_W = 3{,}4$ für einen geöffneten Fallschirm.

Die Abhängigkeit der Dichte der Luft von der Höhe wurde über den Luftdruck ermittelt. Der Luftdruck p in der Höhe h lässt sich mit der sogenannten Baro-metrischen Höhenformel $p = p_0 \times \exp(-h/h_0)$ berech-nen. Hierbei ist p_0 der Luftdruck auf Meereshöhe und

$h_0 = 8000\,m$ ist die Dicke der Atmosphäre[27]. Die Luftdichte ρ_{Luft} in der Höhe h ist zum Luftdruck p proportional und hängt folgendermaßen mit diesem zusammen: $\rho_{Luft} = p / (R \times T)$. Hierbei ist $R = 300\,J/(kg \times K)$ die auf ein Mol bezogene universelle Gaskonstante und T(h) ist die absolute Temperatur der Luft in Kelvin in der Höhe h. Für die Berechnungen der Fallbewegungen wurde vereinfachend der konstante Wert von 273,15 K bzw. 0° C für T verwendet.[28]

Wie man ein Flugzeug in der Luft einholen kann

Nachdem James Bond zu Beginn von *Golden Eye* den Bungee-Sprung vom Staudamm übersteht, bricht er in die in der Nähe liegende Chemiewaffenfabrik in Archangelsk ein. Dort trifft er auf seinen Freund und Kollegen Alec Trevelyan alias Agent 006, der sich ebenfalls im Dienst Ihrer Majestät befindet.[29] Der Auftrag der beiden Spione ist es, die Anlage in die Luft zu sprengen. Beim Befestigen der Sprengladungen werden sie jedoch von russischen Soldaten unter dem Kommando von Oberst Ourumov entdeckt und angegriffen. Wäh-

---

27 Dies ist nicht die wirkliche Dicke der Atmosphäre, sondern eine Bezeichnung für die Höhe, in der die Dichte der Atmosphäre nur noch 36,8 Prozent des Meeresspiegelwerts beträgt.

28 Hier müsste natürlich ebenfalls noch eine Höhenabhängigkeit der Temperatur T berücksichtigt werden, da die Luft in großen Höhen deutlich kälter als am Erdboden ist. Um die Rechnungen überschaubar zu halten, wurde darauf aber verzichtet und mit einem mittleren Wert gerechnet. Eine genauere Analyse zeigt, dass diese Vereinfachung auf die prinzipiellen Ergebnisse keinen wesentlichen Einfluss hat.

29 006 stellt sich allerdings im Verlauf des Films als Doppelagent heraus und entwickelt sich zu Bonds Gegenspieler.

rend es Bond gelingt, die Sprengladungen zu platzieren und den Zeitzünder zu aktivieren, wird 006 von den Angreifern überwältigt. Ourumov droht ihn zu erschießen, sollte sich James Bond nicht innerhalb von zehn Sekunden ergeben. Obwohl sich 007 darauf einlässt, drückt der General kurz vor Ablauf der Gnadenfrist ab. Alec Trevelyan sinkt scheinbar tödlich in den Kopf getroffen nieder.

James Bond gelingt die Flucht hinaus auf ein Rollfeld außerhalb der Anlage. Im Schusswechsel mit den ihn verfolgenden Soldaten erblickt er ein gerade startendes Flugzeug, sprintet darauf zu, erreicht die Maschine, öffnet die Seitentür und springt an Bord. Im Kampf um die Kontrolle stürzen James Bond und der Pilot aus dem startenden Flugzeug. Während sich der Top-Agent geschickt abrollen kann, kollidiert der Pilot mit einem verfolgenden Soldaten auf einem Motorrad. Blitzschnell erfasst 007 die Situation, ergreift das Motorrad und rast dem führerlosen Flugzeug hinterher. Die Soldaten brechen angesichts dieses scheinbar wahnsinnigen Manövers ihre Verfolgung ab – die Startbahn endet schließlich an einem tiefen Abgrund. Tatsächlich stürzen wenige Augenblicke später das Flugzeug, und zwei Sekunden später James Bond auf dem Motorrad von der Klippe. In der Luft lässt 007 das Motorrad los, legt die Arme an und segelt in bester Superman-Manier auf das Flugzeug zu. Langsam nähert er sich, bis er schließlich sein Ziel nach 20 Sekunden erreicht: Trotz fast senkrechten Sturzflugs gelingt es ihm, die immer noch offene Seitentür zu packen und sich hineinzuziehen.[30] Im Cock-

---

30 Auch wenn die Tür nicht offen wäre, könnte James Bond sie in der Luft einfach öffnen. Dies kostet aber recht viel Zeit, und Zeit ist das Einzige, was James Bond in dieser Szene nicht hat!

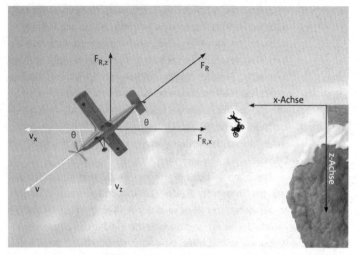

1.10 Darstellung der unterschiedlichen Bewegungs- und Kraftrichtungen beim Sprung von der Klippe. Mit x werden der Abstand von der Klippe und mit z die Falltiefe bezeichnet. Die Reibungskraft F_R wirkt entgegengesetzt zur Fallrichtung. Die horizontalen und vertikalen Komponenten der Geschwindigkeit v und der Luftreibung werden durch v_x, $F_{R,x}$, v_z, $F_{R,z}$ angegeben. Der Winkel θ zwischen Bewegungsrichtung und x-Achse bezeichnet den Neigungswinkel des Flugzeugs. Ein senkrechter Fall entspricht so einem Winkel von θ = 90°.

pit angekommen, ergreift 007 den Steuerknüppel und zieht ihn hektisch zu sich. Kurz bevor das Flugzeug am Fuße des Berges zu zerschellen droht, gelingt es Bond tatsächlich, die Maschine hochzuziehen. Während er über die Fabrik hinwegfliegt, explodieren dort die Sprengladungen. Mission erfüllt!

Im Kino würde man am liebsten sagen: »Da hat er aber noch mal Glück gehabt!« Doch war es nur Glück, oder war es die kühle Berechnung eines genialen Geheimagenten? Ist dieses Manöver so prinzipiell durchführbar oder ist es physikalisch unmöglich?

Zuerst muss Bond das Flugzeug in der Luft einholen, dann muss ihm der Einstieg gelingen und schließlich muss er das Flugzeug auch noch abfangen. Alle drei Aktionen erscheinen für sich genommen bereits äußerst schwierig. Bei den folgenden Betrachtungen soll die Motorkraft des Flugzeugs ebenso vernachlässigt werden, wie die möglicherweise noch leicht wirkende Auftriebskraft durch die Flügel. Dominiert wird die Bewegung sicher durch das Fallen von der Klippe. Die anderen Effekte bewirken lediglich kleinere Korrekturen.

Der erste Teil des Manövers ist daher eine Art freier Fall. Im Gegensatz zu der Szene aus *Moonraker*, in der James Bond, der Pilot und der Beißer im Wesentlichen senkrecht fallen und damit eine eindimensionale Bewegung durchführen, bewegen sich 007 und das Flugzeug nun in zwei Dimensionen – horizontal und vertikal. Physikalisch gesprochen sind die Bewegungen von James Bond und dem Flugzeug ein waagerechter Wurf (mit Reibung).

Glücklicherweise gibt es in der Physik das sogenannte Unabhängigkeitsprinzip, d. h. eine zweidimensionale Bewegung kann aus zwei unabhängigen eindimensionalen Bewegungen in horizontaler und vertikaler Richtung zusammengesetzt werden. Dieses Unabhängigkeitsprinzip kann durch ein einfaches Experiment veranschaulicht werden: In Abbildung 1.11 sieht man zunächst zwei gleich schwere Kugeln in einer Halterung am oberen Bildrand. Wenn beide Kugeln gleichzeitig zu Boden fallen, die rechte helle Kugel aber dabei noch einen kleinen waagerechten Stoß erhält, dann ist zu erkennen, dass beide Kugeln trotzdem gleich schnell fallen. Obwohl die rechte Kugel einen längeren Weg zurückgelegt hat, befinden sich beide Kugeln zu gleichen Zeiten immer in der gleichen Höhe. Die zweidimensio-

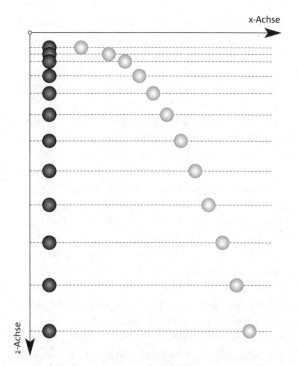

1.11 Versuch zum Unabhängigkeitsprinzip für Bewegungen. Die dunkle Kugel fällt senkrecht zu Boden, während die helle Kugel vorher noch einen Stoß nach rechts bekommen hat. Deutlich ist zu erkennen, dass beide Kugeln sich zu gleichen Zeiten in der gleichen Falltiefe z befinden. Die Bewegung in x-Richtung ist der Fallbewegung einfach überlagert.

nale Bewegung der rechten Kugel ist also nichts anderes als eine senkrechte Fallbewegung, der eine einfache waagerechte Translationsbewegung überlagert ist.

Diese erste Überlegung zeigt bereits, dass der Luftwiderstand die zentrale Rolle bei der Erklärung dieser Szene spielen muss. Alle Körper werden von der Erde gleich stark beschleunigt. James Bond könnte das Flugzeug ohne Luftwiderstand niemals erreichen, da er zwei Sekunden später als das Flugzeug von der Klippe fällt und damit immer diese zwei Sekunden zu spät dran wäre. Abbildung 1.11 verdeutlicht diese Situation nochmals: Genauso wie keine der beiden gleichzeitig fallen gelassenen Kugeln mit der Zeit eine größere Falltiefe erreicht als die jeweils andere, kann auch James Bond die in zwei Sekunden senkrecht gefallene Strecke, ohne dass er den Luftwiderstand ausnutzt[31], nicht aufholen.

Da 007 und das Flugzeug im freien Fall jeweils recht hohe Geschwindigkeiten erreichen, spielt ihre Stromlinienförmigkeit (auch Windschlüpfigkeit genannt) neben den anderen Faktoren, die zum Luftwiderstand beitragen, eine wesentliche Rolle. Aus dem Luftwiderstandsbeiwert bzw. c_w-Wert und der Querschnittsfläche in Bewegungsrichtung ergibt sich der effektive, durch die Form eines Körpers verursachte Luftwiderstand eines Körpers. Wie in der Szene, als der Beißer Bond nur aufgrund seines höheren Gewichts in der Luft einholen konnte, hat 007 auch jetzt ein ziemliches Gewichtsproblem. Die Tatsache, dass schwere Körper schneller zu Boden fallen als leichte, liegt daran, dass die Erdanziehung durch den Luftwiderstand kompensiert werden muss. Dies führt letztlich zu einer höheren Fallgeschwindigkeit des schwereren Körpers. Was James Bond also an Gewicht weniger als das Flugzeug besitzt, muss er im Gegenzug an Stromlinienförmigkeit gewinnen, um den Luftwiderstand für sich auszunutzen und das Flugzeug in der Luft einzuholen. Das ist allerdings kein Zuckerschlecken, da das Flugzeug etwa 20-

---

31 Wir gehen davon aus, dass 007 keinen äußeren Antrieb hat, wie etwa eine kleine Rakete auf dem Rücken. Mit einem solchen Antrieb könnte er die zwei Sekunden gegenüber dem fallenden Flugzeug natürlich leicht aufholen.

mal schwerer ist als der Top-Agent. Bond müsste daher 20-mal so stromlinienförmig sein wie das fallende Flugzeug, um genauso schnell zu fallen! Das kann definitiv nur mit Hilfsmitteln des britischen Geheimdienstes erreicht werden. Für uns Normalbürger stellt diese Art der Flucht sicher keine Lösung dar, denn auch fallende Flugzeuge sind schon recht stromlinienförmig.

Doch wie stellt James Bond es genau an, den Luftwiderstand so auszunutzen, dass er das Flugzeug einholen kann? Bereits kurz nach Verlassen der Klippe stößt der Top-Agent das Motorrad ab. Von diesem Moment an besitzt er gegenüber dem Flugzeug die Möglichkeit, seinen Luftwiderstand und so seine Flugbahn bewusst zu beeinflussen. Bonds Verhalten ist im Filmausschnitt deutlich erkennbar. Zunächst muss 007 eine möglichst große Geschwindigkeit in der Luft erreichen, um den Vorsprung des Flugzeugs aufzuholen. Hierzu nimmt James Bond eine gerade und schmale Haltung an, indem er die Arme anlegt und die Beine voll durchstreckt. Sein Luftwiderstand wird dabei offensichtlich deutlich kleiner als der des Flugzeugs. Der Einstieg hingegen ist nur möglich, wenn er es schafft, mit etwa gleicher Geschwindigkeit neben dem Flugzeug herzufliegen. Dazu ist es nötig, in der Luft abzubremsen. Dies schafft Bond dadurch, dass er sich quasi aufrichtet und so den Luftwiderstand stark vergrößert.

Das Manöver scheint also für einen Top-Agenten ein Kinderspiel. Detaillierte Berechnungen können das genauer überprüfen.

Die Ergebnisse dieser ersten groben Betrachtung unter Berücksichtigung der Erdanziehung und des Luftwiderstands lassen bereits hoffen, dass die Sache nicht nur qualitativ funktioniert. Wie in Abbildung 1.12

zu erkennen ist, kreuzen sich die ermittelten Bahnkurven. Im Schnittpunkt befinden sich James Bond und das Flugzeug im selben Abstand von der Klippe und in der gleichen Falltiefe. Diese Bedingung muss für einen Einstieg natürlich erfüllt sein. Allerdings ist dies noch nicht alles, denn beide müssen für einen erfolgreichen Einstieg diesen Schnittpunkt auch noch zur selben Zeit erreichen. Man erwischt schließlich den Zug auch nicht, wenn man den Bahnsteig fünf Minuten nach der Abfahrt erreicht, obwohl man sich dann am selben Ort befindet, an dem der Zug vorher auch war. Die Folgen wären in einem solchen Fall allerdings weniger fatal als für James Bond bei seinem Sprung von der Klippe.

Ein zeitgleiches Treffen umzusetzen, erweist sich in der Rechnung zwar als äußerst diffizil, jedoch gelingt es nach einigem Probieren mit den Werten, die James Bond im Verlauf der Motorradfahrt und des Fluges durch die Luft verändern kann.

Zu Beginn kann er mit dem Motorrad seine Anfangsgeschwindigkeit, mit der er von der Klippe stürzt, verändern und der Geschwindigkeit des Flugzeugs möglichst genau anpassen. In der Luft kann der Geheimagent seine Stromlinienförmigkeit und damit seinen Luftwiderstand quasi stufenlos durch seine Körperhaltung verändern.[32] Das hierbei auftretende Problem ist die exakte und stetige Kontrolle des Luftwiderstands. Ein gut ausgebildeter Top-Agent ist sicher in der Lage, seinen Körper so zu kontrollieren, dass er seine Flugbahn intuitiv richtig korrigieren kann. Bei dem in Ab-

---

32 James Bond fliegt in der Szene fast so wie Superman durch die Luft. Wenn er seine Arme eng an den Körper anlegt, dann ist sein Luftwiderstand klein, wenn er sich aufrichtet, dann ist der Luftwiderstand sicher größer. Hierzu trägt auch die durch das Aufrichten größere effektive Fläche in Bewegungsrichtung bei.

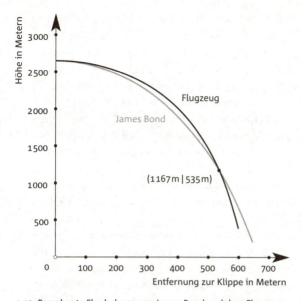

1.12 Berechnete Flugbahnen von James Bond und dem Flugzeug, nach dem Verlassen der Klippe. Beide Flugbahnen schneiden sich, d.h. es gibt einen Punkt, an dem sich 007 und das Flugzeug im gleichen Abstand von der Klippe und in der gleichen Falltiefe befinden. Aus der Grafik liest man ab, dass dieser Schnittpunkt bei einem Abstand von 535 Metern von der Klippe in einer Falltiefe von 1167 Metern erreicht wird.

bildung 1.12 gezeigten Ergebnis einer genauen Berechnung ergibt sich ein zeitgleicher Schnittpunkt der Bahnen für eine Geschwindigkeit von etwa 140 Kilometern pro Stunde, mit der das Flugzeug von der Klippe stürzt. Ähnliche Ergebnisse lassen sich zum Beispiel auch mit 145 Stundenkilometern erzielen. James Bond kann eine leichte Fehleinschätzung der Geschwindigkeiten deshalb ohne Probleme während des Fluges korrigieren. Technisch ist diese Anfangsgeschwindigkeit für das Flugzeug, bei dem es sich um eine Pilatus SC-6 oder auch Pilatus Porter Turbo handelt, natürlich kein Problem.[33] Auch das von James Bond ergriffene Motorrad, eine Cagiva[34], sollte solche Geschwindigkeiten mühelos erreichen. Bond muss allerdings eine leicht geringere Absprunggeschwindigkeit als das Flugzeug wählen, da sein Problem nicht darin liegt, das Flugzeug in horizontaler Richtung einzuholen, sondern er muss die zwei Sekunden freien Fall in vertikaler Richtung wettmachen. Wäre 007 an der Klippe schneller als das Flugzeug, dann würde er gnadenlos über das Flugzeug hinwegschießen, da er ja viel stromlinienförmiger ist. Hier muss der Geheimagent also äußerst cool bleiben!

007 hätte noch eine andere Strategie verfolgen können, um das Flugzeug einzuholen. Da sein größtes Problem sein geringes Gewicht im Vergleich zum Flugzeug ist, hätte er das Motorrad auch in der Luft festhalten können, um so sein Gesamtgewicht zu vergrößern. Dies erhöht aber zu sehr den Luftwiderstand und schränkt zudem die Möglichkeit ein, diesen im Flug zu verändern. Ein höheres Gesamtgewicht würde James Bond zwar erlauben, schneller zu fallen, jedoch spielt seine Stromlinienförmigkeit die wichtigere Rolle. Detaillierte Berechnungen ergeben, dass der Einfluss des Luftwiderstands den des größeren Gewichts sogar bei Weitem überwiegt. Wie Abbildung 1.13 zeigt, hat 007 mit dem Motorrad aufgrund des viel größeren

33 Diese Pilatus-Porter-Maschine wurde für die Dreharbeiten von der Schweizer Firma »Air-Glaciers – Compagnie d'Aviation 1951 Sion« bereitgestellt. Die Maschine ist bekannt für kurze Start- und Landewege und gute Zuverlässigkeit. Sie ist daher sehr beliebt bei Fallschirmspringern mit extremen Wünschen.

34 Vermutlich handelt es sich um eine »Supercity 125« mit einer Höchstgeschwindigkeit von ca. 180 km/h.

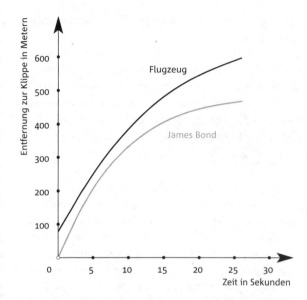

1.13 Berechnete Entfernung von der Klippe als Funktion der Zeit für James Bond und das Flugzeug, falls er das Motorrad im Flug festhält. Man erkennt, dass 007 keine Chance hat, das Flugzeug einzuholen, da die beiden Kurven sich nicht schneiden. Zu keinem Zeitpunkt sind James Bond und das Flugzeug gleich weit von der Klippe entfernt.

Luftwiderstands keine Chance, das Flugzeug überhaupt nur einzuholen – nicht einmal mit der maximalen Absprunggeschwindigkeit von 180 Kilometern pro Stunde. Folglich ist, wie nicht anders zu erwarten war, die Entscheidung des Top-Agenten, das Motorrad so schnell wie möglich in der Luft abzustoßen, die einzig richtige. Während er auf dem Motorrad sitzt, muss James Bond alles blitzschnell im Kopf durchgerechnet haben, damit er hier keinen entscheidenden Fehler macht. Bei keiner anderen Szene wird es so deutlich, dass eine solide Physikausbildung für jeden

Doppelnull-Agenten offensichtlich überlebensnotwendig ist.

James Bond kann also aufgrund seiner Stromlinienförmigkeit das Flugzeug einholen. Doch ist es für 007 auch möglich, sich in das Flugzeug hineinzuziehen?

Im Gegensatz zu den Bildern der Filmszenen, in denen es so aussieht, als könnte 007 fast schon gemütlich neben dem Flugzeug herfliegen, ergibt sich auch bei der günstigsten Berechnung eine sehr ungesunde Aufprallgeschwindigkeit von etwa 85 Kilometern pro Stunde. Diese Wucht könnte höchstens mit einem bisher unbekannten Spezialanzug des britischen Geheimdienstes, der implantierte Mini-Airbags enthalten müsste, gefahrlos überlebt werden. Die hohe Aufprallgeschwindigkeit ergibt sich bei jeder Rechnung immer deswegen, weil James Bond quasi unter der Flugbahn des Flugzeugs durchtaucht und dann seitlich in das schon fast senkrecht nach unten fallende Flugzeug einsteigen muss. Anders können die beiden Flugbahnen nicht zusammengebracht werden. Durch diese Konstellation ergibt sich aber immer eine sehr große Relativgeschwindigkeit zwischen dem Flugzeug und dem Top-Agenten.

Zum Schluss wollen wir noch klären, ob James Bond das Flugzeug nach erfolgreichem Einstieg auch noch hochziehen und sich retten kann. In der Filmszene vergehen nach dem Absprung von der Klippe 26 Sekunden, bis Bond schließlich den Steuerknüppel ergreift. Er muss nun das Flugzeug, dessen Geschwindigkeit nach 26 Sekunden freiem Fall auf stolze 470 Kilometer pro Stunde angewachsen ist, aus dem Sturzflug wieder hochziehen. Kunstfliegern gelingt ein solches Manöver bei einer Geschwindigkeit von 300 bis 400 Stundenkilometern. Das Hochziehen der Maschine ist daher das kleinste Problem unter all den Problemen, die Bond bis zum Erreichen des Cockpits zu lösen hatte. Dass er natürlich jedes Flugzeug besser fliegen kann als der beste Pilot einer Kunstflugstaffel, versteht sich von selbst ...

26 Sekunden vergehen, bis Bond das Flugzeug abfängt. In dieser Zeit haben er und das Flugzeug bereits über 2 200 Meter an Höhe verloren und die Rettung beansprucht noch einmal nicht unwesentlich Platz. Bietet die Klippe überhaupt genug Raum für dieses Manöver? In der Nähe von Archangelsk ist das eher unwahrscheinlich, da der Ort als Küstenstadt nur knapp über dem Meeresspiegel liegt. Dementsprechend wichen die Macher des Films für den Dreh auch lieber auf den Berg Tellistock in den Schweizer Alpen aus, welcher immerhin eine Höhe von 2 651 Metern hat. Ob die dortige Klippe allerdings bis auf den Meeresspiegel hinabreicht, ist fraglich, soll aber zugunsten von James Bond angenommen werden. Wir gehen also davon aus, dass genug Platz für den Sturzflug da ist.

Natürlich wurde die Szene aber nicht wirklich so gedreht, wie im Film dargestellt. Tatsächlich sprang ein Stuntman auf einem Motorrad dem Flugzeug hinterher. Statt jedoch wie 007 zu versuchen, dieses einzuholen, benutzte der Mann nach etwa 300 Metern Falltiefe lieber einen versteckten Fallschirm und zog es vor, das Flugzeug lieber nicht durch waghalsige Manöver in der Luft zu retten.

Für all die Berechnungen, die in den Grafiken zu sehen sind, mussten wir einen Computer verwenden, da schwierige Differenzialgleichungen zu lösen waren. 007 führt sie im Kopf aus – während er auf dem Motorrad das Flugzeug verfolgt. Vor einer solchen Leistung müssen sogar gestandene Physikprofessoren den Hut ziehen.

Details für Besserwisser

In der klassischen Mechanik geht man zur Berechnung von Flugbahnen folgendermaßen vor: Zunächst werden alle auf das zu untersuchende Objekt einwirkenden Kräfte ermittelt. Durch ihre Addition ergeben sich die gesuchten Bewegungsgleichungen.

Da es sich hier um ein zweidimensionales Problem[35] handelt, müssen auch die Richtungen der wirkenden Kräfte berücksichtigt werden. Für den Sprung von der Klippe sind zwei Kräfte zu berücksichtigen: Zum einen ist da die immer senkrecht nach unten wirkende Erdanziehungskraft, also die Gewichtskraft, $F_G = M \times g$ mit der Masse M des fallenden Körpers und der Erdbeschleunigung $g = 9{,}81 \, m/s^2$. Zum anderen wirkt auf den fallenden Körper die Reibungskraft $F_R = 0{,}5 \times c_W \times A_{eff} \times \rho_{Luft} \times v^2$. Hierbei sind wieder c_W der Luftwiderstandsbeiwert des fallenden Körpers, der ausschließlich von seiner Form abhängt, A_{eff} seine effektive Querschnittsfläche in Bewegungsrichtung, v seine augenblickliche Geschwindigkeit und ρ_{Luft} die von der Fallhöhe abhängige Dichte der Luft.[36] Die quadratische Abhängigkeit von

---

35 Unsere Welt ist natürlich dreidimensional. Der Sprung von der Klippe lässt sich allerdings durch zwei Angaben – den Abstand zur Klippe und die Höhe – beschreiben. Wenn es einen starken Seitenwind gäbe, dann müsste man auch die dritte Raumrichtung berücksichtigen. Für unsere Berechnungen nehmen wir aber der Einfachheit halber totale Windstille an.

36 Bei den Berechnungen zu dieser Szene ist die Dichte der Luft aber konstant gelassen worden. Auf einer Höhe von 2 651 m ändert sich die Luftdichte auch nur unwesentlich.

v zeigt wieder, dass die Reibungskraft sehr schnell mit steigender Geschwindigkeit anwächst. Die Reibungskraft wirkt nun entgegengesetzt zur augenblicklichen Bewegungsrichtung. Es wirkt also ein Teil der Reibungskraft der waagrechten Bewegung entgegen, und ein Teil hemmt die Fallbewegung.

Wie in Abbildung 1.10 noch einmal verdeutlicht wird, lässt sich die Flugbahn durch zwei Größen beschreiben: durch den Abstand von der Klippe, der im Folgenden mit x bezeichnet wird, und durch die Falltiefe z. Alle zu betrachtenden Größen, wie die Geschwindigkeiten und wirkenden Kräfte, lassen sich in diese zwei Richtungen einteilen. Jede Geschwindigkeit lässt sich also zerlegen in eine Geschwindigkeitskomponente von der Klippe weg, geschrieben als v_x, und eine senkrechte Komponente, die den Fall beschreibt, geschrieben als v_z. Dieses Vorgehen bietet sich bei den Bewegungsgleichungen immer an, weil so eine zweidimensionale Bewegung in zwei eindimensionale Bewegungen zerlegt werden kann. Mathematisch folgt dies alles einfach aus dem sogenannten vektoriellen Charakter[37] der Geschwindigkeit und der Kraft, welcher letztlich das Unabhängigkeitsprinzip der Bewegungen in x- und in z-Richtung begründet (siehe Abbildung 1.11).

Von der Klippe weg, also in x-Richtung, wirkt nur die x-Komponente der Reibungskraft. Senkrecht dazu wirkt die Erdanziehung, und in die entgegengesetzte Richtung die z-Komponente der Reibungskraft. Die x- und

---

37 Vektoren sind physikalische Größen, die nicht nur aus einer Zahl, sondern auch aus einer Richtung bestehen. So ist die Geschwindigkeit ein Vektor, da sie nicht nur einen Betrag, sondern auch eine Richtung hat. Die Zeit hingegen kann vollständig durch eine Zahl beschrieben werden. Sie ist damit keine vektorielle Größe.

z-Anteile der Kräfte werden über den jeweiligen Neigungswinkel mit etwas Trigonometrie[38] errechnet (siehe Abbildung 1.10). Damit können dann die Bewegungsgleichungen aufgestellt und mithilfe eines Computers gelöst werden.[39] Es ergeben sich als Lösungen die beiden Funktionen $x(t)$ und $z(t)$, die jeweils den Abstand von der Klippe und die Falltiefe für James Bond und das Flugzeug als Funktion der Zeit angeben. Trägt man $z(t)$ gegen $x(t)$ auf, dann ergibt sich die durchflogene Bahnkurve $z(x)$ wie sie etwa in Abbildung 1.12 zu sehen ist. Man berechnet nun verschiedene Funktionen $x(t)$ und $z(t)$ und Bahnkurven und untersucht, ob es eine Konfiguration gibt, bei der nach etwa 22 s James Bond und das Flugzeug im gleichen Abstand von der Klippe und in der gleichen Falltiefe sind. Dann hat der Geheimagent boarding-time.

Da James Bond entscheidenden Einfluss auf seine Flugbahn über die Veränderung des Luftwiderstands nimmt, wurde dieser auch in den Berechnungen für die Flugkurven in Abbildung 1.12 variabel gehalten. Während für das Flugzeug der c_w-Wert und die Querschnittsfläche in Bewegungsrichtung nahezu konstant sind, müssen bei 007 zeitlich veränderliche Größen angesetzt werden. Diese Änderung wird durch eine mathematische Funktion modelliert, die zunächst einen kleinen c_w-Wert und eine kleine Querschnittsfläche

---

38 Trigonometrie ist das Rechnen mit Sinus und Kosinus.

39 Diese Bewegungsgleichungen werden hier nicht explizit angegeben, weil sie recht kompliziert sind. Für Wissbegierige sei nur erwähnt, dass sich aufgrund der quadratischen Abhängigkeit der Reibungskraft von der Geschwindigkeit ein gekoppeltes, nichtlineares Differenzialgleichungssystem 2. Ordnung für die Funktionen $x(t)$ und $z(t)$ ergibt. Ein solches Gleichungssystem kann nur numerisch unter Einsatz eines Computers gelöst werden.

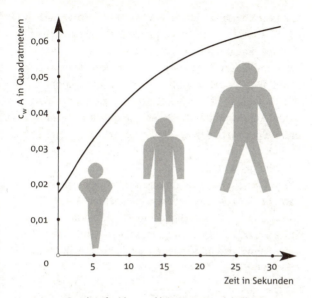

1.14 James Bonds Luftwiderstand hängt vom Produkt der Querschnittsfläche und seiner Stromlinienförmigkeit (c_w-Wert) ab. Die Kurve in der Zeichnung zeigt den zeitlichen Verlauf dieser Größe, die stetig anwächst, da 007 seinen Flug abbremst, um in das Flugzeug einzusteigen. Die kleinen Bilder zeigen, wie James Bond sich allmählich aufrichtet und damit den Luftwiderstand kontinuierlich vergrößert.

in Bewegungsrichtung liefert, die beide im Verlauf des Fluges immer größer werden. Hiermit wird das Abbremsen des Top-Agenten in der Luft durch das Aufrichten vor dem Einsteigen in das Flugzeug gut beschrieben. In Abbildung 1.14 ist das Produkt aus c_w-Wert und Querschnittsfläche in Bewegungsrichtung als Funktion der Zeit gezeichnet.[40] Mithilfe von zwei Parametern hat

---

40 Für Experten: Das Größerwerden des Luftwiderstands wurde mithilfe einer Area-Tangenshyperbolicus-Funktion modelliert.

James Bond großen Einfluss auf seine Flugkurve. Er kann zunächst bestimmen, wie groß die Differenz zwischen dem maximalen und dem minimalen Produkt aus c_W-Wert und Querschnittsfläche ist. Weiterhin kann er den Zeitpunkt wählen, ab dem sein Körper »umklappt« und er dadurch den Luftwiderstand gezielt vergrößert. Beides kann somit in der Berechnung gesteuert und präzise nachgebildet werden.

Aus der schon angegebenen Formel für die Geschwindigkeit beim freien Fall mit Luftreibung $v^2 = 2 \times M \times g / (c_W \times A_{eff} \times \rho_{Luft})$ folgt, dass ein schwerer Körper dann genauso schnell fällt wie ein leichter, wenn die Größe $c_W \times A_{eff}$ entsprechend kleiner ist. Da die »Pilatus Porter« etwa 1500 kg wiegt, muss diese Größe bei James Bond also mindestens 1500/76 = 20-mal kleiner sein als bei dem fallenden Flugzeug.

Wie sich Autos im Film überschlagen

In *Der Mann mit dem goldenen Colt* vollführt James Bond einen der wohl spektakulärsten und auch physikalisch interessantesten Auto-Stunts, die jemals gedreht wurden. Die Szene beginnt damit, dass Bonds Assistentin Mary Goodnight versucht, einen Sender im Kofferraum des Fahrzeugs des Bösewichts Scaramanga und seines kleinen Assistenten mit dem ungewöhnlichen Namen »Schnickschnack« anzubringen. Dabei wird sie allerdings von Scaramanga in den Kofferraum gestoßen und eingesperrt. Nachdem sie 007 über einen Funkspruch aus dem Kofferraum informiert hat, nimmt dieser die Verfolgung auf. Da sich Bonds Autoschlüssel aber in Mary Goodnights Handtasche befindet, bleibt ihm nichts anderes übrig, als sich in einem Autohaus einen neuen AMC Hornet Hatchback zu »borgen«. Auf dem Beifahrersitz des Fahrzeugs sitzt aus purem Zufall der bereits aus dem Film *Leben und sterben lassen* hinlänglich bekannte, leicht übergewichtige Sheriff Nepomuk Pepper.

Während der Verfolgungsjagd kommt es dazu, dass sich James Bond mit Pepper auf der einen Uferseite eines kleinen Flusses befindet, Scaramanga und Schnickschnack mit Mary Goodnight im Kofferraum jedoch auf der anderen. Und dann folgt ein legendäres Manöver, das Nepomuk Pepper nur mit den Worten: »Du willst doch wohl nicht?...« kommentiert: Da sich keine funktionstüchtige Brücke in der Nähe befindet, wagt der Top-Agent den Sprung über den Fluss, wozu er die Überreste einer eingestürzten Brücke als Rampe benutzt. Die beiden Enden der Brücke an den Ufern des Flusses sind leicht verdreht, was dazu führt, dass sich der Wagen während des Fluges einmal um seine Längsachse dreht, ehe er nach ca. 20 Metern auf der anderen Flussseite wieder auf den Reifen landet.

Alles ist wieder einmal gut gegangen und James Bond kann die Verfolgung von Scaramanga fortsetzen und Mary Goodnight retten.

Sprünge dieser Art wurden in den USA Anfang der Siebzigerjahre bei Autoshows im Houston Astrodome von verschiedenen Stuntmen vorgeführt. Raymond McHenry, ein Ingenieur und Mitarbeiter der Cornell-University im US-Bundesstaat New York, hatte die Idee zu diesem Stunt und berechnete mithilfe eines Computerprogramms die Form der Rampen. Dieses Programm wurde ursprünglich zur Simulation von Autounfällen konzipiert.[41] Den »Spiralsprung« und die

41 Damals wurde ein Computer aus dem Jahr 1974 verwendet.

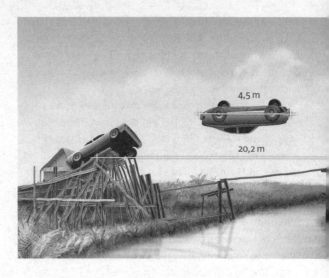

dazugehörigen verdrehten Rampen ließ sich McHenry im Juni 1974 sogar patentieren. Bei seinen Berechnungen gab er als zentrales Merkmal an, dass der Wagen perfekt ausbalanciert sein müsse, was erfordere, dass sich der Fahrer in der Mitte des Fahrzeugs festschnallt. Was es aber bedeutet, wenn noch ein Beifahrer an Bord ist, der so viel wiegt wie Nepomuk Pepper, werden wir gleich zeigen. Wie konnte James Bond wissen, mit welcher Geschwindigkeit er auf die Rampe fahren muss, um sicher auf der anderen Seite des Flusses zu landen?

Beim Spiralsprung durchläuft der Schwerpunkt des AMC Hornet eine einfache Parabelflugbahn[42], zu der

Heutzutage würde diese Rechnung jeden mittelmäßigen PC immer noch kolossal unterfordern. Im Prinzip braucht man sogar gar keinen Computer für diese Berechnungen...

42 Beim Spiralsprung spielt der Luftwiderstand keine Rolle. Erstens ist die Geschwindigkeit des Autos verhältnismäßig klein,

1.15 Bestimmung der Sprungweite und Höhendifferenz aus drei zusammengesetzten Bildern aus *Der Mann mit dem goldenen Colt*. Bei einer Länge von 4,5 Metern des AMC Hornet Hatchback ergeben sich eine Sprungweite von 20,2 Metern und eine Höhendifferenz zwischen Absprung- und Landehöhe von 0,5 Metern.

noch eine Rotationsbewegung des Autos in Längsrichtung um den Schwerpunkt kommt. Dies gilt übrigens ganz generell: Man kann jede beliebige Bewegung in der Mechanik immer als eine Bewegung des Schwerpunkts mit einer überlagerten Rotation um diesen sich bewegenden Schwerpunkt beschreiben. Selten jedoch können diese beiden unabhängigen Bewegungen so schön erkannt werden, wie beim Spiralsprung, den James Bond mit Nepomuk Pepper an Bord ausführt.

Da diese beiden Bewegungen unabhängig voneinander verlaufen, können sie einzeln untersucht werden, was die Beschreibung der Flugbahn deutlich vereinfacht. Der Sprung über den Fluss wäre, wenn

was einen kleinen Luftwiderstand bedingt, und zweitens dauert die Bewegung nicht lange genug, sodass der Luftwiderstand »gar keine Zeit hat«, um die Bewegung nennenswert zu hemmen.

auch nicht ganz so spektakulär, natürlich auch ohne eine Rotation möglich gewesen. Physikalisch ergeben sich für die Rotation einige zusätzliche Bedingungen an die Geschwindigkeit des Autos auf der Rampe.

Für die genaue Beschreibung der Flugbahn und somit die Bestimmung der Absprunggeschwindigkeit sind die Maße der Brücke, die Breite des Flusses und die Höhendifferenz der beiden Brückenenden die maßgeblichen Größen. Diese lassen sich aber leicht aus den Bildern der Szene ermitteln, solange eine Referenzgröße, wie zum Beispiel die Länge des AMC Hornet, bekannt ist (siehe Abbildung 1.15).

Die Geschwindigkeit, die der Wagen zum Zeitpunkt des Verlassens der Rampe hat, wird Absprunggeschwindigkeit genannt. Diese Geschwindigkeit setzt sich aus einem waagerechten und einem senkrechten Geschwindigkeitsanteil zusammen (siehe Abbildung 1.16). Die Aufteilung der Geschwindigkeit hängt direkt von dem Anstellwinkel der Rampe ab, der damit ein entscheidender Parameter ist. Der senkrechte Anteil wird durch die Erdanziehungskraft, die die Erde auf den Wagen ausübt, kontinuierlich verändert. Der waagerechte Anteil der Geschwindigkeit bleibt während des gesamten Sprungs konstant. Das ist bei James Bonds Sprung mit dem Motorrad von der Klippe ähnlich, nur dass jetzt der Luftwiderstand nicht berücksichtigt werden muss. Durch die nach unten gerichtete Erdbeschleunigung nimmt die senkrechte Geschwindigkeit des Wagens, die er nach dem Verlassen der Rampe hat, kontinuierlich um 9,81 m/s pro Sekunde ab, bis er in der Luft quasi »steht«. Danach nimmt die Geschwindigkeit in entgegengesetzter Richtung, also nach unten, ebenso kontinuierlich bis zur Landung um 9,81 m/s pro Sekunde zu. Ein senkrecht nach oben geworfener Ball würde dieselbe Bewegung

1.16 Der Wagen beim Absprung von der Rampe mit den verschiedenen Geschwindigkeitsanteilen in x- und y-Richtung.

beschreiben wie der senkrechte Bewegungsanteil des AMC Hornet. Somit beschreibt der Wagen in der waagerechten Richtung eine konstante und in der senkrechten Richtung eine Auf- und Abbewegung. Das Unabhängigkeitsprinzip für Bewegungen ergibt dann als Summe insgesamt die parabelförmige Flugbahn des Autos.

Aus der Flugbahn des Autos lässt sich die benötigte Absprunggeschwindigkeit unter Berücksichtigung des Winkels der Rampe, der Sprungweite über den Fluss und der Höhendifferenz zwischen dem Absprung- und dem Landepunkt ermitteln. Es ergibt sich eine Geschwindigkeit von 60 Kilometern pro Stunde, mit der

James Bond auf die Rampe fahren muss, um sicher auf der anderen Seite des Flusses zu landen.

Geht 007 allerdings davon aus, dass er auf der anderen Flussseite keine Punktlandung hinlegen muss, sondern die gesamten fünf Meter Länge der Landerampe ausnutzen kann, so könnte er ca. drei Stundenkilometer nach oben und unten von der optimalen Geschwindigkeit abweichen. James Bond berechnet natürlich alles wieder im Kopf – und zwar ab dem Zeitpunkt, als er das Brückenende, das er als Rampe benutzen will, das erste Mal sieht.[43]

Es bleibt noch zu klären, ob bei dieser optimalen Geschwindigkeit auch die bisher vernachlässigte Rotationsbewegung um die Längsachse des Wagens durchführbar ist oder ob es zu einer unsanften Landung auf dem Dach kommen könnte. Wie schon bekannt, sind durch den Verfall der Brücke deren Enden in sich verdrillt, sodass der Wagen beim Befahren der Rampe in eine Linksrotation gezwungen wird. Die dadurch ausgelöste Drehbewegung behält der Wagen bis zur Landung bei. Der Drehbewegung wird ebenfalls eine Geschwindigkeit, die sogenannte Winkelgeschwindigkeit, zugeordnet, die dadurch bestimmt ist, dass sich das Auto in der Zeit vom Absprung bis zur Landung einmal um die Längsachse drehen muss.[44]

Diese Rotationsgeschwindigkeit wird maßgeblich durch die Geschwindigkeit des Fahrzeugs, den Anstell-

---

43 Beim Sprung von der Klippe, dem abstürzenden Flugzeug hinterher (siehe S. 059), löst James Bond offensichtlich gekoppelte nicht-lineare Differenzialgleichungen in kürzester Zeit. Im Vergleich dazu ist diese Geschwindigkeitsberechnung daher ein lächerlich einfaches Unterfangen.

44 Die Winkelgeschwindigkeit ist der Quotient aus dem zurückgelegten Drehwinkel und der dafür benötigten Zeit.

winkel und die Länge der Rampe bestimmt. Je schneller das Auto über die Rampe fährt, desto schneller wird auch die Rotationsgeschwindigkeit. Ist die Geschwindigkeit des Wagens zu niedrig, dann dreht sich das Auto in der Luft nicht weit genug und landet auf dem Dach. Ist die Geschwindigkeit zu hoch, dann dreht sich der Wagen zu weit und könnte auf der Seite aufschlagen. Somit ist die Absprunggeschwindigkeit nicht nur für die korrekte Sprungweite, sondern auch für die richtige Rotationsgeschwindigkeit verantwortlich. Die Rampen geben durch ihren fortgeschrittenen Verfall einen festen Winkel vor, um den sich der Wagen drehen muss. Diesen richtigen Winkel kann James Bond durch scharfes Hinsehen mit seinem geschulten Auge ermitteln. Das Auto muss sich während des gesamten Fluges fast einmal um seine Längsachse drehen, genau genommen liefert Bonds Augenmaß einen Drehwinkel von 360 Grad − 23,4 Grad − 31,1 Grad = 305,5 Grad, da die beiden Rampen ja bereits ein bisschen verdreht sind. Allerdings muss das Auto nicht perfekt mit allen vier Rädern gleichzeitig aufsetzen. Eine kleine Abweichung vom Idealdrehwinkel von 305,5 Grad kann durchaus toleriert werden, um unbeschadet auf der anderen Seite des Flusses anzukommen. Berechnungen zeigen, dass James Bond und Nepomuk Pepper mit 58 Stundenkilometern Anfangsgeschwindigkeit auf der Rampe den Sprung ohne große Probleme überstehen sollten.

Das Ergebnis von 58 Kilometern pro Stunde für die optimale Anfangsgeschwindigkeit, um eine Rotation um die Längsachse durchzuführen, deckt sich gut mit dem Resultat von 60 Stundenkilometern für die reine Parabelflugbahn. Die beiden Geschwindigkeiten liegen so eng beieinander und noch innerhalb aller Toleranzen, die Bond sowieso hat, damit der Sprung funktioniert. Insgesamt kann James Bond daher den Fluss so überqueren, wie es im Film zu sehen ist, wenn er mit knapp 60 Stundenkilometern auf die Rampe der eingestürzten Brücke fährt. Dabei ist eine Toleranz von plus/minus zwei Kilometern pro Stunde durchaus erlaubt. Dies sollte für einen geübten Stuntman kein großes Problem sein.

Ist der Sprung eines Autos mit überlagerter Rotation um die Längsachse also wirklich so einfach? Die Antwort lautet: Nein. Denn eine wichtige Sache ist bisher noch nicht erklärt worden: Warum dreht sich das Auto eigentlich so schön gleichmäßig in der Luft und bricht nicht etwa unkontrolliert aus, wie man es sonst von Actionfilmen kennt, in denen Autos durch die Luft geschleudert werden? Was beeinflusst die Stabilität einer Rotation? Eine Rotation wird dann als stabil bezeichnet, wenn kleine Störungen sie nicht wesentlich beeinträchtigen.

Es gilt nun, dass ein Körper nur dann stabil um eine Achse rotiert, wenn sein Gewicht möglichst symmetrisch um diese Rotationsachse verteilt ist. Dies ist unter anderem der Grund, warum ein Frisbee oder auch ein Diskus beim Flug so stabil in der Luft liegen. Ein Auto jedoch ist nicht unbedingt das Idealbeispiel eines rotationssymmetrischen Körpers. Besonders störend sind dabei das Dach und vor allem die nicht immer gleich schweren Insassen. Diese beiden Faktoren sorgen dafür, dass während eines Spiralsprungs mit einem normalen Auto jede kleine Störung von außen, wie zum Beispiel etwas Wind, ausreichen würde, um das Auto in der Luft ausbrechen zu lassen – mit einem Totalschaden für alle Beteiligten. Daher wurde bei der Durchführung des Stunts das Gewicht des Dachs des AMC Hornet deutlich verringert und so für eine möglichst symmetrische Gewichtsverteilung um die Längsachse des Autos gesorgt. Außerdem wurden der Tank, der Motor und das Lenkrad genau in der Mitte des Wagens platziert, alle Sitze und sonstigen »Innereien« wurden ausgebaut.

Der Stuntman musste, in der Mitte des Wagens festgeschnallt, in einer halb liegenden Position das Auto fahren. Mit einem so präparierten und sorgfältig ausbalancierten AMC Hornet hat der Stunt gleich beim ersten Mal perfekt funktioniert, denn der Stuntman musste lediglich die richtige Absprunggeschwindigkeit von knapp 60 Kilometern pro Stunde möglichst genau einhalten und ansonsten nur noch auf die Gesetze der Physik vertrauen. Dass James Bond all dies dann auch mit einem übergewichtigen Beifahrer wie Sheriff Nepomuk Pepper geschafft hat, unterstreicht einmal mehr seine unerreichte Klasse...

In *Casino Royale* weicht James Bond auf einer Landstraße der dort gefesselt liegenden Vesper Lynd mit hoher Geschwindigkeit aus. Dadurch überschlägt sich sein Wagen, ein Aston Martin DBS, mehrmals. Warum überschlägt sich so ein Sportwagen nach einem normalen Ausweichen auf einer glatten Landstraße so heftig?

Da Sportwagen aufgrund höherer Geschwindigkeiten eine gute Haftung auf Straßen benötigen, sind sie so konstruiert, dass sie mit Heckspoilern und wegen der sonstigen Stromlinienform des Wagens durch einen Unterdruck auf die Straße gepresst werden.[45] Zusätzlich haben Sportwagen einen recht tiefen Schwerpunkt, was

---

45 In extremer Form kann man dies in der Formel 1 beobachten. Hier werden sehr hohe Kurvengeschwindigkeiten durch die aerodynamische Form und die Heckflügel ermöglicht. Der Anpresseffekt bei Autos ist nichts anderes als der umgekehrte Effekt, der Flugzeuge fliegen lässt.

einen Überschlag ebenfalls erschwert. Selbst durch ein ruckartiges Ausweichmanöver kommt es in der Regel lediglich zu einem seitlichen Ausbrechen des Wagens. Dieser Vorgang wird manchmal im Motorsport gezielt zum schnellen Durchfahren von Kurven eingesetzt – man nennt dies durch Kurven »driften«. Daher wird sich James Bonds Aston Martin niemals von allein so überschlagen.

Bei den Dreharbeiten wurde deswegen neben einer 46 Zentimeter hohen, im Film nicht sichtbaren, Rampe auch eine Luftkanone eingesetzt. Diese hinter dem Fahrersitz montierte Kanone schleuderte einen schweren Metallzylinder ferngesteuert nach unten aus dem Auto. Dadurch bekam das Auto eine enorme Rotationsgeschwindigkeit in Längsrichtung und überschlug sich ganze siebenmal.[46] Diese Überschläge waren wegen der asymmetrischen Gewichtsverteilung im Auto auch nicht kontrolliert. Das Auto bewegte sich chaotisch durch die Luft und blieb schließlich völlig zertrümmert am Straßenrand liegen – eine absolute Sünde, dass für diesen Stunt ein nagelneuer Aston Martin DBS verschrottet werden musste.

Details für Besserwisser

Da in waagerechter Richtung keine Kräfte auf den Wagen einwirken, bewegt er sich gleichförmig mit der konstanten Geschwindigkeit $v_{waagerecht} = v_{0,x}$ (siehe Abbildung 1.17). Hierbei ist $v_{0,x}$ die anfängliche waagerechte Geschwindigkeitskomponente. Damit ergibt

---

46 Diese sieben Überschläge sind übrigens ein neuer Weltrekord für Überschläge von Autos in einem Spielfilm!

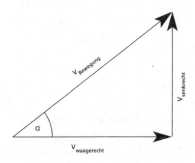

1.17 Aufteilung der Geschwindigkeiten in eine waagerechte und eine senkrechte Komponente. Hier wird deutlich, wie die jeweiligen Geschwindigkeiten mit dem Anstellwinkel α der Rampe zusammenhängen.

sich die in der Zeit t zurückgelegte Strecke x durch die einfache Fromel $x = v_{0,x} \times t$.

Die Erdanziehung übt eine konstante Beschleunigung von $g = 9{,}81\,\text{m/s}^2$ auf den Wagen in senkrechter Richtung z aus. Dadurch ändert sich die senkrechte Geschwindigkeit des Wagens permanent nach der Formel: $v_{\text{senkrecht}} = v_{0,z} - g \times t$ mit der anfänglichen senkrechten Geschwindigkeitskomponente $v_{0,z}$. Eine solche Bewegung wird als gleichförmig beschleunigte Bewegung bezeichnet, da die Geschwindigkeit sich immer um den gleichen Betrag pro Zeit verändert. Für die in senkrechter Richtung zurückgelegte Strecke z gilt dann: $z = h_0 + v_{0,z} \times t - 0{,}5 \times g \times t^2$.

Hierbei ist h_0 die Absprunghöhe.

Wenn man die Formel für x nach der Zeit t auflöst, also $t = x / v_{0,x}$ schreibt, und dies in die Formel für z einsetzt, dann ergibt sich eine quadratische Funktion $z(x)$ für die Bahnkurve, die das Auto beim Flug über den Fluss beschreibt. Eine quadratische Funktion wird in der Mathematik als Parabel bezeichnet, diese spezielle

Funktion heißt »Wurfparabel«, weil sie die Flugbahn eines jeden durch die Luft geworfenen Gegenstandes beschreibt, wenn der Luftwiderstand vernachlässigt werden kann.[47] Nun muss noch bedacht werden, dass die beiden Geschwindigkeitskomponenten $v_{0,x}$ und $v_{0,z}$ durch den Betrag der Anfangsgeschwindigkeit auf der Rampe v_0 und den Absprungwinkel α ausgedrückt werden können[48] (siehe Abbildung 1.17). Dann lässt sich mit einigem mathematischen Geschick die notwendige Absprunggeschwindigkeit v_0 bei vorgegebener Sprungweite und Absprunghöhe h_0 sowie gegebenem Absprungwinkel α berechnen.

Neben der Translationsbewegung kommt es durch die Verdrehung der Rampe zu einer Rotation des Wagens. Zur physikalischen Beschreibung einer Rotation wird die Winkelgeschwindigkeit verwendet. Beim Befahren der Rampe der Länge s ändert der Wagen seinen Drehwinkel φ in einer durch seine Geschwindigkeit v_0 bestimmten Zeitspanne t. Die dadurch hervorgerufene Winkelgeschwindigkeit bleibt nach dem Verlassen der Rampe für die gesamte Flugdauer konstant. Diese Winkelgeschwindigkeit ist aber auch durch den Quotienten aus dem gesamten Rotationswinkel Φ während der Flugdauer T gegeben. Daher folgt sofort die Bedingung $\varphi/t = \Phi/T$. Die Flugzeit T ist direkt mit der Sprungweite und der Absprunggeschwindigkeit v_0 des Autos verknüpft. Aus den Drehwinkeln $\Phi = 305{,}5°$ und $\varphi = 23{,}4°$ und der Länge der Rampe $s = 4{,}5\,m$ (Abbildung 1.15) ergibt sich

47 Dass ein durch die Luft geworfener Stein eine parabelförmige Flugbahn durchläuft, war schon Galileo Galilei am Anfang des 17. Jahrhunderts bekannt.

48 Dies geschieht mit den sogenannten trigonometrischen Funktionen Sinus und Kosinus, die üblicherweise im Schulunterricht vorkommen: $v_{0,x} = v_0 \times \cos\alpha$ und $v_{0,z} = v_0 \times \sin\alpha$.

neben der Gleichung für die Wurfparabel ein zweiter Zusammenhang zwischen der Absprunggeschwindigkeit v_0 und der Sprungweite. Es gibt daher nur ganz bestimmte Kombinationen aus der Sprungweite und der Absprunggeschwindigkeit, die bei vorgegebenen Rampenparametern zu einem erfolgreichen Spiralsprung führen.

Ein Auto auf zwei Rädern

In *Diamantenfieber* jagt James Bond einen alten Bekannten, den größenwahnsinnigen Ernst Stavro Blofeld, der mit seiner Geheimorganisation »Phantom« eine Laserwaffe bauen will, um die Großmächte zu erpressen. Bei seiner Jagd gerät 007 wie so häufig mit der strengen Auslegung amerikanischer Gesetze in Konflikt, woraufhin er von diversen Polizeikräften verfolgt wird. Auf einem Parkplatz hängt er seine Verfolger mit einigen gekonnten Fahrmanövern ab. Allerdings fährt er dann am Sheriff vorbei, der die Verfolgung wieder aufnimmt. James Bond fährt nun ohne es zu merken in eine Sackgasse, aus der nur ein enger Fußweg führt. Macht aber nichts – er nutzt eine Laderampe am linken Fahrbahnrand, um das Auto in Schräglage zu bringen und fährt auf zwei Rädern weiter. Durch die so eingesparte Breite kann er die Engstelle problemlos passieren. Seine Verfolger versuchen, es ihm gleichzutun, scheitern aber kläglich und überschlagen sich.

Wie funktioniert dieser Stunt überhaupt, und was muss James Bond dabei beachten? Was haben seine Verfolger falsch gemacht?

Ein auf der Seite stehendes Auto befindet sich nur unter einem bestimmten Winkel im Gleichgewicht, nämlich dann, wenn sich der Schwerpunkt des Autos

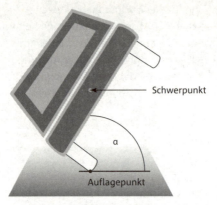

1.18 Das Auto in der (labilen) Gleichgewichtslage. Der Schwerpunkt befindet sich direkt über dem Auflagepunkt. Zusätzlich ist noch der Winkel α eingezeichnet, der die Lage des Schwerpunkts relativ zum Auflagepunkt und somit die Schräglage beschreibt. Im Gleichgewicht ist α=90°.

über dem Auflagepunkt auf der Straße befindet. Dies ist in Abbildung 1.18 skizziert. Nur dann hat die angreifende Schwerkraft keinen Hebel, mit dem sie das Auto wieder in die Waagerechte zurückbefördern kann. Daher könnte das Auto, nachdem dieser Winkel erreicht ist, theoretisch dauerhaft in Schräglage bleiben. Allerdings ist dieser Zustand nur so stabil wie ein aufrecht stehendes Fahrrad oder ein Bleistift, der auf seiner Spitze steht, weswegen auch von einem »labilen Gleichgewicht« gesprochen wird. Bei der kleinsten Störung würde das Auto daher sofort wieder umfallen.

Es muss eine weitere Kraft dem Hebel der Schwerkraft entgegenwirken, damit das Umkippen verhindert wird. Natürlich könnte James Bond versuchen, mithilfe seines eigenen Gewichtes den Schwerpunkt zu balancieren, was allerdings wegen des zwanzigfach höheren

1.19 Nachdem James Bond über die Laderampe gefahren ist, hat er noch nicht ganz die ideale Gleichgewichtslage erreicht. Er lenkt daher nach links, um durch die Fliehkraft (weißer Pfeil) weiter an Schräglage zu gewinnen.

Gewichts des Autos (es handelt sich um einen Ford Mustang Mach 1 mit einem Gewicht von 1,4 Tonnen) selbst seine Fähigkeiten überstiege. Gestört würde dieses Unterfangen auch durch seine Beifahrerin, die bei dem Fahrstil sicher nicht still sitzen kann.

James Bond nutzt stattdessen die Fliehkraft: Im Gegensatz zur Schwerkraft wirkt sie seitlich. Das bedeutet, dass ihr Hebel mit Annäherung an die Gleichgewichtslage maximal wird. Sportliche Autos werden deswegen tiefer gelegt, also mit niedrig liegendem Schwerpunkt gebaut. Sie bieten dann der Fliehkraft einen möglichst geringen Hebel, um ein Überschlagen in engen Kurven zu verhindern. Da die Fliehkraft nur in Kurven auftritt, kann James Bond sie durch Lenken kontrollieren. Lenkt er beispielsweise nach links, wie in Abbildung 1.19 gezeigt, dann drückt ihn die Fliehkraft nach rechts.

Zusätzlich muss 007 noch beachten, dass die Fliehkraft nicht nur von der Stärke des Lenkens, sondern auch in hohem Maße von seiner Geschwindigkeit abhängt. Fährt er zu langsam, so kann er Auslenkungen aus der Gleichgewichtslage nicht hinreichend korrigieren. Fährt er zu schnell, so bringen ihn die geringsten Richtungskorrekturen zum Umkippen bzw. ins Schleudern, wenn er versucht, gegenzulenken. Doch James Bond ist sich dessen selbstverständlich bewusst und fährt daher mit knapp 30 Stundenkilometern in die Gasse, was sich durch eine Zeitmessung in der Filmsequenz und die Länge des Autos leicht ausrechnen lässt. Bei dieser Geschwindigkeit und der Steigung der Rampe spielt die Tatsache, dass er beim Hochfahren auch Schwung holt, eine kleinere Rolle.

Das Geheimnis des Stunts ist es also, dass der Top-Agent zu jedem Zeitpunkt ein sogenanntes dynamisches Gleichgewicht aus dem Hebel der Schwerkraft und dem Hebel der Fliehkraft geschickt ausbalanciert. Dadurch bleibt der Wagen immer auf zwei Rädern, solange er sich bewegt. Bleibt er stehen, dann ist die Fliehkraft weg, und 007 kann nichts mehr ausbalancieren – der Wagen fällt wieder auf seine vier Räder. So geht es uns beim Fahrrad auch: Nur solange wir treten und uns fortbewegen, bleiben wir im Gleichgewicht.

Wie schwer ist der Stunt nun tatsächlich zu realisieren? Verfehlt James Bond etwa die Gleichgewichtslage um mehrere Grad, so muss er eine entsprechend scharfe Kurve mit kleinem Kurvenradius fahren, um eine entsprechend große Fliehkraft zur Kompensation zu erzeugen. Auch während der Fahrt wird er, bedingt durch kleinere Störungen und seine Reaktionszeit[49], immer wieder geringe Abweichungen korrigieren

---

49 Auch James Bond hat eine Reaktionszeit, wenngleich sie viel kleiner sein sollte als die etwa 0,1 Sekunden »normaler« Menschen.

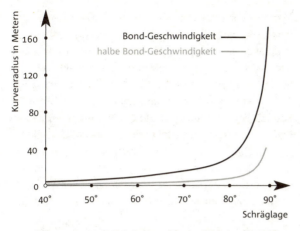

1.20 Aufgetragen ist die Schräglage, d. h. der Winkel α aus Abbildung 1.18, gegen den zu fahrenden Kurvenradius, um das Auto im Gleichgewicht zu halten. Die obere Kurve gilt für die Geschwindigkeit von James Bonds Auto im Film *Diamantenfieber*. Die untere Kurve wurde für die halbe Geschwindigkeit berechnet. Je größer die Abweichung von der labilen Gleichgewichtslage bei 90 Grad ist und je kleiner die Geschwindigkeit gewählt wird, desto schärfere Kurven, d. h. kleinere Kurvenradien müssen gefahren werden, um nicht umzufallen.

müssen. In Abbildung 1.20 ist der Zusammenhang des zu fahrenden Kurvenradius als Funktion der Schräglage gezeigt. Es ist zu erkennen, dass bei einer anfänglichen relativ großen Schräglage von 75 Grad eine scharfe Kurve mit einem Radius von nur 20 Metern durchfahren werden muss, damit die Fliehkraft das Auto im Gleichgewicht hält. Ein Stuntman muss die Abbildung 1.20 natürlich nicht im Kopf haben, er reagiert vielmehr intuitiv und ausgleichend auf kleine Störungen.

Was hat nun aber der Polizist im Auto hinter James Bond falsch gemacht? Der Polizist hat versucht, das

Manöver von James Bond zu imitieren: Nachdem er die Rampe mit gleicher Geschwindigkeit hochgefahren ist, lenkt auch er zunächst völlig korrekt intuitiv nach links, wie in der Szene gut zu verfolgen ist. Er scheint sich aber nicht bewusst zu sein, dass der Schwerpunkt seines Autos inklusive sich selbst und seines Kollegen höher liegt als beim sportlichen Auto des Top-Agenten, sodass eine viel größere Fliehkraft wirkt und das Auto schließlich umkippt. Hätte der Polizist nicht so stark nach links gelenkt und gegebenenfalls die Rampe sogar vor ihrem Ende verlassen, so hätte er James Bond sicher weiter verfolgen können und wäre nicht auf dem Autodach gelandet.

Es bleibt noch zu klären, warum sich in der Gasse die Neigungsrichtung von James Bonds Auto plötzlich ändert. Denn komischerweise fährt das Auto auf den rechten Rädern in die Gasse und kommt auf den linken Rädern wieder heraus! Wie schafft das James Bond bloß? Die nächstliegende Erklärung wäre natürlich, dass die Szene mehrfach gedreht wurde und die Produzenten dann unglücklicherweise zwei Filmabschnitte mit unterschiedlicher Seitenlage verbunden haben. Um dies zu vertuschen, wurde daher nachträglich sogar noch eine zusätzliche Zwischenszene gedreht, in der deutlich zu sehen ist, wie sich die Neigungsrichtung des Autos in der Gasse ändert.

Eine vollständig logische Erklärung dafür wäre aber auch, dass sich in der Gasse zwei Rampen so angeordnet befinden, wie in Abbildung 1.21 schematisch angedeutet. Die Gasse wäre dann nach der Einfahrt wieder etwas breiter, was im Film weder erkannt noch ausgeschlossen werden kann. James Bond fährt auf zwei Rädern in die Gasse hinein, verlagert dann das Gewicht in der Mitte der Gasse und kippt das Auto um. Dann

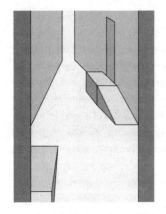

1.21 In der engen Gasse scheinen an einer breiteren Stelle einige günstig gelegene Rampen postiert zu sein. Auf der linken Rampe setzt 007 nach Einfahrt in die Gasse die zwei in der Luft stehenden Räder des Autos auf, die rechte Rampe dient dann wieder zur Ausfahrt auf den zwei anderen Rädern des Autos.

fährt er auf die andere Rampe auf der anderen Seite der Gasse und kippt das Auto nun in der anderen Richtung unter Ausnutzung aller schon genannten Effekte. Und voilà: Bond kommt aus der Gasse auf den anderen beiden Rädern herausgefahren und alles ist in sich logisch – ganz ohne Filmfehler!

Die Autoszene wurde also absolut realistisch dargestellt und auch genau so gedreht – ohne Mogelei. Die Fahrt eines Autos in Schräglage ist ein gebräuchlicher Stunt, der in vielen Filmen vorkommt. Er gilt unter Stuntmen auch als nicht besonders schwierig.[50] James Bond beherrscht dieses Manöver so perfekt, dass er in *Lizenz zum Töten* einen großen, mit explosivem Treibstoff beladenen Tanklaster auf ähnliche Weise beim Fahren schräg stellt, um einer auf ihn gerichteten Stinger-Rakete auszuweichen.

---

50 Der Stunt erfordert allerdings auch ein Auto mit einer sogenannten Differenzialsperre. Diese sorgt dafür, dass das Auto auch dann angetrieben wird, wenn nur zwei Räder auf dem Boden sind.

Details für Besserwisser

Greifen Kräfte an einem Körper an, der an einer Stelle aufliegt, so erzeugen sie ein Drehmoment. Generell gilt, dass sich ein Körper im Gleichgewicht befindet, wenn sich alle einwirkenden Kräfte, aber auch alle einwirkenden Drehmomente kompensieren. Das Drehmoment ist definiert als das Produkt der wirkenden Kraft und dem Abstand der Kraft vom Drehpunkt. Dieser Abstand hängt aber auch vom Winkel zwischen der Richtung der senkrecht wirkenden Schwerkraft und dem Hebelarm vom Drehpunkt zum Schwerpunkt des Autos entscheidend ab. In Abbildung 1.18 ist der entsprechende Winkel 90°−α. Der Drehpunkt ist in diesem Fall der Auflagepunkt des Reifens auf dem Boden. Im Fall der (labilen) Gleichgewichtslage ist dieser Winkel gleich 0° also α=90°. Dies entspricht dem minimalen Drehmoment Null, das durch die Schwerkraft ausgeübt werden kann. Das maximale Drehmoment ergibt sich für α=0°. Die Fliehkraft hingegen greift um 90° zur Schwerkraft versetzt an und hat somit einen anderen Hebel und ein anderes Drehmoment. Ihr Drehmoment ist am größten für α=90° und verschwindet für α=0°. Wenn man nun beide Drehmomente gleichsetzt, dann ergeben sich als Resultat die Werte für den zu fahrenden Kurvenradius als Funktion der Schräglage, die in Abbildung 1.20 gezeigt werden.

Es soll nun noch erklärt werden, wie die Geschwindigkeit v des Autos recht genau bestimmt wurde. Man misst die Zeit t von dem Moment, an dem das vordere Ende des Wagens einen bestimmten Punkt erreicht hat, bis zu dem Zeitpunkt, an dem das Heck des Autos diesen Punkt passiert. Die Länge des Ford Mustang ist mit 4,8 m bekannt. Die Zeit t könnte durchaus mit einer

Stoppuhr vor dem Fernseher gemessen werden. Dies wäre aber viel zu ungenau. Besser ist es, die Szene in ihre einzelnen Bilder zu zerlegen und daraus die Zeitinformation zu gewinnen. Ein Film ist aus 25 Bildern pro Sekunde zusammengesetzt. Die Durchfahrt des Autos dauert genau 16 Bilder. Also benötigt das Auto zum Durchfahren der 4,8 m langen Strecke eine Zeit von 16/25 s. Daraus ergibt sich die Geschwindigkeit v des Autos: $v = 4,8\,m/(16/25)\,s = 7,5\,m/s = 27\,km/h$.

Beim Verlassen der Rampe hat das Auto bereits eine Schräglage von etwa 45° erreicht. Um in die Gleichgewichtslage zu kommen, ohne allzu stark lenken zu müssen, sollte James Bond allerdings mindestens über 50° erreichen. Bei der Überbrückung dieser fehlenden 5° hilft ihm der beim Hochfahren der Rampe geholte Schwung. Das Auto wird beim Hochfahren der Rampe in Rotation versetzt. Die dadurch erhaltene Rotationsenergie kann aus der Masseverteilung des Autos inklusive der Insassen und der Winkelgeschwindigkeit der Rotation abgeleitet werden, sie wird wieder durch eine Einzelbildanalyse des Autos auf der Rampe recht genau bestimmt. Die so gespeicherte Energie wird nach dem Abheben von der Rampe zum Anheben des Schwerpunkts des Autos verwendet.[51] Wird nun alles ausgerechnet, dann ergibt sich eine Höhenänderung des Schwerpunkts von etwa 5 cm, was umgerechnet genau der gewünschten Änderung der Schräglage von 45° auf 50° entspricht. Es ist erstaunlich, wie schnell und präzise James Bond seine Aktionen wieder einmal kalkuliert und umgesetzt hat!

---

51 Die Fachbeschreibung lautet, dass die Rotationsenergie in potenzielle Energie umgewandelt wird.

KAPITEL 2

JAMES BOND UND DER WELTRAUM

Zwei sehr erfolgreiche James-Bond-Filme spielen szenenweise im Weltraum. Während *Man lebt nur zweimal* (1967) zur Zeit des amerikanischen Apollo-Programms gedreht wurde und häufige Raketenstarts damals quasi zum Alltag gehörten, ist *Moonraker* (1979) nach Beendigung dieser Zeit, aber noch vor dem ersten Spaceshuttle-Flug, entstanden.[1] Dieser erste Spaceshuttle-Flug in einen Erdorbit fand erst 1981 statt. Im folgenden Kapitel nehmen wir Szenen dieser beiden Filme genauer unter die Lupe.

Die Zentrifugalkraft – mal angenehm, mal tödlich

In *Moonraker* bringt der Bösewicht Hugo Drax eine Gruppe auserwählter Menschen in einer Raumstation unter, während alle anderen, von ihm als minderwertig eingestuften Bewohner der Erde vergiftet werden

---

1 Der letzte Flug zum Mond, Apollo 17, fand 1972 statt. Danach wurde das Apollo-Programm beendet und ein systematisches Raumfahrtprogramm von der NASA erst wieder ab 1981 mit den Spaceshuttles aufgenommen.

sollen. Um seinen Menschen, die später eine neue, überlegene Kultur begründen sollen, das Leben so angenehm wie möglich zu gestalten, wird in der Raumstation künstliche Schwerkraft erzeugt. Hierzu versetzt ein Mitarbeiter von Hugo Drax die nahezu kreisförmige Raumstation durch Ausstoß von Treibstoff in Rotation. Dadurch wird in der Raumstation am äußeren Rand eine künstliche Schwerkraft generiert, die etwa zu 80 Prozent der auf der Erde herrschenden Schwerkraft entspricht, wie ein Messgerät im Film anzeigt. Die künstliche Schwerkraft ermöglicht es, dass man sich längere Zeit ohne Probleme in der Raumstation bewegen und sogar arbeiten kann.

Es ist bekannt, dass sich in der Schwerelosigkeit die Muskeln zurückbilden und Astronauten nach einem längeren Aufenthalt im Weltraum nach ihrer Rückkehr zur Erde zunächst nicht mehr selbstständig gehen können. Künstliche Schwerkraft ist daher für die von Hugo Drax auserwählten Menschen in der Raumstation unbedingt notwendig.

Um seine Astronauten auf die hohen Beschleunigungen beim Raketenstart vorzubereiten, hat Hugo Drax einen »Zentrifugentrainer« bauen lassen. In einem Zentrifugentrainer werden Menschen in einer Kabine beschleunigt, indem sie auf einer Kreisbahn bewegt werden. So kann das Einwirken von Kräften auf den menschlichen Körper bis zur zwanzigfachen Erdanziehung studiert werden.[2] Als James Bond von der bezaubernden Dr. Holly Goodhead über Drax' Besitz geführt wird, lässt sie ihn die Konstruktion aus-

2 Solche Zentrifugentrainer sind nichts Ungewöhnliches. Unter Raumfahrern der NASA gehören sie zum Standardtrainingsprogramm für jeden Raumflug.

2.1 Roger Moore und Lois Chiles als James Bond und Dr. Holly Goodhead in *Moonraker*.

probieren. Nachdem Dr. Goodhead aber weggerufen wird, ist 007 ahnungslos Chang, dem Handlanger von Hugo Drax, ausgeliefert. Dieser sitzt am Kontrollpult des Zentrifugentrainers und erhöht langsam die Geschwindigkeit und damit die auf James Bond einwirkenden Beschleunigungskräfte. Als 007 bei der siebenfachen Erdanziehung, die Anzeige eines Messgerätes zeigt hier 7 g, die Fahrt beenden möchte, funktioniert die Notbremse nicht. Erst bei der dreizehnfachen Erdanziehung, also bei 13 g, kommt dem Top-Agenten, schon fast bewusstlos in seiner Kabine sitzend, die rettende Idee.

Q hatte ihm eines seiner obligatorischen Spielzeuge übergeben: Pfeile, die beim Anwinkeln der Hand mit kleinen Sprengladungen abgefeuert werden. Mit einem solchen Pfeilschuss auf die Steuerkonsole, die Bond, da er festgeschnallt ist, nicht aus eigener Kraft bedienen kann, beendet er seine vermeintliche Todesfahrt. Der Top-Agent hat wieder einmal Glück gehabt, und dem Schurken Chang ist die Enttäuschung, James Bond nicht getötet zu haben, förmlich ins Gesicht geschrieben.

Auf der Oberfläche der Erde wirkt auf alle Körper eine anziehende Kraft, die dafür sorgt, dass Körper nicht einfach durch die Luft schweben. Diese Anziehungskraft heißt Gravitation und wird verursacht durch die Anziehung zweier Massen, von denen die eine immer die enorm große Erdmasse ist und die andere die Masse des Körpers.[3] Diese Gravitationskraft beschleunigt nun einen fallenden Körper in Richtung Erdmittelpunkt. Die Beschleunigung zur Erdmitte, die der Körper aufgrund der Massenanziehung der Erde erfährt, wird allgemein mit g bezeichnet. Sie beträgt die schon genannten $9,81\,m/s^2$. Wird also von der dreizehnfachen Erdbeschleunigung gesprochen, dann kann man auch einfach kurz 13 g sagen. Bei einer Beschleunigung von 13 g würde James Bond folglich ungefähr so viel wiegen wie ein kleines Auto – also statt der nominellen 76 Kilogramm nun gefühlte 76×13=988 Kilogramm. Dies ist enorm viel, denn schon bei 7 g werden die meisten Menschen bewusstlos. Das Blut wird in die Beine gedrückt, dadurch kann nicht mehr genügend Sauerstoff ins Gehirn gelangen, und es kommt zu einer Unterversorgung des Gehirns. Das führt zunächst zur Bewusstlosigkeit und kann schließlich bei längerem Andauern oder noch größeren g-Kräften den Tod bedeuten. Nur besonders trainierte Menschen in Spezialanzügen, wie etwa Kampfpiloten, zu denen James Bond trotz seiner körperlichen und geistigen Fitness nicht zählt, können

---

3 Die Masse der Erde beträgt stolze $6\times 10^{24}\,kg$, das sind immerhin 6 Billionen mal eine Billion Kilogramm!

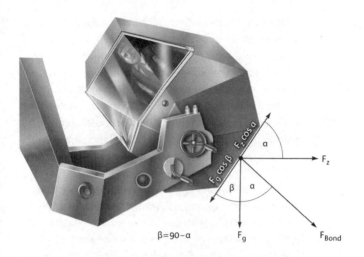

2.2 Übersicht der Kräfte, die auf die Kabine einwirken. Hierbei sind F_g die Gewichtskraft und F_z die Zentrifugal- bzw. Fliehkraft. F_{Bond} ist die resultierende Kraft, die von James Bond gespürt wird. Der Winkel α beschreibt die Auslenkung der Kabine. Für α=0 Grad steht die Kabine vertikal.

einer Belastung von 13 g kurzfristig standhalten. Solche Anzüge sind mit einer Flüssigkeit gefüllt, deren Konsistenz ähnlich der des menschlichen Blutes ist. Diese Flüssigkeit sorgt für einen Gegendruck und verhindert so, dass sich das Blut in den Beinen sammelt. Es stellt sich nun dennoch die Frage, ob in dem Zentrifugentrainer wirklich eine Kraft von 13 g auf James Bond einwirkt.

Auf die Kabine, in der James Bond sitzt, wirken zum einen die Gewichtskraft F_g senkrecht nach unten und zum anderen die Zentrifugalkraft F_z nach außen. Die Zentrifugalkraft wird auch Fliehkraft[4] genannt und ent-

[4] Im Kapitel 1 wurde bereits eine für James Bond positive

steht durch die Bewegung der Kabine auf einer Kreisbahn. Es ist die gleiche Kraft, die die Insassen eines
Autos zur Seite drückt, wenn es um eine scharfe Kurve
fährt. Diese drückt die Personen beim Durchfahren
eines Loopings in der Achterbahn auch in den Sitz.

Die von James Bond gespürte Kraft F_{Bond} setzt sich
aus seiner Gewichtskraft und der wirkenden Zentrifugalkraft zusammen, so wie es in Abbildung 2.2 angedeutet ist. Die resultierende Kraft lässt sich bestimmen,
indem die beiden anderen Kräfte als Kanten eines
Rechtecks betrachtet werden und die Diagonale durch
dieses Rechteck gezeichnet wird. Wenn man die Ge-
wichts- und die Zentrifugalkraft kennt, dann lässt sich
die effektiv auf James Bond einwirkende Kraft relativ
leicht, etwa mit dem Satz des Pythagoras, berechnen.[5]
Umgekehrt kann man auch den Winkel der Auslenkung
der Kabine aus Abbildung 2.2 ablesen und mit der
hinlänglich bekannten James-Bond-Masse von 76 Kilogramm die auf Bond einwirkende Fliehkraft ausrechnen.
Die Abhängigkeit der Zentrifugalkraft vom Auslenkungswinkel der Kabine ist in Abbildung 2.3 dargestellt.
Daraus kann abgelesen werden, dass bei wirkenden
13 g die Kabine um einen Winkel von 85,5 Grad aus-
gelenkt sein müsste. Sie müsste damit fast waagerecht
stehen. Beim Nachmessen des Neigungswinkels stellt
sich allerdings heraus, dass er nur 56,5 Grad beträgt,
woraus sich rückwärts eine auf James Bond einwirkende
Fliehkraft von nur 1,5 g berechnen lässt.

Auswirkung der Fliehkraft festgestellt: 007 erzeugt Fliehkraft, um
den Wagen auf zwei Rädern auszubalancieren.

5 Zur Erinnerung: In einem rechtwinkligen Dreieck ist die Summe der Quadrate der am rechten Winkel anliegenden Seiten gleich
dem Quadrat der dem rechten Winkel gegenüberliegenden Seite.
Oder als Formel: $a^2 + b^2 = c^2$.

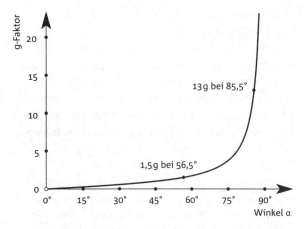

2.3 Die Grafik zeigt die Abhängigkeit der auf James Bond einwirkenden Fliehkraft in Einheiten der Erdbeschleunigung g (g-Kraft) vom Auslenkungswinkel der Kabine des Zentrifugentrainers (siehe Abbildung 2.2). Einer wirkenden Kraft von 13 g entspricht daher ein Auslenkwinkel der Kabine von 85,5 Grad. Gemessen wird aber im Filmausschnitt nur eine Auslenkung von 56,5 Grad, was umgekehrt einer Fliehkraft von nur 1,5 g entspricht. Offensichtlich wurde hier geschummelt!

Hier kann also etwas nicht stimmen, zumal eine Fliehkraft von 1,5 g zu einer Umlaufdauer der Kabine von etwa 3,7 Sekunden führt. Im Film ist die Umlaufdauer aber viel kürzer und würde eher zu den gewünschten 13 g passen. Das kann alles nur so erklärt werden, dass die Szene tatsächlich mit einer Umlaufdauer von 3,7 Sekunden aufgenommen wurde. Daher kommt der beobachtete Neigungswinkel der Kabine von 56,5 Grad. Später wurde die Szene einfach mit etwa vierfacher Geschwindigkeit abgespielt, was die Umlaufdauer in Ordnung bringt, aber den Neigungswinkel natürlich nicht beeinflusst. So lässt sich also eine kleine Täuschung der James-Bond-Produzenten leicht nachweisen...

Aber wie ist es James Bond nun möglich, sich aus dieser tödlichen Lage zu befreien?

James Bond schießt einen Pfeil auf die Armaturen der Kabine ab und bringt den Zentrifugentrainer damit zum Stillstand. Sein zielsicherer Schuss ist aber nicht so einfach wie es aussieht, da in der Kabine sogenannte Scheinkräfte[6] wirken. Diese sorgen dafür, dass aus der Sicht von 007 das Projektil nicht geradeaus fliegt, sondern nach links außen abgelenkt wird (siehe Abbildung 2.4). Dies liegt daran, dass sich die Kabine auch während der Flugzeit des Geschosses weiter dreht – das Ziel bewegt sich also. Bei einem geraden Schuss legt das Projektil den Weg von A nach C zurück und trifft somit die Armaturen auf der linken Seite. Um die ihm gegenüberliegenden Instrumente voll zu treffen, also von A nach B zu schießen, hätte James Bond in einem Winkel von 22,5 Grad nach rechts zielen müssen, um diesen Effekt zu kompensieren. Dieser Winkel lässt sich mittels des Dreisatzes aus der Zeit einer kompletten Runde und der Flugzeit des Projektils errechnen. Zwar ist diese Rechnung leicht im Kopf zu lösen, 007 muss das jedoch unter der Last von 13 g blitzschnell tun – unter diesen Voraussetzungen eine wirklich meisterliche Leistung.

Scheinkräfte treten auch bei der künstlich erzeugten Schwerkraft in der Raumstation des Schurken Hugo Drax auf. Die Raumstation wird durch den Ausstoß von Treibstoff in Rotation versetzt. Wie bei dem Zentrifugen-

---

6 Scheinkräfte heißen so, weil sie nur in einem mitbewegten Bezugssystem auftreten. James Bond spürt ihre Auswirkungen in seiner Kabine, wenn er Bewegungen aus seiner Sicht beschreibt. Von außen betrachtet sind sie nicht existent, man spürt aber sehr wohl ihre Auswirkungen. Streng genommen ist die Zentrifugal- bzw. Fliehkraft auch eine solche Scheinkraft.

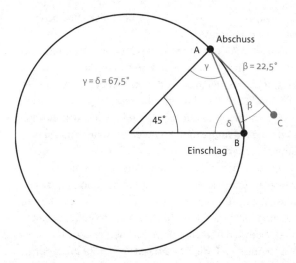

2.4 Veranschaulichung der Geometrie des Pfeilschusses, der James Bond im Zentrifugentrainer das Leben rettet. Bei Punkt A wird der Pfeil ausgelöst und würde ohne Rotation der Kabine geradeaus zum Punkt C fliegen. In dieser Richtung liegen die Armaturen, die 007 treffen will. Nun bewegt sich die Kabine aber während des Fluges des Pfeils bis zum Punkt B weiter, sodass der Pfeil aus der Sicht von Bond deutlich links neben den Armaturen einschlagen würde. Er muss im Winkel β = 22,5 Grad nach rechts zielen, um sein Ziel zu treffen.

trainer wird dadurch eine g-Kraft erzeugt. Der Mensch hat kein Sinnesorgan für die Art der Kraft, die auf ihn wirkt. So kann eine entsprechend große Zentrifugalkraft, die die Insassen der Raumstation an die Wand drückt, durchaus als künstliche Gravitation herhalten. Die Wand wäre dann der Fußboden, von dem man quasi angezogen wird. Im Film zeigt ein Messinstrument 0,8 g an. In der Raumstation herrscht also nach Einschalten der Rotation eine künstliche Schwerkraft von 80 Prozent der Erdgravitation. Ist das realistisch und wie viel Treibstoff ist nötig, um diese künstliche Gravitation herzustellen?

Aus der angegebenen Gravitation von 0,8 g lässt sich der Radius der Raumstation berechnen. Dafür wird die Rotationsgeschwindigkeit der Station benötigt, welche sich direkt aus der Umlaufzeit ergibt.

Wenn das erste und das letzte Bild des Ausschnitts, in dem die Raumstation komplett zu sehen ist, überlagert werden, dann kann der Winkel, den sie zurückgelegt hat, gemessen werden. Aus der Dauer von 2,3 Sekunden, die die Raumstation benötigt, um sich diese 4,2 Grad weiterzudrehen, lässt sich sofort die Zeit für eine ganze Umdrehung zu 2,3 × 360 Grad / 4,2 Grad = 195 Sekunden berechnen. Die Größe der Zentrifugalkraft hängt auch direkt vom Radius der Raumstation ab. Da die künstliche Gravitation, 0,8 g, bekannt ist, kann der dafür benötigte Radius bei einer ebenfalls bekannten Rotationsgeschwindigkeit (eine Umdrehung in 195 Sekunden) berechnet werden. Wir kommen so auf einen Radius von 7,5 Kilometern! Das entspricht in etwa der einhundertfünfzigfachen Größe der Internationalen Raumstation (ISS) im Endausbau. Selbst ein größenwahnsinniger Superschurke wie Hugo Drax könnte eine so riesige Raumstation kaum bauen.

Der tatsächliche Radius der Raumstation beträgt aber lediglich etwa 130 Meter, wie ein Vergleich mit der Größe der angedockten Spaceshuttles ergibt. Wenn aus diesem Radius und der gegebenen Umlaufzeit die auf der Station herrschende künstliche Gravitation berechnet wird, dann erhält man einen Wert von nur 1,5 Prozent der Erdgravitation, also 0,015 g. In der Raumstation herrscht also quasi noch Schwerelosigkeit!

Der Rechenfehler liegt wohl in der Umlaufzeit, die nur 25 Sekunden anstelle der berechneten 195 Sekunden betragen müsste, um eine künstliche Gravitation von 0,8 g zu erzielen. Vielleicht wurde die Filmszene, die zur Messung der Umlaufzeit benutzt wurde, aus dramaturgischen Gründen um das Achtfache zu langsam abgespielt. Oder es handelt sich einfach um einen Fehler. Dass das mal jemand nachrechnet – damit hätte die Produktionsfirma wohl nie gerechnet.

Die für die Rotation der Raumstation benötigte Treibstoffmenge lässt sich über die sogenannte Impulserhaltung bestimmen. Der Impuls ist das Produkt aus der Masse und der Geschwindigkeit eines Gegenstandes. Dabei ist die Richtung der Geschwindigkeit wichtig. Veranschaulichen kann man sich die Impulserhaltung am Beispiel einer auf Schlittschuhen stehenden Person, die einen Ball hält. So lange die Person ruhig steht, ist der Gesamtimpuls von beiden natürlich Null. Wirft sie den Ball von sich weg, so haben der Ball und die Person entgegengesetzt gleiche Impulse, die wegen der Impulserhaltung in der Summe nach wie vor Null ergeben müssen. Ein Impuls ist dabei positiv zu zählen und der andere negativ. Das geht nur, wenn die beiden Geschwindigkeiten in entgegengesetzte Richtungen zeigen, d. h. der Ball fliegt schnell nach vorne weg und die Person muss daher wegen ihrer größeren Masse langsam rückwärts gleiten.

Das gleiche Prinzip kann man nun benutzen, um die benötigte Treibstoffmenge zu bestimmen. Dabei nehmen wir an, dass der Impuls des austretenden Treibstoffes komplett auf die Raumstation übertragen wird. Treibstoffe können mit einer Maximalgeschwindigkeit von etwa 11 500 Kilometer pro Stunde aus einer Rakete austreten. Da die Raumstation von Hugo Drax etwa dieselbe Größe hat wie die ISS, kann ihre Masse auf 400 Tonnen geschätzt werden. Mithilfe der

Impulserhaltung können wir nun berechnen, dass ungefähr vier Tonnen Treibstoff benötigt werden, um einmal 0,8 g in der Raumstation zu erzeugen. Dies entspricht etwa einem Prozent der Gesamtmasse der Raumstation.

Das ist der wesentliche Grund, weshalb dieses Verfahren nicht benutzt wird, um künstliche Gravitation an Bord der ISS zu erzeugen. Diese enormen Mengen an Treibstoff müssten zuvor mit hohem Aufwand in den Erdorbit transportiert werden, was viel zu kostspielig wäre. Ein weiteres Problem wären die Scheinkräfte, die wie bei dem Zentrifugentrainer durch die Rotation entstehen. Da die Zentrifugalkraft vom Radius abhängig ist, müsste die Raumstation einen sehr großen Radius oder eine große Rotationsgeschwindigkeit haben, damit eine ausreichende künstliche Gravitationskraft herrscht und die Menschen an Bord nicht zu große Gravitationsunterschiede zwischen verschiedenen Bereichen der Raumstation spüren. Weiterhin müsste der gleiche Effekt, der James Bond im Zentrifugentrainer dazu veranlasst, mit seinem Pfeilgeschoss 22,5 Grad zu weit nach rechts zu zielen, in der Raumstation ständig berücksichtigt werden. Bei jeder Aktion müsste eingeplant werden, dass sich das Ziel während der eigenen Bewegung ebenfalls weiter dreht. Effektiv hätte ein Bewohner der Raumstation bei jeder Bewegung ständig das Gefühl, dass ihn jemand zur Seite zieht.[7]

Die Erzeugung von künstlicher Gravitation durch Rotation einer Raumstation ist also durchaus realistisch und könte tatsächlich funktionieren. In der Praxis ver-

---

7 Der Physiker spricht hier davon, dass die sogenannte Coriolis-Kraft wirkt. Die Coriolis-Kraft ist ebenfalls eine Scheinkraft, die bei einer Betrachtung von außen nicht auftritt.

zichtet man allerdings auf solche Experimente, weil die zusätzlich benötigten Treibstoffmengen für die Rotation wenig ökonomisch sind. Und eigentlich sind noch zwei ganz andere Tatsachen an der Raumstation des Hugo Drax zumindest eigenartig. Erstens: Man benötigt ca. 100 Spaceshuttle-Flüge zum kompletten Ausbau der ISS. Das würde dann zumindest auch für die vielleicht noch größere Raumstation des Hugo Drax gelten. Einhundert Mal hat es also Hugo Drax geschafft, ein Spaceshuttle von seiner Abschussstelle im brasilianischen Dschungel zu starten – und der britische Geheimdienst hat nichts bemerkt!

Zweitens wird im Film gesagt, dass die Raumstation wegen eines Radar-Tarnschildes von der Erde aus nicht zu orten ist. Zwar gibt es die sogenannte Stealth-Technologie, mit der Flugzeuge gegen Radarstrahlen getarnt werden können, schon recht lange, aber die Moonraker-Raumstation wäre mit einem normalen Teleskop von der Erde aus in ihrer Umlaufbahn einfach so, ganz ohne Radarstrahlen, leicht sichtbar. Im Film kann man nämlich sehen, dass sich die Raumstation nicht allzu weit weg von der Erde befindet. Sie sollte etwa 300 Kilometer über der Erdoberfläche sein, und damit in ähnlicher Höhe wie die ISS. Da ein Geheimdienst den Himmel aber immer intensiv nach Spionagesatelliten absuchen sollte, ist es ein Wunder, dass dem britischen MI6 diese große Station am Himmel niemals aufgefallen ist. Hier müssen ganze Abteilungen gezielt weggeguckt haben.

Details für Besserwisser

In Abbildung 2.2 ist zu erkennen, dass die Zentrifugalkraft F_z und die Schwerkraft F_g im rechten Winkel zueinander stehen. Die Diagonale in diesem Rechteck ist die insgesamt auf James Bond einwirkende Kraft F_{Bond}, die den Winkel α mit der Schwerkraft einschließt. Eine einfache trigonometrische Beziehung liefert dann den Zusammenhang:[8] $\tan α = F_z / F_g$.

Diese Überlegungen sind unabhängig von der genauen Bauart und Gewichtsverteilung der Kabine. Es kommt lediglich auf die Lage des Schwerpunkts der Kabine mit Passagier an. In der Ruhelage befindet sich der Schwerpunkt genau unter der Aufhängeachse, und die Kabine steht bzw. hängt aufrecht. Dafür sorgt die senkrecht nach unten wirkende Gravitation. Wenn der Zentrifugentrainer rotiert, übernimmt die insgesamt resultierende Kraft F_{Bond} – also die Summe aus der Zentrifugalkraft und der Schwerkraft – die Rolle, die zuvor die Gravitation allein hatte, und die Kabine »hängt« nun in Richtung von F_{Bond}. Sie ist also unter dem Winkel α zur Vertikalen geneigt. Wenn die Zentrifugalkraft nun ein Vielfaches der Gravitation sein soll, dann gilt: $F_z = n \times F_g$. Daraus ergibt sich die Formel $\tan α = n$. Für eine auf James Bond einwirkende Kraft von 13 g ist also n = 13 und die Formel ergibt einen Neigungswinkel von α = 85,5°.

Um den Abschusswinkel β aus Abbildung 2.4 genau zu berechnen, gehen wir so vor: Ein Umlauf entspricht

---

8 Der Tangens (tan) eines Winkels ist in einem rechtwinkligen Dreieck gegeben als der Quotient aus der Länge der dem Winkel gegenüberliegenden Seite und der Länge der an dem Winkel anliegenden kürzeren Seite des Dreiecks (Gegenkathete durch Ankathete).

360° und dauert bei einem geschätzten Radius des Zentrifugentrainers von 5 m für eine Kraft von 13 g etwa 1,2 s.[9] Das Projektil ist bei einer Kabinenlänge von etwa 1,5 m und einer moderaten Abschussgeschwindigkeit von 10 m/s genau 0,15 s unterwegs.[10] Dies entspricht einem Winkel von 360° × 0,15 / 1,2 = 45°, um den sich die Kabine während des Schusses weitergedreht hat. Da in der Zeichnung in Abbildung 2.4 ein gleichschenkliges Dreieck auftaucht und die Summe aller Winkel im Dreieck 180° beträgt, ergibt sich sofort $\gamma = \delta = 67,5°$. Daraus folgt für den gesuchten Winkel $\beta = 90° - \gamma = 22,5°$. Dies ist der gesuchte Winkel, den James Bond nach rechts zielen muss, um mit dem Pfeil genau die Armaturen direkt gegenüber von seinem Kabinensitz zu treffen.

Für die Zentrifugal- bzw. Fliehkraft gilt der Zusammenhang: $F_Z = M \times r \times (2\pi / T)^2$ mit der Masse M des rotierenden Körpers, dem Rotationsradius r und der Umlaufdauer T. Eine große Zentrifugalkraft tritt also immer dann auf, wenn große Rotationsradien und kleine Umlaufdauern vorhanden sind. Da die Zentrifugalkraft als künstliche Gravitation wirken soll, entspricht sie in der Raumstation der Gewichtskraft $M \times g$ eines Körpers der Masse M. Allerdings wirken in der Raumstation nur 0,8 g also ist die effektive künstliche Gewichtskraft $0,8 \times M \times g$. In Formeln geschrieben gilt dann also: $M \times r \times (2\pi / T)^2 = 0,8 \times M \times g$.

9 Dies berechnet man einfach aus dem Zusammenhang: $n \times g = R \times \omega^2$ mit $n = 13$ für 13 g und $g = 9,81 \, m/s^2$ sowie dem geschätzten Radius des Zentrifugentrainers von $R = 5 \, m$. Daraus ergibt sich $\omega^2 = 25,5 / s^2$ und mit der Umlaufzeit $T = 2\pi / \omega$ folgt $T = 1,2 \, s$.

10 Bei einer höheren Geschwindigkeit als 40 km/h kann ein Pfeil am Handgelenk sicher nicht ohne größere Verletzungen abgefeuert werden.

Hieraus ergibt sich für den Radius r der Raumstation der Zusammenhang: $r = 0{,}8 \times g \times (T/2\pi)^2$, woraus durch Einsetzen der bekannten Zahlen mit der tatsächlich gemessenen Umlaufzeit von $T = 195\,s$ der unrealistisch große Radius von $r = 7500\,m$ der Raumstation folgt. Umgekehrt kann durch Umformen der obigen Gleichung bei bekanntem Radius der Faktor der künstlichen Gravitation berechnet werden, wenn die Zahl 0,8 einfach durch n ersetzt und die Gleichung nach n umgestellt wird. Wenn man dies tut und den realistischen Wert von $r = 130\,m$ in die Formel einsetzt, dann ergibt sich $n = 0{,}015$, also nur eine künstliche Gravitation von $0{,}015\,g$ in der Raumstation.

Die für die Rotation der Raumstation benötigte Treibstoffmenge wird über die sogenannte Impulserhaltung bestimmt. Der Impuls ist das Produkt von Masse und Geschwindigkeit und muss vor und nach dem Treibstoffausstoß gleich groß sein. Es gilt somit: $M_{Station} \times v_{Station} = M_{Treibstoff} \times v_{Treibstoff}$ mit der Masse und Geschwindigkeit der Station $M_{Station}$, $v_{Station}$ und der Masse und Geschwindigkeit des ausgestoßenen Treibstoffs $M_{Treibstoff}$, $v_{Treibstoff}$. Diese Formel lässt sich nach $M_{Treibstoff}$ umstellen und ergibt mit dem Zusammenhang $v_{Station} = r \times (2\pi/T)$ schließlich: $M_{Treibstoff} = 2\pi \times M_{Station} \times r/(T \times v_{Treibstoff}) = 4100\,kg$.

Als Masse und Radius der Raumstation wurden $M_{Station} = 400$ Tonnen und $r = 130\,m$ eingesetzt. Der Treibstoff wird dabei mit einer Geschwindigkeit von $v_{Treibstoff} = 3200\,m/s$ ausgestoßen und die Umlaufzeit soll $T = 25\,s$ betragen. Wie zu sehen ist, ergibt sich aus diesen Angaben eine benötigte Treibstoffmasse von etwa vier Tonnen für die Rotation. Experten werden bemerkt haben, dass streng genommen hier nicht über die Impulserhaltung, sondern über die sogenannte Drehimpulserhaltung hätte argumentiert werden müssen, da es sich um eine Rotationsbewegung handelt. Damit wäre der sogenannte Drehimpuls die physikalische Größe, auf die es ankommt, und die insgesamt erhalten bleiben muss. Eine solche Betrachtung würde aber zum selben Ergebnis führen.[11]

Von Raketen und Rucksäcken

Sitzt man in einem Zentrifugentrainer, so bekommt man die körperlichen Voraussetzungen für einen Flug ins Weltall durchaus zu spüren. Es ist nun an der Zeit, die technischen Fragen einer solchen Reise zu klären.[12] In *Man lebt nur zweimal* verschwinden auf mysteriöse Weise Raumschiffe aus der Sowjetunion und aus Amerika. Das führt natürlich zu Verstimmungen zwischen den beiden Atommächten, die sich gegenseitig beschuldigen, die Technik des jeweils anderen zu stehlen. James Bond, der kurz zuvor in China nur knapp einem Attentat entkommen war und zur Verwirrung seiner Gegenspieler zum Schein auf See bestattet wurde, wird

11 Der Drehimpuls ist unter den hier vorliegenden Umständen einfach das Produkt aus dem Impuls und dem Abstand zur Drehachse der Bewegung. Es ergibt sich dann analog zu den obigen Betrachtungen mit der Drehimpulserhaltung der Zusammenhang: $M_{Station} \times v_{Station} \times r = M_{Treibstoff} \times v_{Treibstoff} \times r$. Damit kann r auf beiden Seiten eliminiert werden, und es ergibt sich die gleiche Formel wie im Text. Diese Betrachtung ist gültig, da die Masse der Raumstation im Wesentlichen im Abstand r von der Drehachse konzentriert ist. Wäre das nicht der Fall, dann müsste auch die Masseverteilung in der Raumstation berücksichtigt werden.

12 Das größte Problem bei einer Reise in den Weltraum kann nicht treffender als durch ein Zitat, welches Wernher von Braun zugeschrieben wird, ausgedrückt werden: »Bei der Eroberung des Weltraums sind zwei Probleme zu lösen: Die Schwerkraft und der Papierkrieg. Mit der Schwerkraft wären wir fertig geworden.«

mit der Klärung der Vorfälle beauftragt. Es stellt sich heraus, dass Bonds Erzrivale Ernst Stavro Blofeld von japanischem Territorium aus Raketen startet, die die Raumschiffe der beiden Großmächte im Weltraum einfangen sollen. Dadurch will Blofeld einen Atomkrieg zwischen den Supermächten provozieren, was der britische Geheimdienst natürlich in letzter Minute zu verhindern weiß.

In vielen Quellen, die sich mit Fehlern in Filmen befassen, wird der Flug der Eagle-One-Rakete des Ernst Stavro Blofeld als unmöglich dargestellt: Eine Rakete in einen Erdorbit zu bringen und sie anschließend mit einer zusätzlichen Last senkrecht und ohne Fallschirm zur Erde zurückzufliegen, sie dann auch noch sanft zu landen, scheint in der Tat nicht ganz so einfach zu sein. Sämtliche Raumfahrzeuge der Geschichte – mit Ausnahme der amerikanischen Spaceshuttles[13] – landeten auch mit Fallschirmen relativ unsanft im Wasser oder in der Wüste, oder sie verglühten sogar in der Erdatmosphäre.

Wir wollen wissen, wie viel Treibstoff wohl nötig wäre, um eine Rakete in einen Erdorbit zu bringen und sie dann, nachdem sie dort ein Raumschiff eingefangen hat, wieder mit Rückstoß abzubremsen, sodass sie sanft auf der Erdoberfläche landen kann.

13 Insgesamt gab es zunächst die vier identischen Spaceshuttles mit den Namen Columbia, Challenger, Discovery und Atlantis. Die Challenger ist 1986 beim Start explodiert. Als Ersatz wurde 1992 die Endeavour in Dienst gestellt. Die Columbia ist im Jahr 2003 beim Wiedereintritt in die Erdatmosphäre explodiert und nicht ersetzt worden, da das Spaceshuttle-Programm der NASA ausläuft. Die beiden Katastrophen der Challenger und Columbia waren die größten Unglücke in der Raumfahrtgeschichte mit jeweils sieben Todesopfern. Alle Spaceshuttles gleiten wie Segelflugzeuge zurück zur Erde und benötigen dafür keinen Treibstoff.

Zu diesem Zweck sehen wir uns zwei leistungsstarke Raketen genauer an:

Die ATLAS Mercury ist eine ca. 30 Meter hohe Rakete, die in den Sechzigerjahren zur Beförderung der bemannten Gemini-Kapseln in den USA eingesetzt wurde. Diese Kapseln waren für zwei Personen ausgelegt und wogen inklusive Besatzung 1360 Kilogramm. Sie umkreisten die Erde in einer Höhe von ca. 185 Kilometern, im sogenannten Low Earth Orbit. Die ATLAS Mercury verbrauchte für einen Flug etwa 110 Tonnen Treibstoff. Mit ihren Ausmaßen kommt sie den Raketen in *Man lebt nur zweimal*, die 33 Meter hoch sind, sehr nahe.[14]

Die Saturn V ist die berühmte Rakete, die für die Mondmissionen in den Jahren 1969 bis 1972 eingesetzt wurde. Diese Rakete ist mehr als 100 Meter lang und hat einen Durchmesser von ca. zehn Metern. Die Saturn V beförderte eine Last von 130 Tonnen in den Low Earth Orbit und benötigte dafür stolze 2500 Tonnen Treibstoff.

Bei genauerer Betrachtung fällt auf, dass das Verhältnis der Nutzlast – das ist die Masse, die in den Low Earth Orbit befördert werden kann – und der Treibstoffmasse sehr schlecht ist. Im Fall der ATLAS-Mercury-Rakete beträgt das Verhältnis nur 1:85, bei der Saturn V 1:22, und selbst ein Spaceshuttle schafft maximal 1:20. Bei den Raketen in *Man lebt nur zweimal* kann man sehen,

---

14 Es wurde als Kulisse tatsächlich eine Rakete in der Originalgröße von 33 Metern gebaut. Deswegen ist die Größe der Filmrakete so gut bekannt. Die Raumkapseln aus dem Film sehen den tatsächlichen Gemini-Kapseln der NASA sehr ähnlich. Leider trifft dies auch für die sowjetischen Raumkapseln zu, obwohl es in der UDSSR keine vergleichbaren Raketen gab. Hier wurde wohl das gleiche Modell zweimal verwendet: einmal mit »Stars and Stripes« und einmal mit kommunistischem roten Stern.

dass von den 33 Metern Anfangslänge immer etwa 17 Meter nach erfolgreicher Mission wieder sanft auf der Erde landen. Das zeigt das viel bessere Verhältnis von mindestens 1:2 zwischen Nutzlast und Treibstoff für die Blofeld-Raketen.[15]

Es ist ein grundsätzliches Problem von Raketen, dass, je größer ihre Masse ist, desto mehr Treibstoff pro Sekunde verbraucht werden muss, um sie auf eine bestimmte Geschwindigkeit zu bringen. Nun ergibt sich schnell eine Art Teufelskreis: Wenn die Nutzlast und damit die Masse der Rakete erhöht wird, dann wird auch mehr Treibstoff benötigt. Wenn aber mehr Treibstoff benötigt wird, um die Endgeschwindigkeit zu erreichen, dann wird auch mehr Energie verbraucht, um diesen Treibstoff auf die vorgegebene Höhe zu bringen. Man braucht also noch mehr Treibstoff und befindet sich damit in einer Aufwärtsspirale. Dies erklärt schon qualitativ, warum das Verhältnis zwischen Nutzlast und Treibstoffverbrauch bei jeder Rakete recht schlecht sein muss. Die Saturn V hat gegenüber der ATLAS Mercury das vergleichsweise gute Verhältnis von 1:22. Das liegt vor allem an ihren vier Brennstufen gegenüber den nur zwei Stufen der kleineren Rakete. Der Vorteil mehrstufiger Raketen besteht dabei darin, die leeren Tanks abzuwerfen und diese Masse dann nicht weiter beschleunigen zu müssen.

Für die quantitative Berechnung des Manövers Raumschiffentführung wird aufgrund der großen Ähnlichkeit zum Filmmodell eine ATLAS-Mercury-Rakete angenommen. Die Daten für die Schubkraft und den Treibstoff-

---

15 Das Verhältnis muss sogar noch viel besser sein, weil auch der zur Landung benötigte Treibstoff zunächst als Nutzlast in den Orbit gebracht werden muss.

verbrauch haben wir in den öffentlichen Datenbanken der NASA nachgeschlagen. Die Schubkraft einer Rakete ist proportional zum Treibstoffverbrauch, also zur ausgestoßenen Treibstoffmenge pro Zeit. Damit nimmt die Gesamtmasse der Rakete kontinuierlich mit der Zeit ab. Nun braucht man also ein Modell, mit dem die Flugbahn einer Rakete berechnet werden kann, wenn bekannt ist, wie die Masse der Rakete mit der Zeit abnimmt, und wie stark und in welche Richtung die Schubkraft wirkt. Eine Vereinfachung tritt dadurch ein, dass die Gravitationskraft der Erde auf ein Objekt im Low Earth Orbit nur um ca. fünf Prozent geringer ist als auf ein Objekt gleicher Masse am Erdboden. Man kann also für die Berechnung die Erdbeschleunigung wieder konstant $g = 9,81\,m/s^2$ setzen. Sie ist damit unabhängig von der Höhe, in der sich die Rakete befindet.

Warum ist dann aber ein Astronaut im Erdorbit schwerelos? Die Antwort ist, dass er sich quasi im freien Fall befindet! Und genau wie bei den sogenannten Parabelflügen, bei denen in einem Flugzeug für kurze Zeit Schwerelosigkeit herrscht, fühlen sich die Astronauten auf einer Erdumlaufbahn ebenfalls schwerelos.[16]

Was zunächst erstaunlich erscheint, folgt aber dem einfachen Prinzip: Wenn auf ein Objekt, beispielsweise eine Rakete, und auf einen Körper, beispielsweise einen Astronauten, der sich in diesem Objekt befindet, dieselben Kräfte einwirken, dann erscheint der Körper schwerelos. Das kann auch anhand eines luftdicht verschlossenen Fahrstuhls veranschaulicht werden. Fällt ein Fahrstuhl frei, ohne durch Seile oder Bremsen gehalten zu werden, fühlen sich die Insassen zwar unwohl,

---

16 Deswegen können Experimente zur Schwerelosigkeit auch in sogenannten Falltürmen durchgeführt werden.

dafür aber schwerelos. Wirkt aber zum Beispiel durch das Zugseil eine weitere Kraft auf die Kabine, so wird die Kraft über den Boden des Fahrstuhls auf die Fahrgäste verteilt. Es ist diese Kraft, die dann als Schwerkraft gespürt wird. Auf ein Raumschiff im Erdorbit wirkt nach dem Abschalten des Antriebs also nur die Gravitationskraft, genau wie auf den frei fallenden Fahrstuhl. Da auf die Astronauten ebenfalls nur diese Kraft wirkt, fühlen auch sie sich so lange schwerelos, bis das Raumschiff durch eine andere Kraft beschleunigt oder abgebremst wird.

Raketenantriebe funktionieren auch nach dem Prinzip der Impulserhaltung. Dieses Prinzip wollen wir noch einmal veranschaulichen: Ein Skateboardfahrer steht mit einer Kiste Ziegelsteinen in den Händen auf einer ebenen Straße. Anfänglich steht er still, und der Gesamtimpuls von Skateboardfahrer und Ziegelsteinen ist jeweils Null, da sich nichts bewegt. Der Skateboarder kann seinen Impuls und damit seine Geschwindigkeit ändern, wenn er einen Ziegelstein entgegengesetzt zu seiner gewünschten Fahrtrichtung wegwirft. Der Impuls des Skateboarders nach dem Wurf entspricht genau dem Impuls des Ziegelsteins, der weggeworfen wurde. Allerdings bewegen sich beide in entgegengesetzte Richtungen, sodass die Impulse unterschiedliche Vorzeichen haben, ihre Summe aber wegen der Impulserhaltung nach wie vor Null ergibt.

Genau nach diesem Prinzip funktionieren auch Raketen, nur dass der Treibstoff nicht aus Ziegelsteinen besteht.[17] Der Treibstoff wird bei Raketen mit einer sehr

17 Im Prinzip könnte man eine Rakete auch mit Ziegelsteinen betreiben, wenn sie nur schnell genug nach hinten weggeworfen würden!

großen Geschwindigkeit nach unten ausgestoßen, und daher bewegt sich die Rakete in entgegengesetzter Richtung nach oben. Die durch den Schub erzeugte Beschleunigung muss allerdings größer sein als die Erdbeschleunigung – ansonsten bewegt sich die Rakete gar nicht oder fällt sogar wieder herunter. Die Erdbeschleunigung von $g = 9,81 \, \text{m/s}^2$ ist jedoch recht groß und entspricht der Beschleunigung eines Formel-1-Boliden von null auf hundert in drei Sekunden.

Da die grundsätzliche Funktionsweise einer Rakete nun bekannt ist, können wir ein konkretes Manöver planen: Eine Rakete soll eine Last im Erdorbit einsammeln und dann wieder zurück zur Erde bringen.

Wir betrachten zuerst einmal die Landung, um zu bestimmen, wie viel Treibstoff sie benötigt. Diese Menge Treibstoff muss dann beim Start mindestens vorher in den Orbit gebracht worden sein. Im Low Earth Orbit hat ein Raumschiff parallel zur Erdoberfläche eine Geschwindigkeit von etwa 7900 Metern pro Sekunde, das entspricht 25000 Stundenkilometern. Eine Erdumrundung dauert also weniger als zwei Stunden. Um eine Nutzlast von 2720 Kilogramm, das sind ungefähr zwei amerikanische Gemini-Kapseln samt Besatzung, von dieser Geschwindigkeit abzubremsen, wird eine enorme Energie benötigt. Zu Beginn des Landevorgangs entspricht die Masse des Raumschiffs aber nicht nur der Masse der beiden Kapseln plus Besatzung: Der gesamte für die Landung erforderliche Treibstoff muss ebenfalls bereits mit an Bord sein. Nochmals zum Vergleich: Um eine Nutzlast von 1360 Kilogramm mit einer ATLAS-Mercury-Rakete in einen Low Earth Orbit zu befördern, benötigte man 110 Tonnen Treibstoff. Um also die Geschwindigkeit einer Kapsel umgekehrt wieder auf Null zu bringen, wird mindestens die gleiche Menge verbraucht. Da aber zwei Kapseln plus zwei Besatzungen und der für die Landung einzusetzende Treibstoff nun vollständig abgebremst werden müssen, ist die dafür nötige Treibstoffmenge grob abgeschätzt etwa doppelt so groß. Diese Menge Treibstoff im Orbit bedeutet aber, dass noch viel mehr Treibstoff für den Start einer solchen Rakete benötigt wird!

Genauer kann das Problem nur numerisch mit einem Computer gelöst werden. Das Ergebnis einer solchen Berechnung lautet: Um ein Raumschiff von 2720 Kilogramm Masse per Rückstoßantrieb auf der Erde sicher zu landen, werden etwa 400 Tonnen Treibstoff verbraucht, viermal mehr, als in eine ATLAS-Mercury-Rakete überhaupt hineinpasst. Abbildung 2.5 zeigt die berechnete Flugbahn der Rakete in der Seitenansicht.

Bisher wurde die Schwierigkeit verschwiegen, dass ein Raumschiff nur unter einem ganz bestimmten Winkel in die Erdatmosphäre eintreten kann, um dort nicht zu verglühen oder zurück in den Weltraum geschleudert zu werden. Solche genauen Berechnungen, die diese Tatsache berücksichtigen, erfordern ein noch viel komplizierteres Modell, würden aber keine prinzipiell anderen Ergebnisse liefern. Also: Mit einer leicht aufgerüsteten ATLAS-Mercury-Rakete könnte die Landung der beiden Kapseln, wie wir sie in *Man lebt nur zweimal* sehen können, durchaus funktionieren.

Aber wie bekommt man ein 400 Tonnen schweres Raumschiff in einen Erdorbit? Zur Erinnerung: Die leistungsstärkste Rakete, die jemals ins All geflogen ist, die Saturn V, brachte gerade einmal eine Nutzlast von 130 Tonnen in einen Low Earth Orbit. Mit dem gleichen Computerprogramm, das bei der Simulation der Landung zum Einsatz kam, kann auch der Start berechnet

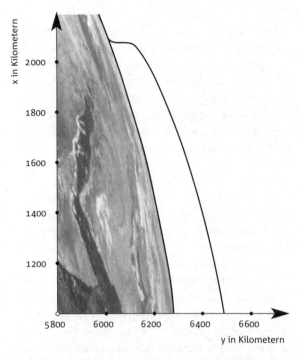

2.5 Die Flugbahn der Rakete (äußere Linie), die die beiden Gemini-Kapseln enthält, bei der Landung aus einem Erdorbit, von der Seite aus gesehen. Die innere Linie stellt die Erdoberfläche dar.

werden. Das Ergebnis: Blofelds Mission verschlingt mehr als 10 000 Tonnen Treibstoff pro Flug![18] Aber immerhin. Mit einer Weiterentwicklung der Saturn-V-Rakete wäre sie aus heutiger Sicht sogar denkbar – wenngleich auch sehr ineffizient und kostspielig.[19]

18 Blofelds tatsächliches Manöver würde allerdings noch viel mehr Treibstoff verschlingen, da die Rakete offensichtlich nach dem Einfangen der Raumkapseln im Orbit abbremst und umdreht.
19 Für eine solche Weiterentwicklung wird es auch langsam

Aber da ist noch ein Problem: Die Verträglichkeit des Manövers für den menschlichen Körper. Eine wichtige Randbedingung ist, dass hohe Beschleunigungen, d. h. g-Kräfte, nur für kurze Zeit auftreten dürfen, damit die Besatzung nicht bewusstlos wird. Abbildung 2.6 zeigt die wirkende g-Kraft zu jedem Zeitpunkt der Landung der Raumkapsel. Die Besatzung muss körperlich recht fit sein, um Kräfte bis zu 8 g über einige Sekunden aushalten zu können. Zu bedenken ist hier aber auch, dass in der Realität die Beschleunigung genauer gesteuert werden kann als es in einem einfachen Modell möglich ist. Die hohen Belastungsspitzen könnten dann wahrscheinlich durch sanftere Bremsmanöver abgeflacht werden.

In *Man lebt nur zweimal* gibt es noch eine kleine Nebengeschichte. Nach Informationen des japanischen Geheimdienstes wird flüssiger Sauerstoff in einem Schiff, der Ning-Po, zu Blofelds geheimer Vulkanbasis transportiert. Der Geheimdienst hat zwei verschiedene Fotos der Ning-Po gemacht, auf denen das Schiff jeweils mit unterschiedlichem Tiefgang zu sehen ist. James Bond schließt daraus, dass das Schiff zwischen den beiden Aufnahmen entladen wurde. Flüssiger Sauerstoff ist ein üblicher Raketentreibstoff, der mit Wasserstoff in der Knallgasreaktion zu Wasser verbrannt wird. Da zwei Wasserstoffatome nur etwa ein Siebentel der Masse eines Sauerstoffatoms besitzen, macht der Sauerstoff in dieser Reaktion 85,7 Prozent der Gesamtmasse aus. Aus den beiden Aufnahmen der Ning-Po kann nun mit dem archimedischen Prinzip auf die geladene Menge an Raketentreibstoff geschlossen werden. Das Archimedi-

Zeit, denn die Saturn V ist mittlerweile über 40 Jahre alt.

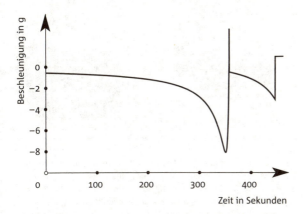

2.6 Ergebnis der Berechnung der bei der Landung auf die Insassen der Raumkapseln einwirkenden g-Kräfte in Abhängigkeit von der Zeit. Es ist zu erkennen, dass über mehrere Sekunden eine Belastungsspitze von über 8 g ertragen werden muss. Dies wäre höchstwahrscheinlich tödlich, könnte in der Realität aber durch ein feiner abgestuftes Bremsmanöver verhindert werden.

sche Prinzip besagt, dass ein schwimmendes Objekt genauso viel Wasser verdrängt wie seiner Masse entspricht. Wenn also ein geschlossener Würfel mit einer Kantenlänge von einem Meter und einer Masse von 500 Kilogramm im Wasser schwimmt, dann muss er 500 Kilogramm, also etwa 500 Liter Wasser verdrängen. Der Würfel sinkt 50 Zentimeter tief ins Wasser ein.

Wie in Abbildung 2.7 schematisch gezeigt, kann abgeschätzt werden, wie viel Wasser das Schiff Ning-Po zusätzlich verdrängt. Der Unterschied im Tiefgang beträgt ca. fünf Meter. Die Ning-Po ist etwa 20 Meter breit und 100 Meter lang. Dies entspricht einem Volumen von 5 × 20 × 100 = 10 000 Kubikmeter verdrängter Wassermenge, die etwa 10 000 Tonnen wiegt, dabei gilt die Faustregel: Ein Liter Wasser wiegt ziemlich genau

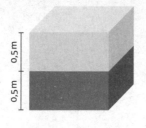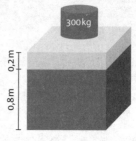

2.7 Veranschaulichung des Archimedischen Prinzips an einem Beispiel, an dem die beteiligten Volumina einfach abgelesen werden können. Links sinkt der 500 Kilogramm schwere Würfel genau einen halben Meter ein, weil dann die verdrängte Wassermenge so viel wiegt wie der Würfel selber. Rechts wird durch ein 300-Kilogramm-Gewicht die verdrängte Wassermenge auf 800 Kilogramm erhöht, was ein Einsinken des Würfels auf 80 Zentimeter bewirkt.

ein Kilogramm. Dies ist aber genau die Treibstoffmenge, die vorher für Blofelds Mission ausgerechnet wurde! Alles scheint genau zusammenzupassen und beweist einmal mehr die strenge Logik der James-Bond-Filme.

Eine weitere Anwendung des Raketenantriebs können wir im Vorspann des Films *Feuerball* sehen. James Bond entkommt mithilfe eines Raketenrucksacks den Bösewichten aus dem Landgut Château d'Anet. Er fliegt in wenigen Sekunden aus dem Gebäude hinaus und landet elegant neben seinem Aston Martin, wo eine Kollegin schon auf ihn wartet. Sie verstauen den Rucksack im Kofferraum und können dann fliehen.

Der Raketenrucksack wurde Anfang der Sechzigerjahre erfunden.[20] Laut Herstellerangaben ist mit diesem

20 Der »Bell Rocket Belt« wurde von Wendall F. Moore im Jahr 1961 bei der Firma Bell Aerosystems erfunden. Er hat 1984 einen großen Bekanntheitsgrad erreicht, als ein Stuntman mit einem Raketenrucksack bei der Eröffnungsfeier der Olympischen Spiele in Los Angeles eingeschwebt und im Mittelkreis des Stadions gelandet ist.

Modell ein 20-Sekunden-Flug möglich, bei dem eine Höhe von 18 Metern erreicht werden kann. Dabei sind eine Höchstgeschwindigkeit von 55 Kilometern pro Stunde und eine maximale Flugweite von 250 Metern möglich. Mit dem für die Blofeld-Raketen eingesetzten Computerprogramm wird nun versucht, den senkrechten Flug einer 76 Kilogramm schweren Person mit anschließender sanfter Landung zu simulieren.

Zunächst muss die Funktionsweise des Rucksacks geklärt werden. Im Prinzip funktioniert der Antrieb genau wie bei einer richtigen Rakete: Durch den Ausstoß von Treibstoff nach unten wird ein Schub nach oben erzeugt. Beim Raketenrucksack werden allerdings nicht flüssiger Wasserstoff und Sauerstoff (wie bei den großen Raketen) als Treibstoff verwendet, sondern Wasserstoffperoxid.[21] Das Wasserstoffperoxid reagiert unter Druck zu einem Gemisch aus Wasserdampf und Sauerstoff. Dieses Gemisch strömt mit einer Temperatur von etwa 740 Grad Celsius aus den Düsen des Raketenrucksacks und erzeugt so den nötigen Schub. Der hier verwendete Rucksack fasst etwa 27 Kilogramm Wasserstoffperoxid. Wegen des austretenden heißen Wasserdampfs muss ein Pilot isolierende Kleidung tragen, um sich nicht zu verbrennen. Bei James Bond kann man aber davon ausgehen, dass seine maßgeschneiderten Anzüge nicht brennbar sind und isolierend wirken.

In der Filmszene wurde der Raketenrucksack von einem Stuntman geflogen. Lediglich als James Bond beim Start und bei der Landung in Großaufnahme zu sehen ist, hing Sean Connery an Seilen, die im Film verborgen sind.

21 Im Gegensatz zum Wasser H_2O hat Wasserstoffperoxid die Formel H_2O_2. Wasserstoffperoxid wird auch als Wasserstoffsuperoxid bezeichnet und zum Blondieren von Haaren eingesetzt.

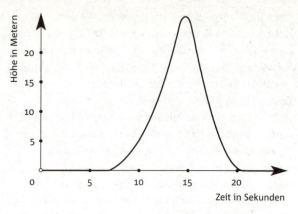

2.8 Berechnete Flughöhe von James Bond mit einem Raketenrucksack als Funktion der Zeit. Er kann etwa 25 Meter hoch fliegen bei einer Gesamtflugdauer von 20 Sekunden. Dann ist der Treibstoff aufgebraucht.

Dann werden die technischen Daten des Raketenrucksacks und James Bonds Gewicht von 76 Kilogramm in das Programm zur Simulation von Raketenflugbahnen eingesetzt. Die so berechnete Flugkurve ist in Abbildung 2.8 zu sehen. Es werden eine Flughöhe von gut 25 Metern und eine Flugzeit von etwa 20 Sekunden erreicht. Diese Werte stimmen sehr gut mit den vom Hersteller angegebenen Werten für die Flugzeit und die Flughöhe überein. Das Programm zur Berechnung von Raketenflugbahnen ist also für eine Saturn-V-Rakete genauso gut geeignet wie für einen Raketenrucksack. Der Grund dafür ist, dass beide nach exakt dem gleichen Prinzip funktionieren.

Also: Das von Blofeld initiierte Abfangmanöver der Raumkapseln ist zwar recht unwahrscheinlich, aber nicht unmöglich. Mit einer superschweren, mehr als viermal größeren Rakete als die Saturn V könnte es klappen.

Der Raketenrucksack ist hingegen tatsächlich geflogen. Er funktioniert nach dem gleichen Prinzip wie eine herkömmliche Rakete. Daher ist sein Treibstoffverbrauch sehr hoch und Flüge von mehr als einer Minute Dauer erscheinen unrealistisch. Der Treibstoff für einen Flug mit dem Raketenrucksack kostet etwa 3000 Dollar, was ihn als Massenverkehrsmittel leider nicht besonders attraktiv macht.

Details für Besserwisser

Die auf eine Rakete wirkenden Kräfte sind klar: Die Gravitationskraft F_g zieht die Rakete mit der Masse M nach unten. Der Raketenantrieb übt eine Schubkraft F_s aus, die der Gravitation entgegenwirkt. Wenn die Schubkraft größer ist als die Schwerkraft, dann kann die Rakete abheben. Eine kleinere Schubkraft kann die Schwerkraft abschwächen, um eine Raumkapsel sanft landen zu lassen. Das Wichtigste ist hierbei, dass sich die beschleunigte Masse jeweils verändert, da die Rakete den verbrauchten Treibstoff nach hinten ausstößt. Es liegt also eine zeitabhängige Raketenmasse, geschrieben als $M(t)$, vor. Grundsätzlich basiert die Berechnung der Bewegung einer Rakete vollständig auf der klassischen Mechanik nach Newton. Die um die veränderliche Raketenmasse $M(t)$ ergänzte Grundgleichung der newtonschen Mechanik lautet nun: Masse × Beschleunigung = Gravitation − Schubkraft.

Sie ist als »Raketengleichung« schon seit drei Jahrhunderten bekannt. Als wesentliche Lösung der Raketengleichung erhält man die folgende Beziehung für die Endgeschwindigkeit v_{Ende} einer Rakete, die am Anfang die Masse M_{Anfang} besitzt und nach Brenn-

schluss der Triebwerke die Masse M_{Ende} aufweist[22]:
$v_{Ende} = v_{Treibstoff} \times \ln(M_{Anfang} / M_{Ende})$ mit $v_{Treibstoff}$ als Geschwindigkeit, mit der der Treibstoff aus den Triebwerken ausgestoßen wird. Diese Gleichung erklärt den enormen Treibstoffverbrauch von Raketen. Um die Endgeschwindigkeit v_{Ende} einer Rakete zu verdoppeln, muss das Massenverhältnis M_{Anfang} / M_{Ende} quadriert werden. Konkret heißt das, man muss von $M_{Anfang} / M_{Ende} = 10$ (das ist ein sehr optimistischer Wert!) auf $M_{Anfang} / M_{Ende} = 100$ erhöhen, um die Endgeschwindigkeit zu verdoppeln. Die Rakete besteht dann also schon zu über 99 % aus Treibstoff! Der Grund dafür ist der Logarithmus in der obigen Formel.[23] Um ihn zu kompensieren, muss die Treibstoffmasse exponentiell ansteigen, um eine entsprechende Erhöhung der Endgeschwindigkeit zu erzielen. Wenn man bedenkt, dass die schnellsten Ausstoßgeschwindigkeiten für Treibstoffe aus prinzipiellen Gründen nicht viel größer als $v_{Treibstoff} = 12\,000$ km/h sein können und ein Masseverhältnis M_{Anfang} / M_{Ende} von bestenfalls acht zu eins bei Raketen erzielt werden kann, dann ergibt sich als höchste Geschwindigkeit für eine normale Rakete wegen $\ln(8) \approx 2$ der Wert von $v_{Ende} = 24\,000$ km/h = 6 700 m/s. Deswegen sind normale Raketenantriebe für Science-Fiction-Abenteuer absolut ungeeignet. Die obige Rechnung zeigt sogar, dass man mit einer einstufigen Rakete niemals das Erdschwerefeld verlassen und etwa zum Mond fliegen könnte, da die sogenannte Fluchtgeschwindigkeit 11 000 m/s

22 In der Formel ist aus Gründen der Übersichtlichkeit die Gravitation weggelassen worden, die noch zu einem Term $- g \times t$ auf der rechten Seite führen würde, wobei t die Flugzeit der Rakete ist.
23 Dabei handelt es sich um den sogenannten Logarithmus naturalis, also den Logarithmus zur Basis $e = 2{,}718281\ldots$ Der Logarithmus naturalis wird in Formeln durch das Symbol »ln« abgekürzt.

beträgt. Hier helfen nur mehrstufige Raketen, bei denen dann insgesamt ein größeres Masseverhältnis M_{Anfang} / M_{Ende} realisiert werden kann. Als weitere Schwierigkeit kommt hinzu, dass die Rechnung nicht einfach eindimensional durchgeführt werden kann, d. h. es reicht nicht, nur zu betrachten, wie hoch die Rakete zu einer gegebenen Zeit gestiegen ist. Zusätzlich muss neben der Höhe auch die seitliche Entfernung vom Startpunkt berücksichtigt werden. Die Rakete soll ja in eine Umlaufbahn geschossen werden. Um das zu erzielen, muss eine beträchtliche Umlaufgeschwindigkeit v_{Orbit} erreicht werden, die durch das Gleichsetzen der Gravitationskraft und der Zentrifugalkraft grob abgeschätzt werden kann. Das Ergebnis $v_{Orbit}^2 = g \times r$ führt mit einem Orbitradius r von etwa 6500 km auf $v_{Orbit} = 28\,000$ km/h.

Die Berechnung muss also zweidimensional durchgeführt werden. Praktischerweise werden als Koordinaten die Höhe der Rakete über dem Erdboden und der Winkel zwischen der Linie, die die aktuelle Position mit dem Erdmittelpunkt verbindet und der Linie, die den Startpunkt mit dem Erdmittelpunkt verbindet, gewählt.[24] Man nennt diese Koordinaten auch Polarkoordinaten. Mit diesen Koordinaten kann dann leicht berücksichtigt werden, dass der Schub der Rakete nicht immer senkrecht nach oben wirkt, sondern je nach Flugphase seitlich gekippt wird. Dieses Kippen der Rakete ist sehr schwierig zu handhaben, und die Ergebnisse hängen empfindlich davon ab, welches Verhalten hier gewählt wird. Es ist sogar theoretisch

---

24 Dieser Winkel kann durch eine Analoguhr veranschaulicht werden. Er entspricht dem Winkel, den der Stundenzeiger mit der 12-Uhr-Stellung einschließt.

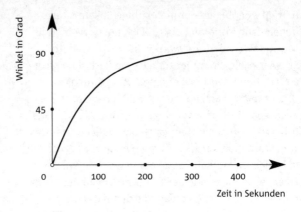

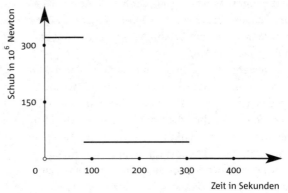

nicht so einfach, eine Rakete wirklich in einen Erdorbit zu schicken!

Schwierig ist auch die benötigte Mehrstufigkeit der Rakete. Die Rechnung muss berücksichtigen, dass die Rakete für die verschiedenen Stufen einen unterschiedlich großen Schub liefert. Wie zu erwarten, bedeutet ein größerer Schub auch einen entsprechend größeren Treibstoffverbrauch, sodass die Masse der Rakete in den

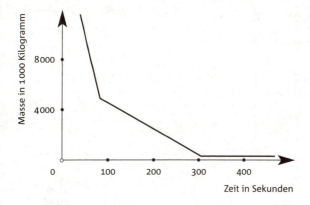

2.9 Berechnung des Starts einer ATLAS-Mercury-Rakete. Die Änderung des Neigungswinkels, der Masse und des Schubs in Abhängigkeit von der Zeit ist jeweils dargestellt. Deutlich sind die zwei Stufen der Rakete zu erkennen. Bis 80 Sekunden nach dem Start ist die Schubkraft groß. Dann ist die erste Stufe ausgebrannt und wird abgestoßen. Für die zweite Stufe wurde dann eine entsprechend geringere Schubkraft angesetzt. Der Neigungswinkel ändert sich kontinuierlich von Null (Start) auf 90° (Umlaufbahn).

verschiedenen Phasen der Bewegung auch unterschiedlich schnell abnimmt.[25] In Abbildung 2.9 ist das Ergebnis einer Berechnung für den Neigungswinkel einer ATLAS-Mercury-Rakete als Funktion der Zeit gezeigt. Zunächst steigt die Rakete senkrecht auf (Neigungswinkel 0°), um dann am Ende in eine Umlaufbahn einzuschwenken (Neigungswinkel 90°). Gezeigt werden auch die angenommene Schubkraft und wie sich die gesamte Masse der Rakete als Funktion der Zeit entwickelt. Deutlich sind die zwei Stufen der Rakete zu erkennen.

25 Für die Berechnung wurde der Treibstoffverbrauch als proportional zur Schubkraft angenommen. Dies ist eine naheliegende Wahl.

133

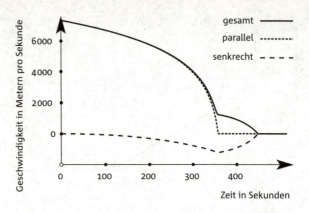

2.10 Berechnung der Geschwindigkeit als Funktion der Zeit bei der Landung der Raumkapsel des Schurken Blofeld. Die durchgezogene Linie stellt die Gesamtgeschwindigkeit dar. Die lang gestrichelte Linie ist die Geschwindigkeit senkrecht zur Erdoberfläche, die Fallgeschwindigkeit. Sie ist negativ, da die Kapsel nach unten fällt. Die kurz gestrichelte Linie kennzeichnet die Geschwindigkeit parallel zur Erdoberfläche, die Bahngeschwindigkeit. Zunächst wird die große Bahngeschwindigkeit parallel zur Erdoberfläche fast vollständig abgebremst, danach wird der freie Fall kompensiert, und beide Geschwindigkeitsanteile sind nach etwa 450 Sekunden Null. Die Kapsel ist gelandet.

Anhand der Abbildung 2.10 ist die Taktik zu erkennen, die bei der Berechnung der Landung der Raumkapseln verfolgt wurde. Es gibt eine Fluggeschwindigkeit parallel zur Erdoberfläche, die Bahngeschwindigkeit, und senkrecht zur Erdoberfläche, die Fallgeschwindigkeit. Bei dem Manöver wird zunächst die sehr große Bahngeschwindigkeit abgesenkt, um dann mit einem senkrechten, gebremsten Fall zu beginnen.

KAPITEL 3

LASER, RÖNTGENSTRAHLEN
UND OPTISCHE TRICKS

In James-Bond-Filmen werden sehr oft Laserstrahlen eingesetzt. Dabei dienen sie entweder dazu, Gegenstände aufzuschneiden, oder Laser werden als vernichtende Waffen verwendet. Wir wollen hinter die Kulissen der Lasertechnik schauen. Dabei interessiert uns weniger, wie ein Laser im Detail funktioniert, als vielmehr seine Wirkung auf die Umwelt.

James Bond benutzt häufig technische Spielereien, um durch Gegenstände hindurchzusehen. Um herauszufinden, wie solche Gadgets funktionieren, müssen wir einige Grundlagen der Optik erklären. Und schließlich wird jeder verstehen, dass Licht-, Laser-, Röntgen- und Teraherzstrahlung nichts anderes sind als verschiedene Ausprägungen elektromagnetischer Strahlung.

Könnte man wirklich einen überdimensionalen Spiegel im Weltraum installieren, der die Sonnenstrahlen bündelt und mit diesem Strahl alles Leben auf der Erde zerstört? Können hochintensive Laserstrahlen Goldbarren, Autokarosserien und sogar Raketen aufschneiden? Ist es möglich, eine so kleine Röntgenquelle zu bauen, dass diese problemlos in Bonds kleines Zigarettenetui passt?

Und: Schaut James Bond einer Dame in die Augen, schmilzt sie dahin. Aber welchen Vorteil bringen tiefe Blicke dem Geheimagenten noch?

»Ikarus« – Waffe oder Wahnsinn?

In *Stirb an einem anderen Tag* plant der Bond-Gegenspieler Gustav Graves, ein für tot gehaltener, nordkoreanischer Offizier, die Invasion Südkoreas. Doch zwischen den beiden Staaten erstreckt sich ein todbringender Minengürtel aus einer Million Landminen. Zur Beseitigung dieses Minenfeldes hat er »Ikarus« bauen lassen. Ikarus ist ein gigantischer Spiegel, er befindet sich in einem Erdorbit und soll die Strahlung der Sonne bündeln und sie so als Waffe nutzbar machen. Mit der Kraft des Strahls will Graves das Minenfeld zwischen Nord- und Südkorea räumen und den Weg für seine Armee frei machen. Da sich eine solch große Installation im Orbit vor den Geheimdiensten der Welt nicht verheimlichen lässt, gaukelt Gustav Graves der Welt in einer spektakulären Präsentation einen friedlichen Zweck des Spiegels vor.

Auf Knopfdruck breitet sich aus der zylindrischen Kontrolleinheit von Ikarus entlang von Streben eine silbrige Folie aus, während Graves den Zweck der Installation erläutert: »Stellen Sie sich vor, man könnte in alle Länder auf dieser Welt Wärme und Licht bringen. Wir könnten das ganze Jahr über säen und ernten. Dann würde kein Hunger mehr auf der Welt herrschen. Und mehr noch. Stellen Sie sich eine zweite Sonne vor, strahlend wie ein gigantischer Diamant am Himmel. Es werde Licht!«

Mit diesen Worten wird die Ausbreitung der Folie

3.1 Zum Glück schaut James (Sean Connery) seiner Bonita (Nadja Regin) tief in die Augen.

abgeschlossen, und die von ihr reflektierten Sonnenstrahlen machen die isländische Nacht zum Tag. Einige der geladenen Gäste greifen sogar zu ihren Sonnenbrillen. Gustav Graves erklärt metaphorisch die Funktionsweise von Ikarus: »Ikarus ist einzigartig. Seine himmlisch silberfarbene Hülle wird das Licht der Sonne einatmen und es behutsam über die Erdoberfläche verteilen.«

Keinen Tag später muss James Bond bei seiner Flucht vor den Schergen des Bösewichtes den wahren Zweck von Ikarus erfahren. Während James Bond in einem raketengetriebenen Schlitten über das isländische Eis saust und zunächst zu entkommen scheint, wird er von Graves via Satellitenbild verfolgt. Graves aktiviert den Waffenmodus, worauf aus dem Zentrum der silbrigen Fläche von Ikarus eine metallische Spitze ausgefahren wird. Kurz darauf sendet Ikarus aus der kleinen Vorrichtung einen mächtigen, gebündelten Sonnenstrahl. Dieser Strahl schmilzt augenblicklich ein Loch mit einem

Durchmesser von 14 Metern in die dicke Eisdecke.[1] Mit diesem Strahl zielt Graves nun auf James Bond.

Am Ende der erbitterten Verfolgungsjagd hängt Bond mit seinem Schlitten an einem Stahlseil senkrecht an einer etwa 85 Meter hohen Gletscherwand, die auf einer Breite von ungefähr 66 Metern langsam durch den Strahl von Ikarus abgeschnitten wird. James Bond gelingt es dann doch noch spektakulär, sich von dem in das eisige Wasser stürzenden riesigen Eisblock zu retten.

Zurück zur Physik: Es stellen sich mehrere Fragen zu den zwei verschiedenen Modi, in denen Ikarus offensichtlich arbeiten kann. Lässt sich tatsächlich mit einem Spiegel im Weltraum die Nacht zum Tag machen? Wie groß müsste ein solcher Spiegel sein und wie hoch müsste er fliegen? Lässt sich die zerstörerische Wirkung von Ikarus mit einem Spiegel oder einer anderen optischen Vorrichtung tatsächlich realisieren? Im kleineren Maßstab ist diese Frage trivial, denn mit einer Lupe lässt sich die Sonnenstrahlung so stark fokussieren, dass Papier oder andere brennbare Materialien entzündet werden können. Deswegen stellt sich bei der militärischen Nutzung auch sofort wieder die Frage nach der Größe von Ikarus und ob Ikarus wohl dasselbe Schicksal erleidet wie sein Namensgeber und selbst schmilzt oder die auftretenden Temperaturen keine Probleme bereiten.

Fangen wir mit der friedlichen Nutzung von Ikarus an: Zunächst muss untersucht werden, was es bedeutet, wenn die Nacht zum Tag gemacht wird. An einem wolkenlosen Sommermittag in den Tropen trifft die Strah-

---

1 In späteren Szenen sind noch weitere mögliche Strahldurchmesser zu sehen. Für die folgenden Berechnungen werden daher nur drei Meter Strahldurchmesser als günstigster Fall zugrunde gelegt.

lung der Sonne senkrecht auf die Erdoberfläche. Dabei hat die Sonnenstrahlung pro Quadratmeter eine Leistung von etwa 1000 Watt. Das entspricht etwa 17 herkömmlichen 60-Watt-Glühbirnen, die auf einer Fläche von einem Quadratmeter platziert sind. Die Sonnenstrahlung, die auf der Erdoberfläche ankommt, ist allerdings nur ein Teil der tatsächlichen Sonnenstrahlung, die die Erde auch trifft. Die Atmosphäre der Erde hat bereits einen Teil, insbesondere die für die Menschen schädliche UV-Strahlung, herausgefiltert oder zurück in den Weltraum reflektiert. Die tatsächliche Leistung der Sonnenstrahlung im Abstand Erde – Sonne[2] wird durch die sogenannte Solarkonstante beschrieben. Diese hat einen Wert von 1400 Watt pro Quadratmeter. Dies entspricht 23 herkömmlichen 60-Watt-Glühbirnen pro Quadratmeter Fläche.

In einer mondlosen Nacht erreicht keine Sonnenstrahlung die Erde. In den dicht besiedelten Gebieten Mitteleuropas entstammt der Großteil der nächtlichen Himmelsbeleuchtung den von Menschen installierten Lichtquellen, wie etwa der Straßenbeleuchtung. Das Licht des Großteils der übrigen Sterne am nächtlichen Himmel ist so schwach, dass es durch das von Menschen erzeugte Licht überstrahlt wird. Dies ist auch der Grund, warum unsere eigene Galaxis, die Milchstraße, am nächtlichen Himmel selten zu erkennen ist.[3]

2 Der mittlere Abstand der Erde von der Sonne heißt auch astronomische Einheit und misst 149 597 870 691 Meter, also etwa 150 Millionen Kilometer.

3 Die Beleuchtung der Städte wird von Astronomen auch als Lichtverschmutzung bezeichnet. Um die Milchstraße optimal zu beobachten, muss man daher in die nur spärlich besiedelten Gegenden Kanadas reisen oder in der Erdumlaufbahn befindliche Satellitenteleskope verwenden.

Ikarus müsste also die vollen 1000 Watt pro Quadratmeter auf die nächtliche Erdoberfläche bringen, um diese taghell zu erleuchten. Das ist aber eigentlich nicht schwierig, da es ausreicht, das Licht der Sonne mit einem ebenen Spiegel auf den gewünschten Punkt der Erde umzulenken. Der Spiegel darf sich dafür natürlich selbst nicht im Schatten der Erde befinden. Ein idealer Spiegel reflektiert dabei die gesamte Strahlung der Sonne von 1400 Watt pro Quadratmeter. Die Erdatmosphäre filtert auch in diesem Fall, wie bei der normalen Sonneneinstrahlung, die »unerwünschten« 400 Watt pro Quadratmeter durch Absorptions- und Reflexionsprozesse heraus.

Um die gleiche Strahlungsintensität wie die Sonne zu liefern, muss der Spiegel mindestens die Größe der Fläche haben, die beleuchtet werden soll. Je schräger aber das Licht von der Sonne auf den Spiegel und vom Spiegel auf die Erde trifft, desto größer muss der Spiegel sein. Bei der Szene, in der Gustav Graves seine Erfindung Ikarus vorstellt, beleuchtet er einen Eispalast und dessen nähere Umgebung: insgesamt eine kreisförmige Fläche mit einem Durchmesser von etwa 170 Metern.

Der Spiegel müsste also mindestens einen Durchmesser von 170 Metern haben. Vergleicht man dies zum Beispiel mit dem in *Golden Eye* gezeigten Arecibo-Observatorium in Puerto Rico, dessen Parabolspiegel einen Durchmesser von über 300 Metern besitzt, dann ist es für Bösewichte wie Graves wohl technisch nicht weiter schwierig, einen Spiegel dieser Größe zu bauen.

Das ideale Material für einen Bau im Weltall wäre Mylar™, eine aluminiumbeschichtete Polyethylenterephthalat-Folie[4], die etwa 99 Prozent des einfallenden Lichts reflektiert. Dabei weist dieses Material lediglich ein Gewicht von zehn Gramm pro Quadratmeter auf und ist sehr reißfest. Die oben beschriebene Spiegelfläche hätte damit ein Gewicht von nur knapp 230 Kilogramm, zuzüglich des Gewichts der Streben und der Steuerung. Das Gewicht von Ikarus, das von der Erde mittels Lastraketen in die Erdumlaufbahn transportiert werden müsste, ist also unproblematisch.[5]

Nachdem die Größe und das Gewicht von Ikarus geklärt sind, kann nun über die Position des Riesenspiegels spekuliert werden. Bei diesen Überlegungen spielt die Umlaufzeit um die Erde eine wichtige Rolle, da sie die Einflusszeit von Ikarus auf einen bestimmten Punkt auf der Erdoberfläche bestimmt. Die Umlaufzeit eines Satelliten hängt mit seiner Höhe über der Erdoberfläche zusammen. So befindet sich die Internationale Raumstation ISS in einer Höhe von 330 bis 410 Kilometern. Dabei braucht sie für eine Erdumrundung etwa 90 Minuten. Diese Höhe wäre daher weder für eine zivile noch für eine militärische Nutzung von Ikarus vorteilhaft, da ein bestimmter Punkt nur sehr kurz in der Reichweite der Anlage liegen würde. Fernseh- und Telekommunikationssatelliten fliegen in einer Höhe von 36 000 Kilometern. Auf dieser Umlaufbahn braucht ein Satellit für eine Umkreisung der Erde einen Tag, genauer: 23 Stunden, 56 Minuten und 4,09 Sekunden. Da das genau dieselbe Zeit ist, in der die Erde sich einmal um die eigene Achse dreht, verharrt der Satellit

4 Polyethylenterephthalat ist in der Abkürzung PET geläufiger. Das ist zum Beispiel das Material, aus dem auch Plastikflaschen hergestellt werden.
5 Das Spaceshuttle kann ohne Probleme 30 Tonnen Nutzlast pro Flug ins All bringen.

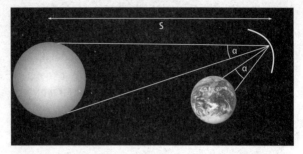

3.2 Jeder Punkt der Sonne sendet Strahlung in jede mögliche Raumrichtung aus. Hier dargestellt sind die Ränder des Lichtkegels, der in einem Spiegelpunkt von Ikarus auftrifft und von dort aus auf die Erde reflektiert wird. Aus dieser geometrischen Konstruktion lässt sich die maximale Flughöhe des Spiegels berechnen.

quasi immer über demselben Punkt der Erdoberfläche.[6] Es handelt sich hierbei um einen Satelliten im geostationären Orbit. Diese Flughöhe wäre für das ständige Bescheinen eines bestimmten Ortes am besten geeignet. Für die militärische Nutzung, die die Möglichkeit eines flexiblen Standortwechsels bevorzugt, ist diese Flughöhe allerdings nicht optimal. Die tatsächliche Flughöhe liegt also vermutlich irgendwo zwischen den beiden genannten Beispielen, damit die friedliche und die militärische Nutzung optimal gekoppelt werden können.

Wenn Ikarus wirklich ein Spiegel wäre, dann könnte seine Flughöhe auch direkt aus den Szenen aus *Stirb an einem anderen Tag* abgeleitet werden. Da ein Spiegel das Licht direkt reflektiert, hängen die Größe des Bildes und die des abgebildeten Gegenstandes direkt mit den

---

6 Dies gilt genau genommen nur für den Äquator, weshalb in Europa alle Satellitenantennen nach Süden weisen.

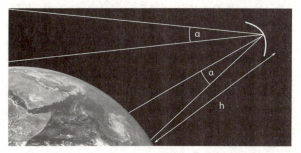

3.3 Da ein kleines Stück des Spiegels nur reflektiert, aber nicht fokussiert, ist der Öffnungswinkel α der beiden Kegel gleich. Damit ist die Größe des Spiegelbildes für jeden Punkt allein durch den Abstand h von dem Spiegel bestimmt und von seiner Form unabhängig.

jeweiligen Abständen zusammen. Von der Oberfläche der Sonne wird Licht in alle Richtungen ausgesandt. Wird nun ein einziger Punkt auf der Spiegelfläche oder ein kleines Stückchen des Spiegels, das als flach angesehen werden kann, betrachtet, so kann dieser von der ihm zugewandten Sonnenseite beschienen werden. Die entsprechenden Sonnenstrahlen bilden dann einen Lichtkegel wie in Abbildung 3.2 gezeigt. Jeder einzelne Lichtstrahl wird reflektiert. Die Reflexion geschieht nach dem Gesetz »Einfallswinkel gleich Ausfallswinkel«. Die reflektierten Strahlen bilden dann auch wieder einen Kegel.

Die Strahlen laufen also auf ihrem Weg von der Sonne zu einem Punkt auf dem Spiegel zusammen. Nachdem sie reflektiert wurden, entfernen sie sich auf ihrem Weg zur Erdoberfläche voneinander. Je weiter nun der Spiegel von der Erde entfernt ist, desto weiter können die Lichtstrahlen auseinanderlaufen, und desto größer ist die ausgeleuchtete Fläche.

Dieser Effekt ist auch von Projektoren bekannt: Um die Größe eines Bildes zu variieren, wird der Abstand des Projektors zur Wand verändert. Da ein flacher Spiegel einfach nur reflektiert, aber nicht fokussiert, ist der Öffnungswinkel der beiden Lichtkegel gleich, wie in Abbildung 3.3 zu sehen ist. Damit ist die Größe des Bildes für jeden Punkt allein durch den Abstand von dem Spiegel bestimmt und von seiner Form unabhängig. Jeder einzelne Punkt auf dem Spiegel besitzt also einen ausgehenden Lichtkegel mit einem bestimmten Öffnungswinkel, der für alle Punkte gleich ist, d. h. für jeden Punkt auf dem Spiegel gibt es auf der Erde eine entsprechende erleuchtete Fläche. Die Position dieser Flächen relativ zueinander hängt von der Form des Spiegels ab. Gelingt es, die Bilder jedes einzelnen Spiegelpunktes übereinanderzulegen, dann ist das kleinstmögliche Bild, das entsteht, so groß wie das Bild, das von einem einzigen Punkt auf dem Spiegel erzeugt wird. Legt man die Bilder unterschiedlicher Spiegelpunkte willkürlich nebeneinander, dann kann die ausgeleuchtete Fläche zwar beliebig groß werden, hat dann aber natürlich eine viel geringere Helligkeit. Ist die Größe der ausgeleuchteten Fläche bekannt, dann kann bei Kenntnis des Sonnendurchmessers[7] und des Abstands Erde – Sonne recht leicht die maximale Flughöhe des Spiegels über der Erdoberfläche bestimmt werden.

Setzt man allerdings den Durchmesser von 170 Metern aus der beschriebenen Szene für die taghell ausgeleuchtete Fläche ein, dann ergibt sich eine maximale Flughöhe von etwa 18 Kilometern. In dieser Höhe würde Ikarus die Erde in etwa zwei Stunden umrunden,

---

7 Der Sonnendurchmesser beträgt 1 392 000 Kilometer. Das ist das 109-fache des Erddurchmessers.

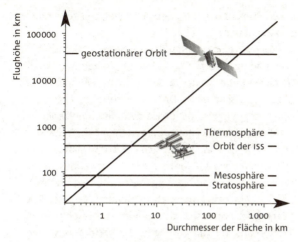

3.4 Die Linie zeigt den Zusammenhang zwischen der beleuchteten Fläche und der Flughöhe eines Spiegels. Je höher Ikarus fliegt, desto größer wird der Durchmesser der beleuchteten Fläche. Es ist zu beachten, dass die beiden Achsen logarithmisch skaliert sind, um einen großen Bereich an Höhen und Flächen darzustellen.

wenn er nicht durch den Luftwiderstand der oberen Atmosphäre abgebremst würde. Außerdem würde der Spiegel bei dieser geringen Flughöhe schon kurz nach Sonnenuntergang im Erdschatten verschwinden und wäre damit nutzlos. Im Falle realistischer Flughöhen ergibt sich ein Durchmesser der beleuchteten Fläche von 3,3 Kilometern im Falle des ISS-Orbits und von etwa 334 Kilometern für einen geostationären Orbit. Diese Flächen werden in Abbildung 3.4 verdeutlicht.

Nach dem zivilen betrachten wir nun den eigentlichen Zweck von Ikarus, die militärische Nutzung. Offensichtlich hat der von Ikarus erzeugte, gebündelte Lichtstrahl eine sehr zerstörerische Wirkung. Aber welche Leistung liefert Ikarus und welche Größe muss er dazu haben?

Abschätzen kann man das am besten anhand der Szene, in der Gustav Graves den Strahl benutzt, um die Gletscherkante, an der James Bond mit einem Schlitten hängt, abzuschmelzen. Die von Ikarus aufgebrachte Leistung ergibt sich dabei aus dem geschmolzenen Eisvolumen in der im Film vorgegebenen Zeit. Anhand Bonds Körpergröße lassen sich die Größe seines Schlittens und daraus wiederum die Höhe der abgeschmolzenen Gletscherkante auf 85 Meter und ihre Breite auf 66 Meter abschätzen. Das Volumen des geschmolzenen Eises ergibt sich als Produkt aus diesen beiden Werten und der Strahlbreite. In der Verfolgungsszene auf dem Eis kann die Strahlbreite mit der Größe des Schlittens verglichen und auf etwa 14 Meter geschätzt werden.

In einer anderen Filmszene wird versucht, Ikarus mit einer Anti-Satellitenrakete zu zerstören. Hier ergibt sich aus den Größenverhältnissen von Strahl- und Raketendurchmesser eine Strahlbreite von nur etwa drei Metern. Offensichtlich kann Ikarus in vielen verschiedenen Modi mit unterschiedlichen Strahlbreiten und somit Intensitäten betrieben werden. Um eine anfliegende Rakete zu zerstören, ist ein deutlich stärker gebündelter Strahl notwendig als beim Schmelzen von Eisdecken.

Da die Strahlbreite während des Abschmelzens der Gletscherkante nicht genau zu erkennen ist, gehen wir davon aus, dass Graves den Ikarus-Strahl auf drei Meter Breite verringert hat. Der Strahl hätte dann die gleiche Kraft wie zum Zerstören der Rakete. Damit ergibt sich ein zu schmelzendes Eisvolumen von $85 \times 66 \times 3 = 16\,830$ Kubikmetern, was einer Masse von rund 15\,500 Tonnen entspricht. Um eine solch riesige

Menge Eis, wie im Film gezeigt, innerhalb von nur neun Sekunden zu schmelzen, würde eine Leistung von gut 570 Gigawatt benötigt. Die Leistung von Ikarus entspricht also der Leistung von fast zehn Milliarden 60-Watt-Glühbirnen oder auch der elektrischen Netto-leistung von über 400 Atomkraftwerken der Druck-wasser-Kernreaktorklasse Isar-2. Ausgeschrieben sind 570 Gigawatt gleich 570 000 000 000 Watt. Wahrlich eine stolze Leistung!

Wie wir schon wissen, liefert die Sonne im Abstand zur Erde 1 400 Watt pro Quadratmeter an Leistung, wovon aufgrund der Atmosphäre aber nur rund 72 Prozent die Erdoberfläche erreichen. Um also in der Lage zu sein, allein durch Sonnenenergie die notwendige Leistung zu erbringen, müsste Ikarus eine Fläche von nicht weniger als 570 Quadratkilometern[8] haben. Damit hätte bei der Verwendung von Mylar™-Folie die Spiegelfläche von Ikarus allein, ohne Verstrebungen und Kontrolleinheit, ein Gewicht von 5 700 Tonnen, das ist vierzehnmal so viel, wie die Internationale Raum-station ISS in ihrer endgültigen Ausbaustufe wiegen wird.

Europas aktuelle Trägerrakete Ariane 5 ECA müsste, um diese Last in einen geostationären Orbit zu beför-dern, rund sechshundertmal fliegen.

Es wird – selbst man es geschafft hat, all das Mate-rial in den Weltraum zu bringen – kaum gelingen, einen solch großen Spiegel auch gezielt zu entfalten und dann auch noch präzise zu steuern. Aber wer weiß, welche Hilfsmittel Gustav Graves beim Bau dieses Spiegels sonst noch hatte?

---

8 Das wäre ziemlich genau doppelt so groß wie Dortmund und fast doppelt so groß wie München.

Zum Schluss wollen wir noch überprüfen, ob Ikarus, der in der Lage ist, in kurzer Zeit große Mengen Eis zu schmelzen und Minen und Raketen in die Luft zu jagen, bei seinem Einsatz heiß läuft. Dazu betrachten wir die metallische Spitze in der Mitte des Spiegels, da dort die gesamte abgestrahlte Leistung durch den kleinsten Querschnitt hindurchgeht und deshalb hier die größten Effekte zu erwarten sind.

Die Temperatur ist die mittlere Geschwindigkeit der Bewegung der einzelnen Atome oder Moleküle eines Körpers. Je wärmer ein Gegenstand ist, desto schneller bewegen sich seine Atome.[9]

Wird angenommen, dass die gesamte von Ikarus bereitgestellte Leistung in der Spitze absorbiert wird, dann werden die Atome in der Spitze zu schnelleren Bewegungen angeregt. Dadurch kann man die maximale Temperaturänderung pro Zeit abschätzen.

Um die Anzahl der in der Spitze von Ikarus vorhandenen Atome herauszufinden, wird noch ihr Volumen benötigt.[10] Der Radius der Spitze und der Radius von Ikarus stehen im Verhältnis von 1:40 zueinander, d.h. der Strahl ist beim Austritt vierzigmal schmaler als Ikarus selbst. Es ergibt sich also ein Radius der Spitze von ca. 330 Metern. Das bedeutet nicht, dass der Strahl mit der gleichen Breite auch auf der Erdoberfläche ankommt, da er durch Fokussierung wie bei einer Lupe

9 Demzufolge befinden sich alle Atome eines Körpers am absoluten Temperatur-Nullpunkt in Ruhe. Die Temperatur am absoluten Nullpunkt ist damit Null Kelvin oder −273,14 Grad Celsius.

10 In einem Metallwürfel der Kantenlänge von einem Millimeter befinden sich typischerweise zehn Trillionen Atome. Das sind ausgeschrieben 10 000 000 000 000 000 000 Atome. In einer Stecknadelspitze finden also ungefähr eine Trillion Atome Platz. Würde man diese Anzahl an Stecknadeln nebeneinander legen, ergäbe sich eine Fläche, die so groß wie Russland wäre.

oder einem Hohlspiegel noch weiter konzentriert werden könnte.[11]

Mit diesem Wert für die Spitze ergibt sich zusammen mit den anderen Werten eine Temperatursteigerung von nur 21 Grad Celsius pro Stunde Betrieb. In Wirklichkeit steigt die Temperatur während des Betriebs allerdings noch langsamer, da angenommen wurde, dass die gesamte Energie in die Spitze eingestrahlt wird, Ikarus quasi das gesamte Sonnenlicht absorbiert, aber nicht weiterverteilt. Da das Sonnenlicht aber tatsächlich in Form des Strahls weiterverteilt wird, ist die Energie, die für die Erwärmung von Ikarus zur Verfügung steht, wesentlich kleiner. Hier macht sich die große Ausdehnung von Ikarus bezahlt, da somit auch viel Materie vorhanden ist, die beim Betrieb erwärmt wird. Die zu erwartende Temperaturerhöhung reicht daher bei Weitem nicht dazu aus, Teile von Ikarus deutlich über die Umgebungstemperatur des Weltalls von ca. −270 Grad Celsius zu erhitzen.

Ein Schmelzen der teuren Anlage ist also nicht zu befürchten! Allerdings würde sich Ikarus durch die kleine Temperaturerhöhung möglicherweise leicht verformen. Diese Verformung könnte jedoch ausreichen, dass die Fokussierung während des Betriebs ständig nachgeregelt werden muss.

Ikarus ist also eine ingenieurstechnische Herausforderung, wäre prinzipiell aber mit ungeheurem Ressourcenaufwand realisierbar.

11 Selbst bei einer Strahlbreite von nur drei Metern auf der Erdoberfläche beträgt der resultierende Öffnungswinkel des Strahls aufgrund des großen Abstands von Ikarus zur Erde weniger als ein Tausendstel Grad. Somit erscheint der Strahl auf den Bildern immer als parallel, obwohl er möglicherweise leicht zusammenläuft und von 330 Metern auf nur drei Meter Durchmesser fokussiert wird.

Details für Besserwisser

Wir wollen das Abtrennen der Gletscherkante durch Ikarus etwas genauer als bisher betrachten. Als Gustav Graves James Bond mit Ikarus verfolgt, wird beim Abschmelzen des Gletschers in der entsprechenden Szene nicht genau gezeigt, dass der Lichtstrahl die Gletscherkante komplett abtrennt, wie wir bisher im Text angenommen haben. Es würde genügen, den Gletscher nur so weit einzuschneiden, dass die Kante aufgrund des Gewichts des abgetrennten Teils abbricht.

Entscheidend für die erforderliche Einschnitttiefe h ist zum einen die Masse M des Eisvolumens, das durch den Einschnitt vom Rest des Gletschers getrennt wird, und zum anderen die Tragfähigkeit der noch stehenbleibenden Eisdecke der Dicke d. Das Volumen des abgetrennten Eises ergibt sich dabei als Produkt aus der Einschnitttiefe h mit der Grundfläche F des abgetrennten Eisblocks. Die Fläche des abgetrennten Eisblocks ist zwar in der Szene selbst nicht zu erkennen, doch Gustav Graves' Bildschirm ist zu sehen. Eine Detailanalyse dieser Darstellung auf dem Bildschirm ergibt eine Fläche von etwa 350 m². Da die Dichte ρ von Eis mit 916,8 kg/m³ bekannt ist, ergibt sich die Masse des abgetrennten Eises aus Masse = Dichte × Volumen zu $M = \rho \times h \times F$.

Als Faustformel für die von einer Eisschicht der Dicke d in Meter getragenen Last L in Kilogramm gilt: $L = 70\,300 \times d^2$ kg/m². Setzt man nun für L die oben berechnete Masse M des abgetrennten Eisvolumens ein und ersetzt d durch (H−h), dann folgt die Gleichung:
$\rho \times F \times h = 70\,300 \times (H-h)^2$ kg/m².

Hierbei ist H die tatsächliche Höhe der Gletscherkante, also H = 85 m.

Auflösen nach h und Einsetzen der entsprechenden Zahlenwerte für die anderen Größen ergibt schließlich eine Einschnitttiefe von rund h = 67 m. Es muss also nicht die ganze Gletscherkante von 85 m Höhe durchschmolzen werden, wie im Text zunächst vereinfachend angenommen, sondern es reicht aus, wenn Ikarus nur 67 m in das Eis eindringt. Die restlichen 18 m werden dann durch das Gewicht des Eisblocks erledigt. Wird nur von dieser Einschnitttiefe und einem auf 3 m in der Breite fokussierten Strahl ausgegangen, dann werden aber immer noch 450 Gigawatt Leistung benötigt, um die nun nur noch 67 × 66 × 3 × 0,9168 = 12 160 Tonnen Eis zu schmelzen. Ikarus müsste dann immer noch eine Fläche von gut 450 km² haben, hätte ein Gewicht von 4 500 Tonnen und könnte schon mit rund 470 Ariane-5ECA-Flügen in den geostationären Orbit gebracht werden.

Feine Schnitte und grobe Zerstörung: Laserstrahlen

James Bond steckt mal wieder in der Klemme. Als 007 die Schweizer Goldgießerei des Schurken Auric Goldfinger auspioniert, trifft er auf Tilly, die Schwester der ermordeten Jill Masterson. Während die beiden das Schmuggelzentrum auskundschaften, wird Tilly von Goldfingers Sicherheitsleuten getötet und James Bond fällt, durch einen Autocrash bewusstlos geworden, in die Hände von Goldfingers Handlanger Oddjob. Als der Geheimagent wieder zu sich kommt, liegt er gefesselt auf einer Goldplatte in einem Labor der Goldgießerei. »Nein, Mr. Bond, ich erwarte, dass Sie sterben!«, hallt es durch die staubige Luft des Kellerraums, während sich ein roter Strahl langsam durch die Gold-

platte frisst, zwischen den Beinen von James Bond ankommt und sich in Richtung seines besten Stücks wei-
terfräst. Eine hoffnungslose Situation, aber vor allem
eine Gelegenheit für Goldfinger, sein neuestes Spiel-
zeug, einen großen Laser, an dem britischen Geheimagenten zu testen. Dieser Laser soll es Goldfinger
ermöglichen, die riesigen Panzertüren von Fort Knox,
dem amerikanischen Zentrallager für Goldreserven,
aufzuschweißen. Da 007 aber im letzten Moment das
geheime Unternehmen »Grand Slam« erwähnt, be-
schließt Goldfinger spontan, dass James Bond lebend
nützlicher für ihn sein könnte und schaltet den Laser
in letzter Sekunde ab.

In *Diamantenfieber* ist es dem Bösewicht Ernst Stavro
Blofeld gelungen, mithilfe gestohlener südafrikanischer
Diamanten einen Lasersatelliten zu bauen, den er in
einen Erdorbit befördert hat. Mit dieser Laserwaffe zerstört Blofeld eine US-amerikanische Raketenabschuss-
basis, ein sowjetisches Unterseeboot (unter Wasser!)
und ein chinesisches Raketenarsenal. Er droht, alle
Waffen auf der Welt zu zerstören. Lediglich der meist-
bietende Staat soll von der Zerstörung verschont bleiben und so die Vormachtstellung weltweit erlangen
können.

In *Der Hauch des Todes* ist es James Bond, der einen
Laser zu seinem Vorteil einsetzt. Von Q ausgetüftelt,
bewahrt diese technische Zusatzausstattung 007 und
die vermeintliche Scharfschützin Kara Milovy vor einer
unangenehmen Kontrolle durch die tschechische Poli-
zei. Als das Polizeiauto beginnt, die beiden zu über-
holen, schaltet der Top-Agent den in der Vorderachse
seines Aston Martins eingebauten Laser ein und
trennt damit das Fahrwerk des Polizeiautos von seiner
Karosserie. Während die Polizisten zu bremsen ver-

3.5 James Bond (Sean Connery) soll in *Goldfinger* zweigeteilt werden: durch einen Laserstrahl.

suchen, bleibt das Fahrwerk zurück, die Karosserie rutscht samt Fahrer und Beifahrer weiter: »Salzkorrosion!«, erklärt James Bond seiner sichtlich erstaunten Beifahrerin.

Alle diese Szenen haben als Gemeinsamkeit den Einsatz von Laserstrahlen, um Metalle zu schmelzen. Deswegen wollen wir mal sehen, ob es physikalisch möglich ist, mit einem Laserstrahl eine Goldplatte zu durchschneiden, Autos zweizuteilen oder gar Atomraketen zu zerstören.

Kurz nachdem James Bond, Willard Whyte und die anderen Geheimdienstler erfahren haben, was Ernst Stavro Blofeld vorhat, geben sie selbst eine Erklärung ab für die Funktionsweise des Lasers im All. James Bond sinniert: »Eine riesige Menge Diamanten, die von einem Experten durch Lichtbrechung intensiviert werden...« Und Willard Whyte erwidert: »Der erste Laserstrahl wurde von einem Diamanten erzeugt. Wenn der große

Ruf, der Dr. Metz vorausgeht, nur zu einem Zehntel stimmt, geht die gebündelte Energie dieses Dings über alle Vorstellungskraft.«

In der Tat erzeugte Theodore Maiman im Jahre 1960 den ersten Laserstrahl überhaupt mithilfe eines Edelsteins, allerdings nicht mit einem Diamanten, sondern mit einem Rubin.[12] Im Rubin können die Elektronen der in geringfügiger Konzentration enthaltenen Chromatome mit einem Blitzlicht aus einer speziellen Xenonlampe in höhere Energiezustände gepumpt werden. Von dort können sie dann unter Aussendung von rotem Licht wieder in den Grundzustand zurückfallen. Das Laserprinzip basiert darauf, dass es gelingt, diesen Prozess des Zurückfallens so zu steuern, dass er von vielen Chromatomen gleichzeitig ausgeführt wird. Dies ergibt dann sehr intensives Licht im Vergleich zu normalen Glühlampen, bei denen kein gleichzeitiger, sondern ein eher zufälliger Emissionsprozess von einzelnen Atomen vorliegt.[13] Seit den ersten Rubin-Lasern aus den Sechzigerjahren wurden diese Lichtquellen ständig weiterentwickelt und andere Materialien dabei eingesetzt.[14]

Diamant kann aber prinzipiell nicht als Grundlage für einen Laser dienen und wie sich eine »riesige

12 Diamant ist nichts anderes als eine spezielle Modifikation des Kohlenstoffs. Rubin ist Aluminiumoxid mit Chrom dotiert, d. h. in geringer Menge verunreinigt.

13 Das Laserlicht ist nicht nur sehr intensiv, sondern es hat auch noch viele andere Eigenschaften, wie seine Kohärenz und seine starke Bündelung, die es von dem Licht anderer Quellen unterscheidet.

14 Diese Entwicklung geht bis in den heutigen Tag und erlebt gegenwärtig ihren Höhepunkt mit der weltweiten Entwicklung von Röntgenlasern, unter anderem auch am Deutschen Elektronen Synchrotron DESY in Hamburg.

Menge Diamanten« durch Lichtbrechung »intensivieren« lässt, ist aus physikalischer Sicht auch nicht zu beantworten. Diese Aussage ist eigentlich sinnlos. Es könnte vielleicht gemeint sein, dass Diamanten als optisches Medium zur Lichtbrechung eingesetzt werden, um das Licht wie bei einer Linse effektiv zu bündeln. In der Tat ist Diamant ein Material mit einem extrem hohen Brechungsindex, mit dem man somit besonders kompakte und effektive Linsen bauen könnte.[15]

Wie lässt sich nun die Stärke eines Lasers charakterisieren? Als physikalische Größe hierfür dient die Leistung, also die Energiemenge pro Zeit, die mit dem Laserlicht übertragen wird. Das wohl bekannteste Beispiel für eine solche Leistung ist die Glühbirne. Hier gibt die Leistung, in Watt gemessen, an, wie viel elektrische Energie, in Joule gemessen, pro Sekunde in Licht und Wärme umgewandelt wird. Handelsübliche Glühbirnen haben meist eine Leistung zwischen 25 und 100 Watt.

Um die Leistung der in den Filmen gezeigten Laser abschätzen zu können, messen wir, wie lange die Laser brauchen, um das entsprechende Material zu erhitzen bzw. durchzuschneiden. Die Energie, die benötigt wird, um Material zum Schmelzen zu bringen, berechnet sich im Wesentlichen aus der Masse, dem Temperaturunterschied zwischen der Anfangstemperatur und der Schmelztemperatur, und der Wärmekapazität des

---

15 Der sogenannte Brechungsindex von Diamant liegt bei 2,4, für gewöhnliche optische Materialien, wie etwa Glas, liegt der Brechungsindex bei 1,5. Der Brechungsindex ist ein Maß für die Stärke der Lichtablenkung an einer Materie-Luft-Grenzfläche. Wenn man allerdings eine Linse aus einem Diamant schleifen wollte, dann ist dies sicher nicht einfach, weil, abgesehen von den Kosten, Diamant zu den härtesten Materialien gehört, die es überhaupt gibt.

Materials. Die Wärmekapazität gibt an, wie gut ein Körper Energie in Form von Wärme aufnehmen und speichern kann. Außerdem muss in der Energiebilanz noch die Schmelzwärme berücksichtigt werden. Das ist die Energie, die bei einem Körper für den Übergang vom festen in den flüssigen Zustand aufgebracht werden muss. In einem festen Körper befinden sich die Atome in einem Kristallgitter. Die Schmelzwärme wird benötigt, um dieses Gitter aufzubrechen. Die Schnitte, die die Laser aus *Goldfinger* und *Der Hauch des Todes* verursachen, lassen erkennen, dass teilweise Material geschmolzen und teilweise sogar Material verdampft wird. Die Schnittkanten sind auch nicht sehr sauber. Die benötigte Energie liegt also irgendwo zwischen der zum Schmelzen und der zum Verdampfen des Materials notwendigen Menge. Um Metall zu verdampfen, muss zusätzlich zu der Energie, die zum Schmelzen des Metalls benötigt wird, Energie für die weitere Erwärmung bis zum Siedepunkt und für den Übergang vom flüssigen zum gasförmigen Zustand aufgebracht werden.

Werden all diese Vorgänge berücksichtigt, dann muss Goldfingers Laser eine Leistung zwischen 4,8 und 50 Kilowatt haben, je nachdem, ob der Schnitt durch einen Schmelz- oder Verdampfungsprozess herbeigeführt wird. Die große Diskrepanz zwischen diesen beiden Werten kommt durch den hohen Energieaufwand zum Verdampfen von Metallen zustande. Zum Vergleich: Ein typischer Kleinwagen hat eine Motorleistung von ca. 40 bis 50 Kilowatt. Es muss außerdem berücksichtigt werden, dass ein Laser nicht alle ihm zugeführte elektrische Leistung in Lichtleistung umwandelt. Der Anteil der elektrischen Leistung, der tatsächlich in Lichtleistung umgewandelt wird, ist der sogenannte Wirkungsgrad.[16] Für die Berechnungen der Filmszenen wurde immer ein realistischer Wirkungsgrad von zehn Prozent angenommen. Das bedeutet: Wenn der Laser mit 1000 Watt elektrischer Leistung gespeist wird, strahlt er lediglich 100 Watt als Lichtleistung ab.

Unter technischen Gesichtspunkten wäre es heutzutage kein Problem, die errechnete Leistung des Lasers aus dem Film *Goldfinger* zu erreichen. Tatsächlich werden in der Industrie Laser mit solchen und noch höheren Leistungen eingesetzt, um Metalle zu schneiden und zu schweißen. Im Unterschied zu dem Laser, den Goldfinger benutzt, wird in realen Schneid- und Schweißlasern mit Laserlicht jenseits des sichtbaren Lichts, im sogenannten Infrarotbereich, gearbeitet.[17] Der Grund dafür ist recht einfach. Metalloberflächen reflektieren das sichtbare Licht, der typische metallische Glanz ist die Folge. Allerdings soll das Licht des Lasers beim Schneidevorgang absorbiert werden, damit das Metall an der entsprechenden Stelle erhitzt wird. Infrarotlaser werden deshalb verwendet, weil Metalloberflächen infrarotes Licht nicht reflektieren. Wahrscheinlich umgeht Goldfinger dieses Problem durch eine spezielle Behandlung der Goldoberfläche. Oder die hohe Leistung des Lasers verändert augenblicklich die Oberfläche so stark, dass das Licht doch absorbiert wird. Irgendein Trick wird dem Schurken schon eingefallen sein...

16 Der Begriff Wirkungsgrad hat sogar eine viel allgemeinere Bedeutung: Generell gibt er Auskunft darüber, wie effizient die Umwandlung von einer Energieform in eine andere stattfindet.

17 Infrarotstrahlung ist wie Licht elektromagnetische Strahlung, allerdings mit längerer Wellenlänge jenseits der Wellenlänge roten Lichts.

Warum ist der Laserstrahl in allen Szenen als leuchtend roter Strahl sichtbar? Bei einem Laserpointer ist lediglich der Punkt auf der Projektionsfläche und nicht der ganze Laserstrahl selbst in roter Farbe zu sehen. Nur, wenn im Raum zum Beispiel geraucht wird, ist der Strahl zu erkennen, weil er an den Rauchpartikeln in alle Richtungen reflektiert wird. In Auric Goldfingers Goldgießerei könnte natürlich so viel Goldstaub im Raum herumfliegen, dass der Laserstrahl gut sichtbar wird.

Wie funktioniert der Laser, den Q in Bonds Aston Martin eingebaut hat? Da ein Auto in der Regel sehr viel massiver ist als eine dünne Goldplatte, müssen wir davon ausgehen, dass eine größere Laserleistung von zwölf bis 90 Kilowatt – wiederum je nachdem, ob das Material geschmolzen oder verdampft wird – nötig ist, um das tschechische Polizeiauto zu zerteilen. Unabhängig von der benötigten Leistung stellt sich natürlich die Frage, ob in einem fahrenden Auto – etwa durch die Autobatterie oder die Lichtmaschine – eine solche Leistung tatsächlich bereitgestellt werden kann. Gute Autobatterien, wie sie sich in Oberklassewagen befinden, können kurzzeitig immense Ströme von bis zu 1000 Ampere liefern. Die elektrische Leistung ist das Produkt aus der Spannung, in diesem Fall zwölf Volt, und der Stromstärke. Man erhält somit eine Leistung von zwölf Kilowatt, die aber nur für kurze Zeit zur Verfügung stehen kann. Eine solche Autobatterie wäre tatsächlich in der Lage, den Laser zum Durchschneiden einer Karosserie zu betreiben.

Aber speichert eine Autobatterie auch insgesamt genug Energie, um das Polizeiauto vollständig zu durchtrennen? Eine Autobatterie besitzt durchaus Kapazitäten von bis zu 100 Amperestunden. Also könnte sie eine

Stunde lang Ströme von bis zu 100 Ampere bei zwölf Volt Spannung liefern. Durch Multiplikation der zwölf Volt Spannung mit 100 Ampere Entladestrom und 3 600 Sekunden ergibt sich eine gespeicherte Energie von 4 320 000 Joule = 4,3 Megajoule. Zum Zweiteilen des Polizeiautos werden lediglich zwischen 200 und 500 Kilojoule Energie benötigt, also weniger als ein Zehntel der Gesamtenergie, die in einer Autobatterie gespeichert ist.

Auch für Blofelds Lasersatelliten lässt sich analog dazu überlegen, wie leistungsstark diese Waffe sein müsste. Allerdings werden die Zielobjekte hier nicht so stark erhitzt, dass sie schmelzen oder gar verdampfen, sondern lediglich bis sie rot glühen. Das reicht, um etwa Atomraketen funktionsuntüchtig zu machen. Dies bedeutet, dass für eine Abschätzung der benötigten Leistung nicht mehr mit der Temperatur des Siedepunkts und den Schmelz- und Verdampfungswärmen der Stoffe gerechnet werden muss. Es bleibt nur noch die Energie, die benötigt wird, um die Objekte zur Rotglut bei mindestens 400 Grad Celsius zu bringen. Allerdings handelt es sich hier nicht bloß um dünne Goldplatten oder die verhältnismäßig dünne Stahlkarosserie eines tschechischen Polizeiautos, sondern um ein ganzes U-Boot oder chinesische Raketen von vielen Tonnen Gewicht, die erhitzt werden müssen. Außerdem kommt erschwerend hinzu, dass zwischen der Laserquelle im Weltall und den Zielen auf der Erde viele Kilometer Atmosphäre liegen, in der der Laserstrahl durch die Luftmoleküle gestreut wird und somit an Intensität ziemlich einbüßt. Durch diese Streuung an den Luftmolekülen der Atmosphäre wird der Laserstrahl aufgeweitet, und es geht sicher ein Faktor zehn bis 100 verloren. Für eine grobe Abschätzung soll aber dieser Verlust vernachlässigt werden. Man erhält die gesuchte Leistung, indem man die Masse der Ziele mit der Wärmekapazität des entsprechenden Materials und dem Temperaturunterschied zwischen der Umgebungstemperatur und der Temperatur der Rotglut multipliziert und schließlich durch die Dauer des Vorgangs dividiert.

Die Leermasse der Rakete in der amerikanischen Abschussbasis beträgt ungefähr 20 Tonnen. Ein sowjetisches U-Boot verdrängt sogar 4300 Tonnen. Diese Daten stammen von Raketentypen bzw. U-Booten aus dem Jahr 1971, dem Erscheinungsjahr des Films *Diamantenfieber*. Stoppen wir während der Szenen die Zeit, die zur Zerstörung der beiden Ziele benötigt wird, dann kommt heraus, dass Blofelds Laser zum Zerstören des mehr als zweihundertmal schwereren U-Boots[18] nur die doppelte Zeit braucht. Die benötigte Laserleistung muss also über einen sehr großen Leistungsbereich einstellbar und somit an das Ziel anpassbar sein.

Die Rechnung ergibt, dass für die Zerstörung der Rakete der Laser eine elektrische Leistung von etwa einem Gigawatt aufbringen müsste. Im Falle des U-Boots sind sogar mindestens 100 Gigawatt an Leistung erforderlich.

Moderne Kernkraftwerke liefern pro Reaktorblock etwa ein Gigawatt an elektrischer Leistung. Um das U-Boot in *Diamantenfieber* bis zur Rotglut zu erhitzen, müsste dem Satelliten also die Leistung von einhundert dieser modernen Kernkraftwerke zur Verfügung stehen! In einer Szene beschreibt James Bond die Abmessungen des Satelliten: »Genau hier! Ich habe es gesehen. Circa sechs Fuß hoch!« Die englische Maßein-

18 Hier wird vernachlässigt, dass sich das U-Boot auch noch in beträchtlicher Tiefe unter Wasser befindet. Dieses Wasser wird natürlich mit erhitzt und sorgt dafür, dass eigentlich noch viel mehr Laserleistung benötigt wird.

heit Fuß entspricht 30,48 Zentimetern. Also ist der Satellit etwa 1,80 Meter hoch.

Mit Sicherheit hat also der Satellit eine superkompakte Energiequelle an Bord, die einhundert Atomkraftwerken entspricht. Auch die Solarpaneele an den Außenseiten des Satelliten liefern bei Weitem nicht genug Leistung für den Betrieb eines so starken Lasers. Wie wir bereits wissen, liefert die Sonne in Erdnähe eine Leistung von ungefähr 1,4 Kilowatt pro Quadratmeter. Teilt man nun die benötigte Leistung von 100 Gigawatt durch diese 1,4 Kilowatt, dann müssten die Solarpaneele mindestens eine Fläche von ca. 70 Quadratkilometern haben, was etwa der Fläche von 10 000 Fußballfeldern entspricht. Wird dann aber noch berücksichtigt, dass Solarzellen typischerweise nur einen Wirkungsgrad von 20 Prozent haben, dann vergrößert sich die benötigte Fläche sogar auf fünfzigtausend Fußballfelder. Dies ist natürlich in *Diamantenfieber* so nicht zu erkennen.

Diese Berechnungen zeigen uns, dass der Einsatz von satellitenbasierten Laserwaffen noch sehr lange utopisch sein wird. Zu dieser Erkenntnis ist auch die amerikanische Regierung gekommen, nachdem sie in den Achtzigerjahren ca. 30 Milliarden US-Dollar in die letztlich erfolglose Entwicklung eines lasergestützten Raketenabwehrsystems im Weltall investiert hat.[19]

Die visionäre Leistung der James-Bond-Filme sollte aber trotzdem nicht unterschätzt werden. *Goldfinger*

---

19 Es handelte sich um das SDI-Programm (Strategic Defense Initiative) des amerikanischen Präsidenten Ronald Reagan. Dieses Programm wurde nach dem Zusammenbruch des Kommunismus im Jahr 1990, ohne großes Aufsehen zu erregen, eingestellt. Es wäre damals übrigens genauso einfach wie in diesem Buch nachzurechnen gewesen, dass SDI niemals hätte funktionieren können!

kam 1964 in die Kinos, *Der Hauch des Todes* im Jahr 1987. Der erste Laser wurde 1960 gebaut, aber die Industrieschneidelaser, die den Filmlasern annähernd ähnlich sind, wurden erst Anfang der Neunzigerjahre entwickelt. Unsere Betrachtungen zeigen, dass Laser zum Durchschneiden von Metallen recht einfach zu bauen wären und die benötigten Energiemengen nicht unrealistisch groß sind.

Details für Besserwisser

Die Definition der Leistung als benötigte Energie pro Zeit liefert jeweils die gesuchte Laserleistung. Die Energie setzt sich aus der für eine Temperaturerhöhung benötigten Energie E_1 und dem Energiebedarf für das Schmelzen E_2 und Verdampfen E_3 zusammen.

Für E_1 gilt: $E_1 = c \times M \times T$

Dabei ist M die um die Temperatur T zu erhitzende Masse und c die spezifische Wärmekapazität, die für jedes Material eine bekannte Konstante ist.

Für E_2 gilt: $E_2 = M \times Q_S$

mit der Schmelzwärme Q_S, die angibt, wie viel Energie benötigt wird, um ein Kilogramm des Materials zu schmelzen. Auch Q_S ist für jedes Material eine bekannte Konstante.

Für E_3 gilt ein ähnlicher Zusammenhang: $E_3 = M \times Q_V$ mit der Verdampfungswärme Q_V, die angibt, wie viel Energie benötigt wird, um ein Kilogramm des Materials zu verdampfen. Wieder ist Q_V für jedes Material eine bekannte Konstante.

Alle Teile zusammengesetzt ergeben als insgesamt benötigte Energie, um die Masse M eines Materials zu schmelzen bzw. zu verdampfen:

$$E = E_1 + E_2 + E_3 = c \times M \times T + M \times Q_S + M \times Q_V$$

Die benötigte Laserleistung P ist dann einfach: $P = E/t$, wobei t die Dauer ist, die der Laserstrahl auf das Material einwirkt. Diese Zeit wird bei den jeweiligen Filmszenen einfach direkt gemessen und ist somit auch bekannt. Aus Abschätzungen der jeweils geschmolzenen bzw. verdampften Metallmenge M, den Differenzen T der bekannten Schmelz- und Verdampfungstemperaturen der Materialien Gold und Stahl zur Umgebungstemperatur, den jeweiligen Schmelz- bzw. Verdampfungswärmen Q_S und Q_V sowie den spezifischen Wärmekapazitäten wurden dann die Werte für die benötigte Laserleistung ermittelt.

Da in *Diamantenfieber* die von Blofeld bestrahlten Ziele nicht geschmolzen oder verdampft werden, fallen hier die Energien E_2 und E_3 weg. Allerdings hat man nun auch keinen direkten Zugang mehr zu der Endtemperatur, die in den anderen Fällen die Schmelz- bzw. Siedetemperatur der beteiligten Materialen ist. Hier kann die gesuchte Temperatur aufgrund des beim Erhitzen ausgestrahlten Spektrums elektromagnetischer Wellen abgeschätzt werden. Für rot glühende Körper ergibt eine solche Analyse eine Temperatur von etwa 400° C.[20]

20 Diese Art der Analyse verwendet das sogenannte wiensche Verschiebungsgesetz, das die Wellenlänge des Maximums des von einem Körper emittierten Spektrums elektromagnetischer Wellen in Zusammenhang mit seiner Temperatur setzt. Hier muss allerdings darauf geachtet werden, dass ein Körper, der rot glüht, sein Maximum der Abstrahlung im Bereich der Infrarotstrahlung hat. Somit kann dieses Maximum nur mit einem entsprechend empfindlichen Messgerät bestimmt werden.

Ich sehe was, was du nicht siehst – James Bond hat den Durchblick

Ermittlungen in Japan führen James Bond in *Man lebt nur zweimal* in das Büro von Mr. Osata. Bond, der sich als Mr. Fisher und neuer Geschäftsführer der Firma »Empire Chemicals« ausgibt, nimmt in einem Sessel mit hoher Lehne Platz, der gegenüber einem Schreibtisch in etwa 2,75 Metern Entfernung steht. Mr. Osata setzt sich hinter den Schreibtisch, der mit unterschiedlichen elektronischen Geräten ausgestattet ist. Während er mit Mr. Fisher plaudert, drückt Mr. Osata heimlich auf einen Knopf: Zwei für Bond nicht sichtbare Monitore tauchen auf. Darauf sind Röntgenbilder des Oberkörpers des Geheimagenten zu sehen. Die Bilder zeigen deutlich die Dienstpistole, eine Walther PPK. Mr. Osata wird misstrauisch. Wer ist Mr. Fisher wirklich?

Auf den Röntgenbildern befindet sich die Waffe auf der rechten Seite. Da James Bond Rechtshänder ist und die Waffe links trägt, wurde er offensichtlich von hinten geröntgt. Die Röntgenquelle befindet sich also in der Sessellehne, der Detektor für die Röntgenstrahlen irgendwo im Schreibtisch.

Fast jeder ist schon einmal geröntgt worden, meistens beim Arzt. Aber wie genau funktioniert das eigentlich?

Die Röntgenstrahlen entstehen in einer evakuierten Röntgenröhre, in der ein Glühdraht erhitzt wird, sodass Elektronen austreten. Diese Elektronen werden durch eine angelegte Hochspannung von rund 50 000 Volt beschleunigt und treffen dann auf eine aus Kupfer bestehende Anode. Im Anodenmaterial werden sie stark abgebremst. Dabei entsteht die Röntgenstrahlung (siehe Abbildung 3.6).

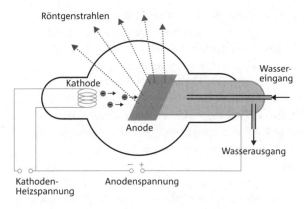

3.6 Schematische Darstellung der wichtigsten Komponenten einer Röntgenröhre, die sich alle in einem Vakuumkolben befinden.

Von der Energie der Elektronen, die auf die Anode treffen, werden aber nur etwa 0,7 Prozent in Röntgenstrahlung umgewandelt, die restlichen 99,3 Prozent gehen als Wärme verloren und erhitzen das Anodenmaterial. Deshalb müssen Röntgenquellen immer gekühlt werden. Im Prinzip kann eine Röntgenröhre so klein gebaut werden, dass sie in die Lehne eines Sessels passt. Der Hochspannungsgenerator kann außerhalb des Sessels platziert werden.

Allerdings haben wir ein Problem mit der Stromzuführung. Als einzige Lösung bietet sich an, dass die dafür benötigten Kabel durch die Beine des Sessels laufen. Dieser wäre dann fest an einer Stelle auf dem Fußboden verankert. Im Film ist das vielleicht sogar der Grund dafür, dass der Sessel, auf dem James Bond sitzt, relativ weit vom Schreibtisch des Mr. Osata entfernt ist: Wenn jemand bequem Platz nehmen möchte, muss der Sessel nicht erst zurückgeschoben werden.

Wenn die Röntgenstrahlen auf ein Hindernis treffen, dann werden sie absorbiert, wobei die Stärke der Absorption von der Beschaffenheit des Materials abhängt, aus dem das Hindernis besteht. Schwere Materialien wie Blei, Eisen oder Kupfer absorbieren mehr Strahlung als leichte, wie etwa Wasser oder Kohlenstoff. Luft und Gase aller Art absorbieren zwar sehr wenig Röntgenstrahlung. Trotzdem kann sich die Röntgenquelle aber nicht hinter James Bond an der Wand befinden, da auf der relativ weiten Strecke bis zu Mr. Osatas Schreibtisch so viel Strahlung durch Streuung in der Luft verloren ginge, dass Bond auf dem Sessel sicher nicht einfach zu durchleuchten wäre.

Da der menschliche Körper im Wesentlichen aus den leichten Substanzen Kohlenstoff und Wasser besteht, fällt eine Pistole, die unter der Kleidung getragen wird, in einem Röntgenbild sofort auf. In der Medizin treffen die Röntgenstrahlen auf einen Röntgenfilm und schwärzen diesen. Je mehr Strahlung an einer Stelle des Films ankommt, desto dunkler wird die Stelle. Deshalb sind auf einem Röntgenbild Knochen und andere undurchlässige Materialien hell, und die umliegenden Organe, die überwiegend aus Wasser und Kohlenstoff bestehen, dunkler abgebildet. Bonds Waffe ist undurchlässig für Röntgenstrahlen und erscheint hell auf den Röntgenbildern des Mr. Osata.

Aber wie kann es sein, dass Mr. Osata Röntgenbilder auf seinen Bildschirmen sehen kann – nur 20 Sekunden nachdem James Bond sich auf den Sessel setzt? Muss man Röntgenbilder nicht vorher entwickeln?

Um Röntgenstrahlen sichtbar zu machen, muss man den Film nicht unbedingt belichten. Eine andere Möglichkeit ist der Röntgenbildverstärker, mit dem sogar bewegte Bilder in Echtzeit aufgenommen werden kön-

nen. Das Gerät hat auch den Vorteil, dass die Röntgenbilder sofort gespeichert werden können. Bei einem
Röntgenbildverstärker trifft die Strahlung am Eingangs-
schirm auf einen sogenannten Szintillator[21], der aus der
Röntgenstrahlung Lichtpulse erzeugt. Diese Lichtpulse
werden in ein elektronisches Signal umgewandelt, verstärkt und dann auf einem Bildschirm dargestellt. James
Bond kann also tatsächlich geröntgt, das Bild aufgenommen und dann sozusagen in Echtzeit auf die Monitore in Mr. Osatas Schreibtisch gespielt werden. Diese
Technik würde auch erklären, wieso zwei unterschiedliche Röntgenbilder gleichzeitig auf den Monitoren zu
sehen sind.

Um Röntgenbilder mit unterschiedlicher Helligkeit
zu erhalten, müssen an der Röntgenröhre einige Ein-
stellungen geändert werden. Die Intensität eines Rönt-
genstrahls hängt von der Geschwindigkeit der Elektronen ab, die über die angelegte Hochspannung gesteuert wird, sowie von der Anzahl der Elektronen, also von
der Stromstärke zwischen Kathode und Anode. Beides
kann von außen geregelt werden. Es ist kein Problem,
innerhalb von 20 Sekunden zwei unterschiedliche
Spannungen und Stromstärken an die Röntgenröhre
anzulegen und zwei Bilder mit unterschiedlicher Intensität aufzunehmen. Offensichtlich erzeugt die Anlage von
Mr. Osata automatisch diese zwei Röntgenbilder mit
unterschiedlichem Kontrast, damit der Betrachter das
optimale Bild auswählen kann. Eine Pistole liefert aber
einen so deutlichen Röntgenkontrast, dass hier nicht
unbedingt zwei Bilder notwendig gewesen wären. Mr.
Osata ist offensichtlich ein sehr vorsichtiger Mensch.

21 Ein Szintillator ist nichts anderes als ein spezieller Kristall.
Gängige Szintillatoren bestehen beispielsweise aus Zinksulfid.

Es ist noch wichtig zu wissen, dass James Bond etwa eine Minute auf dem Sessel sitzt. In dieser Minute erhält er eine Ganzkörperdosis an Röntgenstrahlung. Das ist eine ganz erhebliche Strahlenbelastung, die zwar nicht sofort zu irgendwelchen Schädigungen führt, aber zumindest als ungesund bezeichnet werden muss.

Und das trifft erst recht auf Mr. Osata und seine Mitarbeiterin zu. Zwar sind sie deutlich weiter weg von der Röntgenquelle, sodass sie eine viel geringere Strahlendosis abbekommen. Aber wenn Mr. Osata seinen Apparat bei jedem Gast einsetzt, dann dürfte die über die Zeit angehäufte Strahlendosis beträchtlich sein.

Eine andere Szene, bei der Röntgenstrahlen eingesetzt werden, können wir im Film *Moonraker* sehen. James Bond befindet sich in der luxuriösen Residenz von Hugo Drax.[22] Drax' Helikopterpilotin Corinne Dufour führt ihn – nach einem Schäferstündchen – in einen Raum, in dem sich eine Kommode befindet. 007 sieht sie sich genauer an und entdeckt so einen Möbelsafe, der aus der Kommode ausgefahren werden kann. Um diesen Safe zu öffnen, setzt der Top-Agent ein Gerät, das wie ein Zigarettenetui aussieht, an die Tür. Dieses enthält neben James Bonds Zigaretten auch einen Monitor. Darauf erscheint nach dem Einschalten ein Bild des Schließmechanismus' der Safetür. Das Bild sieht wie ein Röntgenbild aus.[23] Während James Bond

22 Als Schauplatz für Hugo Drax' Residenz diente bei den Dreharbeiten das prächtige Schloss Vaux le Vicomte in der Nähe von Paris.

23 Prinzipiell könnte dies auch ein Ultraschallbild sein. Allerdings bricht ein Ultraschallsignal zusammen, wenn es auf Luft trifft, und James Bond verwendet offensichtlich kein Kontaktgel. Auch könnte das Signal nicht den Luftspalt zwischen der ersten Metallschicht, der Safetür und dem eigentlichen Schließmechanismus durchdringen.

an den Knöpfen zum Einstellen des richtigen Codes dreht, kann er auf dem Bildschirm genau beobachten, wie der Schließmechanismus arbeitet und so den Safe schließlich nach kurzer Zeit öffnen.

Da der hier verwendete Röntgendetektor sehr klein ist, müssen wir annehmen, dass sich die Röntgenquelle innerhalb des Safes befindet und es sich um einen modernen Halbleiterdetektor handelt.[24] Dieser Halbleiterdetektor arbeitet genauso wie ein Bildsensor in einer Digitalkamera, bei dem das einfallende Licht direkt in einen elektrischen Impuls umgewandelt und weiterverarbeitet wird. Solche Sensoren sind in den letzten Jahren auch für den Bereich der Röntgenstrahlung entwickelt worden, waren aber 1979, als *Moonraker* in die Kinos kam, noch Utopie. Der britische Geheimdienst scheint hier seiner Zeit sehr weit voraus gewesen zu sein.

Um herauszufinden, ob die Safetür wirklich geröntgt werden kann, untersuchen wir, wie stark die Röntgenstrahlen von der Tür abgeschwächt werden. Ein Maß dafür ist der materialspezifische Abschwächungskoeffizient, der für alle Substanzen bekannt ist. Aus der recht großen Dicke der Safetür und der Annahme, dass der Safe aus Stahl ist, folgt, dass die Intensität der am Detektor ankommenden Röntgenstrahlung auf nur etwa 1,5 Promille des Ausgangswertes abgesunken ist. Damit wird klar, dass sich hinter der Safetür eine enorm starke Röntgenquelle befinden muss, und es ergeben sich weitere Anforderungen. Beispielsweise muss eine starke Röntgenquelle entsprechend stark gekühlt werden.

---

24 Ein Röntgenbildverstärker wäre viel zu groß. Die Röntgenquelle kann sich nicht im Zigarettenetui befinden, da die benötigte Hochspannungsquelle nicht so stark verkleinert werden kann.

Normalerweise erreicht man eine solche Kühlung mittels eines Wasserkreislaufs. Da aber die Röntgenquelle im Safe ist, erscheint das recht schwierig in der technischen Umsetzung.[25]

Warum aber installiert Hugo Drax eine Röntgenröhre in seinem Safe, die dann auch noch einen Geheimagenten beim Spionieren unterstützt? Möglicherweise ist das Gedächtnis des Schurken etwas strapaziert. Wenn er einmal die richtige Kombination vergessen sollte, kann er – genauso wie James Bond – den Safe trotzdem öffnen.

Auf der Suche nach seinem alten Freund Valentin Zukovsky betritt James Bond in *Die Welt ist nicht genug* dessen Casino. Während er einen der Wachleute mustert, setzt 007 seine Röntgenbrille auf. Damit sieht der Geheimagent durch Kleidung hindurch, darunter getragene Schusswaffen, Messer und Damenunterwäsche leuchten weiß-bläulich auf. Die Inneneinrichtung und die Personen selbst sehen, bis auf einen leichten Blauschleier, ganz normal aus. Nachdem er so den am schwersten bewaffneten Vertrauten Zukovskys gefunden hat, lässt er ihm eine Nachricht überbringen und genehmigt sich erst mal einen Drink – Wodka-Martini, natürlich geschüttelt und nicht gerührt.

Auch Mr. Osata hat in *Man lebt nur zweimal* Bonds heimliche Bewaffnung mithilfe von Röntgenstrahlung entdeckt. Aber kann man wirklich mit einer Röntgenbrille ein ganzes Casino durchleuchten? Im Internet kann man sogar »x-ray glasses« kaufen.[26] Sie sehen ge-

---

25 Allerdings: Wenn eine komplette Hochspannungsversorgung für eine Röntgenröhre in den kleinen Safe passt, dann sollte die Wasserkühlung auch kein Problem mehr darstellen.

26 Zuletzt gesehen unter www.asseenonscreen.com für lächerliche 15 britische Pfund!

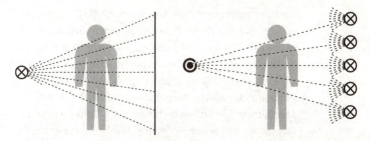

3.7 Trägt James Bond die Röntgenquelle, erzeugen Personen an der Wand einen Röntgenschatten, der größer ist als sie selbst sind; jeder Strahl trifft den Detektor an einer anderen Stelle (links). Soll James Bond dagegen selbst den Detektor tragen, kann er mit einem sehr viel kleineren Detektor auskommen, der die Strahlen anhand ihrer Richtung unterscheidet (rechts), während das Casino von allen Seiten mit Röntgenstrahlung durchleuchtet wird.

nauso aus wie James Bonds Röntgenbrille. So eine Anschaffung würde sich doch wirklich lohnen, oder?

Wie wir schon wissen, muss sich ein Objekt zwischen der Röntgenquelle und dem Detektor befinden, um durchleuchtet werden zu können. James Bond kann demnach also entweder nur die Röntgenquelle oder den Röntgendetektor bei sich tragen. Das jeweils andere Gerät müsste hinter oder in den Wänden des Casinos verborgen sein. Das Ganze ist nicht ganz unproblematisch: siehe Abbildung 3.7.

Zunächst nehmen wir an, dass James Bond nur den Detektor bei sich trägt. Die Röntgenquelle befindet sich irgendwo hinter den Wänden des Casinos. Würde nur eine Röntgenquelle zur Beleuchtung verwendet, dann wäre der Röntgenschatten, den die Personengruppe wirft, größer als die Gruppe selbst und damit viel größer als die Brillengläser. Das kann also nicht funktionieren. Es wäre aber möglich, dass James Bond in seiner Jackentasche einen Detektor versteckt, der

Röntgenstrahlung richtungsselektiv misst. Das funktioniert, wenn sich der Detektor in einem Bleikasten mit einem kleinen Loch befindet, während Q oder ein anderer Helfer das Casino aus allen Richtungen mit Röntgenstrahlung »flutet«. Der Detektor rastert nacheinander alle Richtungen ab und misst die von dort kommende Röntgenstrahlung. Ein Computer setzt daraus, wie bei einem Fernseher, Punkt für Punkt ein Bild zusammen, das dann direkt auf die Brillengläser des Geheimagenten projiziert wird.

Aber was heißt das genau, ein Casino mit Röntgenstrahlung zu fluten? Hinter jedem Bildpunkt müsste sich eine Röntgenröhre befinden. Sollen also auch noch Details von einem Zentimeter Größe erkannt werden, dann wird auch eine Röhre pro Quadratzentimeter Wand benötigt, also 10 000 Röhren pro Quadratmeter. Wenn jede Röntgenröhre eine Leistung von 100 Kilowatt[27] braucht, ergibt sich insgesamt eine Leistung von einem Gigawatt pro Quadratmeter Wand.[28]

Selbst wenn die gewaltigen Kosten und auch der Aufwand für die Kühlung der Röntgenröhren unberücksichtigt bleiben (Geheimdienste verfügen in der Regel über unbegrenzte Budgets), stellt sich immer noch die Frage, was so viel Röntgenstrahlung anrichtet. Wasser, der Hauptbestandteil des menschlichen Körpers, würde sich durch die Absorption der Strahlung derart stark erwärmen, dass es bereits nach etwa 16 Sekunden zu

27 So viel Leistung wird mindestens benötigt, um einen kompletten Menschen zu röntgen. Die Strahlung jeder Röhre muss den gesamten Bereich des Casinos abdecken, in dem James Bond umherwandert.

28 Zur Erinnerung: Das sind 1 000 000 000 Watt und entspricht der Leistung von zehn Millionen 100-Watt-Glühbirnen oder eines mittelgroßen Atomkraftwerks.

kochen begänne. Gleiches würde natürlich auch für
James Bonds Wodka-Martini gelten. Die Besucher des
Casinos würden allerdings nicht mehr viel merken, denn
die Strahlenbelastung betrüge sagenhafte 19 600 Sievert
pro Sekunde. Bereits nach gut fünf Tausendstel Sekunden
wäre die für Menschen sofort tödliche Dosis von
100 Sievert erreicht.[29] Auch wenn James Bond durch
seine umfassende Ausbildung beim britischen Geheimdienst
äußerst abgehärtet ist, könnte er dennoch nicht
verantworten, ein Casino auf diese Art mit Röntgenstrahlung
zu »fluten«, nur, um mit einer Röntgenbrille
unter die Kleidung anderer Personen zu schauen.

Deutlich realistischer ist der Fall, dass James Bond
die Röntgenquelle bei sich trägt und die Wände des
Casinos vom britischen MI6 heimlich mit Röntgendetektoren
ausgestattet wurden. Das Bild der Detektoren
wird dann per Funk zu James Bonds Brille übertragen,
wo es wieder auf die Gläser projiziert wird.
Da diese Lösung nur eine einzige Röhre benötigt, ist
die Strahlenbelastung auch nur mäßig. Etwas knifflig
ist aber wieder das Problem der Abwärme. Auch eine
gute Röntgenröhre hält bei Volllast nur etwa zehn Sekunden
durch, bevor ihre Anode ohne Kühlung zu
schmelzen beginnt. Die Casinoszene in *Die Welt ist
nicht genug* dauert aber ganze 46 Sekunden. Es ist unwahrscheinlich,
dass James Bond einen Kühlkreislauf
für die Röntgenquelle mitschleppt. Durch Ruhepausen
nach der Aufnahme eines Röntgenbildes kann er
aber die Zeit lang genug strecken. Für einen flüssigen
Film mit 25 Bildern pro Sekunde bleiben dann noch

29 Einen lebhaften Eindruck davon, was im Casino passieren
würde, bekommt man, wenn man 50 Gramm Pudding, etwa einen
großen Eierbecher voll, bei höchster Stufe (1000 Watt) in die Mikrowelle
stellt. Trotzdem bitte nicht nachmachen!

3.8 Detailanalyse der Bilder, die James Bond durch seine Brille im Film *Die Welt ist nicht genug* im Casino des Valentin Zukovsky sieht. Hier ist die Pistole der Frau noch gut zu erkennen, ...

neun Tausendstel Sekunden Belichtungszeit, was zwar etwas knapp, aber nicht unmöglich ist. Den Strombedarf für die Röntgenquelle könnte James Bond prinzipiell durch Lithium-Ionen-Akkus von gut 1,6 Kilogramm Gewicht decken.[30]

Beim Durchleuchten mit Röntgenstrahlung werden alle Absorber zwischen Quelle und Detektor gesehen. Eine vorbeigehende Person kann die Waffe einer anderen, im Gegensatz zu der Szene in Abbildung 3.8, daher niemals verdecken. Es ist sogar noch schlimmer: Auch die Knochen aller Personen, die Rohre in der Wand und alle weiteren Gegenstände wären auf einem konventionellen Röntgenbild immer zu sehen! Die Bilder einer

---

30 Solche Akkus werden auch in Notebooks und Mobiltelefonen verwendet.

... doch als der Mann vorbeigeht, ist sie verschwunden. Ein Röntgenschatten kann aber nicht einfach verdeckt werden!

richtigen Röntgenbrille sähen daher vollkommen anders aus als das, was James Bond im Film zu sehen bekommt. Höchstwahrscheinlich kommt also eine andere Technik zum Einsatz.

Seit Kurzem gibt es ein Verfahren, das diesen Nachteil wettmachen könnte und auch sonst geeigneter für eine Röntgenbrille ist: Die Röntgen-Rückstreutechnik (englisch: Z Backscatter). Sie nutzt nicht den durchscheinenden, sondern den schwachen, durch sogenannte Compton-Streuung[31] zur Quelle zurückgestreuten Anteil der Röntgenstrahlung. James Bond könnte sowohl Quelle als auch Detektor bei sich tragen, und die vom

---

31 Benannt nach Arthur H. Compton, der 1923 bahnbrechende Experimente zur Streuung von Röntgenstrahlung an Atomen durchgeführt hat. Compton erhielt dafür 1927 den Nobelpreis für Physik.

britischen Geheimdienst vorher durchzuführenden Umbauarbeiten im Casino wären gar nicht nötig. Da sich die Streuung in alle Richtungen vollzieht, muss das Objekt mit einem schmalen Röntgenstrahl Stück für Stück abgetastet und daraus ein Bild zusammengesetzt werden. Dafür lassen sich aber auch großflächige Detektoren nutzen, sodass, obwohl der rückgestreute Anteil nur 0,8 Prozent beträgt, schon eine kleine 1,4 Kilowatt-Röntgenröhre für diese Technik ausreicht. Die Strahlenbelastung wäre auch verhältnismäßig gering. Personenscanner, die nach diesem Prinzip funktionieren, werden bereits am Londoner Flughafen Heathrow und dem Sky Harbour International Airport in Phoenix/Arizona eingesetzt: Sie haben allerdings noch die Größe einer Telefonzelle.[32] Die Röntgenstrahlen durchdringen zwar die Kleidung, dringen aber nur maximal zwei Millimeter tief in den Körper ein und werden dann reflektiert. Da das Streusignal bei leichten Elementen, wie sie hauptsächlich in organischen Stoffen vorkommen, besonders ausgeprägt ist, können so nicht nur Metalle, sondern auch nichtmetallische Waffen, Sprengstoffe und Drogen entdeckt werden (siehe Abbildung 3.9).

Bei der Compton-Rückstreutechnik gibt es aber auch noch eine delikate Problematik, die James Bond aber nicht weiter gestört hätte – im Gegenteil. Da bislang keine röntgenfeste Unterwäsche erfunden wurde, sind alle Personen auf einem Rückstreubild komplett nackt zu sehen. Die Fluggäste in London Heathrow waren nur mäßig begeistert, als sie davon erfuhren. So musste das Unternehmen, welches die Rückstreuscanner für Flug-

---

32 Für die jüngeren Leser: Vor der Erfindung des Handys gab es überall öffentliche Räume mit einem Telefon, in denen lediglich eine Person Platz hatte. Von dort konnte man andere Personen anrufen. Solche Räume hießen Telefonzellen.

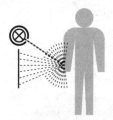

3.9 Beim Compton-Rückstreuverfahren wird das Objekt punktweise mit einem sehr schmalen Röntgenstrahl abgetastet und die schwache, zurückgestreute Strahlung gemessen (links schematisch angedeutet). Für das rechte Bild wurde ein Auto mit diesem Rückstreuverfahren gescannt: Die Metallteile streuen die Strahlung kaum, während organische Stoffe deutlich hervortreten. Bei den weißen Päckchen handelt es sich um verstecktes Kokain.

häfen herstellt, schließlich eine Software entwickeln, die die Bilder so weit verfremdet, dass nur noch schemenhafte Umrisse zu erkennen sind. Vielleicht ist die hell erleuchtete Damenunterwäsche, die James Bond durch seine Röntgenbrille sehen kann, auch nur ein Softwareeffekt, den Q einprogrammiert hat, damit 007 nicht zu sehr von seiner Arbeit abgelenkt wird.

Die Röntgen-Rückstreutechnik ist also am besten geeignet, um die Funktionsweise der Röntgenbrille zu erklären. Leider muss das Bild aber Punkt für Punkt zusammengesetzt werden. Das dauert etwa acht Sekunden pro Einzelbild. Für einen flüssigen Film wäre das viel zu langsam, und 007 könnte lediglich einen ziemlich ruckeligen visuellen Eindruck von seiner Umgebung wahrnehmen.

Aber muss die Funktionsweise der Brille auf der Verwendung von Röntgenstrahlung basieren?[33] Es gäbe

---

33 Der Name »Röntgenbrille« wird im Film nämlich selbst nie genannt, fällt aber in vielen Begleitbüchern.

nämlich noch eine andere Technologie, mit der die Filmszene realistisch durchführbar wäre.

Bei der Terahertztechnik wird elektromagnetische Strahlung mit Frequenzen im Bereich von einem Terahertz[34] verwendet. Das klingt nach sehr viel, ist aber im Vergleich zu Licht oder Röntgenstrahlung recht wenig. Entsprechend groß ist dafür die Wellenlänge der Terahertzstrahlung. Sie liegt im Bereich von bis zu einem Millimeter.[35] Zum Vergleich: Würde die Wellenlänge von Röntgenstrahlung auf die Dicke eines menschlichen Haares vergrößert werden, dann wäre die Wellenlänge von Terahertzstrahlung so groß wie ein Einfamilienhaus!

Terahertzstrahlung ist dadurch auch wesentlich energieärmer und kann im Gegensatz zur Röntgenstrahlung Materie und damit unsere Gesundheit nicht schädigen. Die Einsatzmöglichkeiten sind ähnlich wie bei der Röntgen-Rückstreutechnik. Es gibt auch schon einen Personenscanner, wie in Abbildung 3.10 zu sehen ist. Auch hier durchdringt die Strahlung mühelos die Kleidung, wird aber vom im Körpergewebe befindlichen Wasser oder anderen Stoffen stark absorbiert. Die Unterwäschenproblematik besteht damit leider auch hier. Oft wird nicht einmal eine eigene Terahertzquelle benötigt, denn die natürliche Abstrahlung des Körpers genügt bereits. Ein weiterer Vorteil der Terahertzstrahlung ist, dass sie sich genau wie Licht − aber im Gegensatz zur Röntgenstrahlung − durch Linsen und Spiegel bündeln und scharf abbilden lässt. Es lassen sich also richtige Terahertzkameras bauen, die ähnlich wie Wärmebild-

34 Einem Terahertz (1 THz) entsprechen 1 000 000 000 000 Schwingungen des elektromagnetischen Feldes pro Sekunde.

35 Die Wellenlänge von sichtbarem Licht beträgt 400−800 Nanometer, die Wellenlänge von Röntgenstrahlung liegt unter einem Nanometer. Ein Nanometer ist ein Milliardstel Meter.

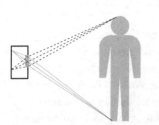

3.10 Terahertzstrahlung kann wie Licht durch eine Linse gebündelt und auf einem Detektor abgebildet werden (links). Man verwendet entweder die natürliche, vom Menschen emittierte Strahlung oder beleuchtet ihn mit künstlichen Quellen. Rechts ist eine Aufnahme bei 0,1 Terahertz zu sehen. Das in der Zeitung versteckte Messer ist gut zu erkennen.

kameras funktionieren. Weil das Bild bei diesem Verfahren nicht punktweise abgetastet werden muss, können so auch Filme in Echtzeit aufgenommen werden. Eine Terahertzbrille ist also genau das, was James Bond braucht.

Röntgenstrahlung wird in Filmen auf sehr vielfältige Weise genutzt, aber oft nimmt man es mit der Technik nicht so genau. So wird gerne die offensichtliche Tatsache vergessen, dass immer auch eine Röntgenquelle benötigt wird. Während sich der Röntgensessel aus *Man lebt nur zweimal* in jedem Büro realisieren ließe, müsste Hugo Drax in *Moonraker* seinen Tresor schon mit einer unrealistisch starken Röntgenquelle präpariert haben, damit James Bonds Safeknacker im Zigarettenetui funktionieren kann. Die Röntgenbrille aus *Die Welt ist nicht genug* wäre völlig unrealistisch, hätte sie wirklich etwas mit Röntgenstrahlung im konventionellen Sinn zu tun.

Details für Besserwisser

Bei Röntgenstrahlung und bei Licht handelt es sich um Veränderungen des elektromagnetischen Feldes, die sich wellenförmig ausbreiten. Deswegen werden sie auch als elektromagnetische Wellen bezeichnet. Wie jede Welle besitzen sie eine Wellenlänge und eine Frequenz. Die Wellenlänge bezeichnet den Abstand zwischen zwei Wellenbergen. Die Frequenz gibt die Anzahl der Wellenberge, die pro Zeit den Beobachter passieren, an. Multipliziert man diese beiden Größen miteinander, dann ergibt sich die Ausbreitungsgeschwindigkeit der Welle. Diese Ausbreitungsgeschwindigkeit elektromagnetischer Wellen heißt Lichtgeschwindigkeit und ist eine universelle Naturkonstante.[36] Je größer die Wellenlänge ist, desto kleiner muss also ihre Frequenz sein. Ist die Wellenlänge sehr klein im Vergleich zu den Ausmaßen von Hindernissen, dann breiten sich die elektromagnetischen Wellen quasi geradlinig aus.[37] Man spricht dann von Licht- oder Röntgenstrahlen. Hochfrequente Strahlung ist energiereicher als niederfrequente. Sie kann somit auch energiereichere Prozesse auslösen. Röntgenstrahlung ist fast die energiereichste Strahlung. Nur die Gammastrahlung, die beim radioaktiven Zerfall entsteht, ist noch energiereicher (siehe Abbildung 3.11). Deswegen ist das Durchdringungsvermögen von Röntgenstrahlung auch so groß.

---

36 Gemeint ist hier die Lichtgeschwindigkeit im Vakuum, die den beträchtlichen Wert von 300 000 km/s aufweist. In Materie kann sie durchaus kleiner sein. Die Lichtgeschwindigkeit im Vakuum ist die größte mögliche Geschwindigkeit überhaupt.

37 Ansonsten treten sogenannte Beugungseffekte auf, und das Licht breitet sich nicht mehr geradlinig aus.

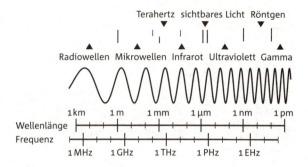

3.11 Ein Ausschnitt aus dem elektromagnetischen Spektrum. Die kleinen senkrechten Striche auf den Skalen markieren jeweils eine zehnmal höhere Frequenz bzw. eine zehnmal kleinere Wellenlänge. Radiowellen zählen zu den langwelligsten elektromagnetischen Wellen überhaupt. Bei höheren Frequenzen folgen die Mikrowellen und schließlich die Infrarotstrahlung. Weil Körper bei Raumtemperatur in diesem Bereich abstrahlen, wird sie oft auch als die Wärmestrahlung bezeichnet. Das sichtbare Licht macht nur einen kleinen Teil des elektromagnetischen Spektrums aus. Der große Rest des Spektrums ist für das menschliche Auge unsichtbar. Ultraviolettstrahlung ist hochfrequenter und damit energiereicher als das sichtbare Licht. Sie bräunt beispielsweise die Haut. Zu höheren Frequenzen hin schließen sich Röntgenstrahlung und die noch energiereichere Gammastrahlung an. Terahertzstrahlung liegt genau im Grenzbereich zwischen Infrarot- und Mikrowellenstrahlung.

Abbildung 3.12 zeigt den typischen Intensitätsverlauf für Röntgenstrahlung, die ein Material einer bestimmten Dicke durchstrahlt hat. Angegeben ist der jeweils nach einer Dicke x durchgehende, prozentuale Anteil der ursprünglich auf das Material einfallenden Strahlung. Der in der Abbildung 3.12 dargestellte Zusammenhang ist exponentiell, d.h. er kann folgendermaßen beschrieben werden: $I = I_0 \times \exp(-\mu \times x)$.

Dabei ist I_0 die anfänglich eingestrahlte Röntgenintensität und I die Intensität, die nach Durchtritt durch

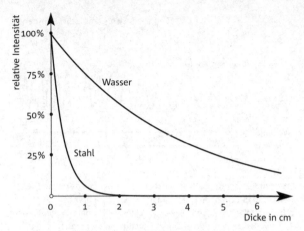

3.12 Typischer Intensitätsverlauf für Röntgenstrahlung nach dem Durchtritt durch Materie einer bestimmten Dicke. Die Intensität der Röntgenstrahlung nimmt mit zunehmender Dicke des Materials, die in x-Richtung aufgetragen ist, sehr stark, genau genommen exponentiell, ab.

das Material der Dicke x gemessen wird. Die Materialkonstante µ heißt Abschwächungskoeffizient und ist für jeden Stoff bekannt.[38] Mit exp wird in der Formel die sogenannte Exponentialfunktion bezeichnet, wobei als Basis die eulersche Zahl e = 2,718281... zu wählen ist.

Für den Safe aus *Moonraker* ergibt sich mit der aus den Dimensionen der übrigen Gegenstände geschätzten Türdicke von 2,3 cm und dem Abschwächungskoeffizienten[39] µ = 2,8/cm das Verhältnis: $I/I_0 = \exp(-6{,}52) = 0{,}0015$.

---

38 Es ist zu beachten, dass der Abschwächungskoeffizient auch von der Energie der Röntgenstrahlung abhängt.

39 Für Experten: Es wurden der Abschwächungskoeffizient für eine Energie der Röntgenstrahlung von 100 keV und Eisen als zu durchstrahlendes Material angesetzt.

Es dringen also nur etwa 0,15 %, d. h. 1,5 Promille der Röntgenstrahlung durch die Tür des Safes.

Um einen Halbleiterdetektor zu betreiben und ein Bild zu erhalten, sind mindestens 30 000 Röntgenpulse pro Sekunde und Pixel nötig. Soll das Zigarettenetui ein solcher Detektor sein, und setzt man die Pixelgröße auf 0,1 mm × 0,1 mm fest, dann ergibt sich eine Gesamtpixelzahl des Detektors von 252 000. Also werden pro Sekunde 30 000 × 252 000 = 7,5 Milliarden Röntgenpulse auf dem Detektor benötigt. Die Strahlung wird aber um den Faktor 0,0015 durch die Wand des Safes abgeschwächt. Die Röntgenquelle muss daher 7,5 Milliarden / 0,0015 = 5 Billionen Röntgenpulse/s liefern.

Wenn die Energie eines Röntgenpulses bekannt ist, dann kann die gesamte für ein Röntgenbild benötigte Energie berechnet werden. Die Energie eines Röntgenpulses ist: $E_{Puls} = h \times f$. Dabei ist $h = 6,62 \times 10^{-34}$ J × s eine universelle Naturkonstante und wird als plancksches Wirkungsquantum[40] bezeichnet, und f ist die Frequenz der Röntgenstrahlung.[41] Als Gesamtenergie ergibt sich mit $E_{Puls} = 100$ keV[42] der Wert $E_{Bild} = 0,08$ J. Andererseits muss diese Energie als elektrische Energie von der

40 Max Planck hat diese Größe das erste Mal im Jahr 1900 verwendet, um das Wärmestrahlungsspektrum eines sogenannten schwarzen Körpers zu erklären. Damit hat er die Quantentheorie begründet. Für diese Leistung erhielt er 1918 den Nobelpreis für Physik.

41 Es stellt sich heraus, dass die Energie der Röntgenstrahlung in kleinen Portionen auf Materie übertragen wird. Diese Portionen nennt man auch »Röntgenquanten«. Jedes Röntgenquant hat eine Energie der Größe h × f. Mit den im Text erwähnten Röntgenpulsen sind also eigentlich diese Röntgenquanten gemeint.

42 Für Experten: Ein Elektronenvolt (eV) ist die Energie $1,6 \times 10^{-19}$ J. 100 keV entspricht damit also einer Energie von $1,6 \times 10^{-14}$ J. Dies ist eine typische Energie für Röntgenstrahlung, die Metalle durchdringen soll.

Röntgenröhre zur Verfügung gestellt werden. Für die elektrische Energie, die während eines Zeitraums t bei einer Spannung U und einem Strom I verbraucht wird, gilt: $E_{el} = U \times I \times t$.

James Bond sieht auf seinem Detektor im Zigarettenetui einen Film. Die Zeit für ein Bild kann bei 25 Bildern/s deshalb als t = 40 Tausendstel Sekunden angenommen werden. Bei einer Hochspannung von 100000 V, die zum Betrieb der Röntgenröhre nötig ist, folgt dann für die benötigte Stromstärke aus der Beziehung $E_{Bild} = E_{el} = U \times I \times t$ der Wert I = 20 Mikroampere. Allerdings muss berücksichtigt werden, dass der Wirkungsgrad der Röntgenröhre nur 0,7 % beträgt. Dadurch erhöht sich der benötigte Strom auf I = 3 Milliampere.

Die Leistung, die die Röntgenquelle über die Dauer der 18 s langen Filmszene erbringen muss, ergibt sich dann zu: $P = U \times I \times 18\,s / 40\,ms = 135\,kW$.

Eine solche über 100 kW leistende Röntgenquelle wäre nur schwer in einen kleinen Safe zu integrieren. Man könnte die Werte verbessern, indem entweder die Auflösung des Bildes verschlechtert würde, oder aber indem weniger als 25 Bilder pro Sekunde aufgenommen werden.

Es lässt sich auch berechnen, wie viel Strahlung die Gäste im Casino in *Die Welt ist nicht genug* aufnehmen würden, wenn das Casino mit Röntgenstrahlung durchleuchtet, also quasi »geflutet« würde. Die in einer dünnen Schicht der Dicke Δx absorbierte Leistung ist $P = \Delta I \times F$, wobei ΔI die Abschwächung der Röntgenstrahlung und F die bestrahlte Fläche sind. Die Masse der dünnen Schicht ist $M = \Delta x \times F \times \rho$ mit der Dichte ρ des Materials. Teilt man nun beide Ausdrücke durcheinander, dann ergibt sich mit der vorher angegebenen

Formel für die Abschwächung der Intensität die absorbierte Leistung pro Masse: $P/M = I \times \mu/\rho$.

Ein Einsetzen realistischer Werte[43] liefert schließlich als Ergebnis 19 600 W/kg, was für Röntgenstrahlung zugleich auch die Strahlendosis in Sievert pro Sekunde ist. Zum Vergleich: Die natürliche Belastung beträgt etwa nur zwei bis vier Tausendstel Sievert pro Jahr. Um Wasser in einer Sekunde um 1°C zu erwärmen, wird eine Leistung von 4 180 W/kg benötigt. Es dauert also auch nicht lange, bis die Casinogäste ins Schwitzen kommen würden. Genauer: Es dauert bei einer menschlichen Körpertemperatur von 37°C dann $(4180/19600) \times 63 = 13$ s, bis das Wasser im menschlichen Körper zu sieden anfangen würde.

»Ich schau dir in die Augen, Kleines«

In allen Filmen trifft James Bond auf schöne Frauen. In *Goldfinger* lernt er die Tänzerin Bonita kennen, die er auch sogleich in ihrem Zimmer besucht. Beim leidenschaftlichen Kuss findet Bonita das Pistolenhalfter, das James Bond immer trägt, sehr störend. Als Gentleman nimmt 007 es natürlich ab. Während sich beide wieder einander zuwenden, schleicht sich der Auftragskiller Capungo hinter dem Zimmerschrank hervor, um den Top-Agenten zu überwältigen. Bonita ist offensichtlich

---

43 Der Wert μ/ρ beträgt in einem mittleren Energiebereich etwa 0,0028 m²/kg. Die mit Röntgenröhren durchsetzte Wand hat eine Leistungsdichte von einem Gigawatt/m², wovon 0,7 %, also 7 000 000 W als Röntgenstrahlung abgegeben werden. Diese Rechnung gilt streng genommen nur an der Oberfläche, da sich die Intensität der Strahlung durch die Absorption immer weiter verringert.

eingeweiht, denn sie ist nicht überrascht, als sie den Mann in ihrem Zimmer sieht.

Glücklicherweise blickt James Bond tief in Bonitas Augen und erkennt darin die Spiegelung des nahenden Angreifers (siehe Abbildung 3.13). So kann der Geheimagent schnell reagieren: Er reißt Bonita herum, die dann den rüden Schlag, der eigentlich dem Geheimagenten gegolten hätte, einstecken muss.

Zunächst einmal müssen wir uns fragen, ob es überhaupt möglich ist, das Spiegelbild eines Gegenstandes im Auge einer Person zu erkennen. Dies ist normalerweise nicht möglich, wie jeder im Selbstversuch vor einem Spiegel ausprobieren kann. Nur wenn man mit einer extrem starken Lichtquelle Gegenstände direkt vor dem Auge anstrahlt, dann können in dem Auge auch Spiegelbilder wahrgenommen werden. Die Abbildungen 3.14 und 3.15 zeigen das Ergebnis eines solchen Selbstversuchs, bei dem die Szene aus *Goldfinger* nachgestellt wurde. Überraschend deutlich ist unser »Angreifer« in Abbildung 3.15 zu erkennen.[44]

In Abbildung 3.13 ist zu sehen, dass der Oberkörper des Mannes fast die gesamte Iris von Bonita einnimmt. Das Auge ist in dieser Szene nichts anderes als ein Wölbspiegel. Wir können daher mit den Abbildungsgesetzen der geometrischen Optik überprüfen, ob es sich bei der Filmszene wirklich um ein Spiegelbild auf dem Auge handeln kann. Mit diesen Abbildungsgesetzen kann man aus dem Abstand des Gegenstandes zum Spiegel und dessen Krümmung die Größe des Bildes auf der Spiegeloberfläche, also in unserem Fall der Augenoberfläche, berechnen. Wir nehmen an, dass Capungo etwa

---

44 Je mehr Tränenflüssigkeit das Auge entwickelt, desto besser wird übrigens die Qualität des Spiegelbildes!

3.13 Die Spiegelung des herannahenden Gangsters Capungo, die James Bond im Auge von Bonita sieht. Dabei erscheint sein Bild fast zweimal so groß wie die Iris der Dame.

1,80 Meter groß ist und sich aus etwa zwei Metern Entfernung anschleicht. Der Wölbungsradius eines menschlichen Auges beträgt etwa 0,9 Zentimeter, was man mithilfe der Krümmung einer Kontaktlinse abschätzen kann. Dieser Wölbungsradius entspricht der Strecke von der Augenoberfläche bis zum Augapfelmittelpunkt. Es ergeben sich dann für die Größe des Bildes des Angreifers auf dem Auge etwa vier Millimeter. Das heißt, dass der Oberkörper von Capungo nur etwa zwei Millimeter groß erscheinen müsste. Da das Bild von Capungos Oberkörper aber die ganze Iris der Dame ausfüllt, hat es in der Filmszene eine Größe von etwa 1,4 Zentimetern – es als kann also etwas noch nicht stimmen!

Nun könnte dies einfach bedeuten, dass wir die Größe von Capungo bisher unterschätzt haben. Dies lässt sich durch eine umgekehrte Betrachtung überprüfen. Wenn wir jetzt annehmen, dass die 1,4 Zentimeter der Bildgröße des halben Oberkörpers in der Filmszene tatsächlich richtig sind, dann lässt sich mit der bekann-

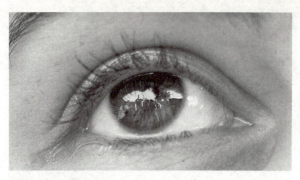

3.14 Nachgestelltes Foto mit einem »Angreifer« in zwei Metern Entfernung. Der Angreifer ist zu erkennen, allerdings ist er deutlich kleiner als Capungo in Abbildung 3.13.

ten Krümmung des Augenspiegels die Größe des Angreifers berechnen. Es ergibt sich dann eine Größe von etwa 13 Metern! Capungo müsste also etwa so groß sein wie ein dreistöckiges Haus – so geht es also auch nicht!

Vielleicht ist aber auch der angenommene Abstand Capungos zum Auge der Dame falsch. Hier hatten wir zwei Meter Entfernung angenommen, weil dies etwa die Entfernung ist, die man grob in der Filmszene abschätzen kann. Daher wiederholen wir die Betrachtung nochmals, nur dass jetzt eine realistische Größe von 1,80 Meter für Capungo und die korrekte Größe seines Oberkörpers von 1,4 Zentimetern auf der Oberfläche des Auges der Berechnung zugrunde gelegt werden. Mit diesen Angaben kann man nun ausrechnen, in welchem Abstand sich Capungo vom Auge aufhalten muss, damit sein Spiegelbild eine Größe wie in der Filmszene aufweist. Es ergibt sich dann eine Entfernung von knapp 30 Zentimetern. Zwar wäre somit ein solch großes Bild im Auge tatsächlich möglich,

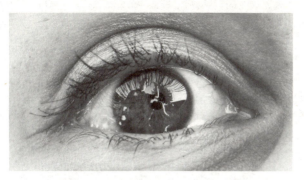

3.15 Nachgestelltes Foto mit einem »Angreifer« in 30 Zentimetern Entfernung. Der Angreifer ist nun in etwa so groß wie bei der Filmszene aus *Goldfinger*.

wie dies auch das Experiment in Abbildung 3.15 zeigt, aber in der Filmszene ist die Entfernung von Capungo doch sehr viel größer. In nur 30 Zentimetern Entfernung würde James Bond den Atem des Angreifers schon im Nacken spüren und hätte ihn bestimmt auch ohne die Spiegelung im Auge bemerkt – auch dies führt so nicht zu einer guten Erklärung der Szene!

Nun bleibt nur noch eine Sache, die nicht stimmen könnte. In allen Betrachtungen ist die Wölbung des Auges von Bonita nicht verändert worden. Wir sind bisher immer davon ausgegangen, dass die Dame ein völlig normales Auge hat. Dies muss natürlich nicht so sein. So sollen nun in einer letzten Betrachtung alle Abstände und Größen vorgegeben werden, um daraus dann die Krümmung des Augenspiegels zu bestimmen. Capungo ist daher wieder 1,80 Meter groß, er steht in realistischen zwei Metern Entfernung von Bonitas Auge und erzeugt ein Bild von etwa 1,4 Zentimetern Größe auf der Augenoberfläche genau so, wie es im Film zu sehen ist. Wie groß muss dann die Wölbung des Auges sein? Nun kann man ausrechnen, dass diese Wölbung dann 6,3 Zentimeter betragen müsste. Im Vergleich dazu war der ursprünglich angenommene Wert von 0,9 Zentimetern deutlich kleiner. Die normale Augenkrümmung von 0,9 Zentimetern entspricht in etwa der eines Zwei-Cent-Stücks. Wenn, wie in Abbildung 3.16, ein Kreis mit dem Radius von 6,3 Zentimetern daneben gezeichnet wird, dann kann der Unterschied der beiden Krümmungen sehr gut veranschaulicht werden.

Als Ergebnis erhalten wir somit, dass Bonita ein offensichtlich abnormal gering gekrümmtes Auge haben muss. Sie würde wegen dieser wirklich sehr geringen Krümmung mit diesem Auge wahrscheinlich nichts mehr sehen können. Vielleicht trägt sie auch einfach ein nur minderwertig geschliffenes Glasauge.

Ganz abgesehen von dem recht großen Spiegelbild: Capungo hält die Waffe bei seinem Angriff in seiner rechten Hand, sein Spiegelbild müsste die Waffe also in der linken Hand tragen, da jeder Spiegel links und rechts vertauscht. Dies ist aber hier nicht der Fall. Capungos Spiegelbild zeigt ihn mit der Waffe in der rechten Hand! Also stimmt hier irgendwas mit dem Spiegelbild nicht. Wenn wir jetzt einmal annehmen, dass Capungo nicht ständig die Waffe zwischen linker und rechter Hand hin- und herwechselt, dann handelt es sich hier wohl um einen einfachen Filmfehler, der seine Ursache in der damals verfügbaren Filmtechnik hat. Um den Spiegelungseffekt im Auge so deutlich zu erzeugen, wie er im Film zu sehen ist, wurden einfach zwei Filmausschnitte überblendet. Dieses Überblenden war in den Fünfziger- und Sechzigerjahren eine gängige Tricktechnik.[45] Dabei werden allerdings

45 Ungewolltes Überblenden kommt auch manchmal beim

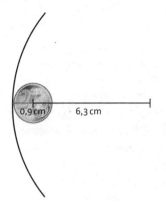

3.16 Vergleich des Krümmungsradius von etwa 0,9 Zentimetern, der dem Radius eines normalen Auges entspricht, mit dem Krümmungsradius von 6,3 Zentimetern, den das Auge von Bonita haben müsste, wenn alle sonstigen Größen und Entfernungen realistisch eingeschätzt werden.

nicht rechts und links vertauscht, sodass dieser offensichtliche Fehler leicht erklärt werden kann. Damit der Angreifer in Bonitas Auge so gut erkennbar ist, ist wohl keine Rücksicht auf Abbildungsgesetze genommen und der Angreifer viel zu groß ins Auge der Dame kopiert worden. Heutzutage könnte das alles mit der elektronischen Aufzeichnungstechnik leicht vermieden werden: Auf Knopfdruck lassen sich bei im Computer gespeicherten Videos rechts und links vertauschen, und das Einblenden von Szenen ist in jeder Größe frei skalierbar.

Fotografieren mit sehr alten Fotoapparaten vor, bei denen noch echte Filme belichtet werden und das manuelle Vorspulen nach einer Aufnahme vergessen wurde.

Details für Besserwisser

Die Berechnung der genauen Zahlenwerte geschieht mit den Abbildungsgesetzen, der sogenannten geometrischen Optik[46]. Diese Abbildungsgesetze gelten sowohl für Linsen als auch für Spiegel. Bei einem Wölbspiegel entsteht bei der Abbildung eines Gegenstandes ein sogenanntes virtuelles Bild[47] zwischen dem Spiegel, also der Augenoberfläche, und dem Brennpunkt. Der Abstand des Gegenstandes, d. h. der Person, vom Spiegel sei die Gegenstandsweite g, und der Abstand des virtuellen Bildes vom Spiegel sei die Bildweite b. Ferner bezeichnen G die Größe des abzubildenden Gegenstandes, B die Größe des Bildes und f die Brennweite des Spiegels. Diese Größen können in Abbildung 3.17 abgelesen werden.

Es gelten nun die folgenden Zusammenhänge, die auch als Abbildungsgesetze bezeichnet werden:

$B/G = -b/g$

Diese Gleichung bedeutet, dass das Verhältnis der Bild- und Gegenstandsgröße sich genauso wie das Verhältnis der jeweiligen Abstände vom Spiegel verhält. Die Tatsache, dass ein Wölbspiegel ein virtuelles Bild erzeugt, wird dabei durch eine negative Bildweite −b berücksichtigt. Weiterhin gilt die sogenannte Linsengleichung, die auch für Spiegel anwendbar ist:

$1/f = 1/-b + 1/g$

---

46 Bei der geometrischen Optik breitet sich das Licht geradlinig in Form von Strahlen aus. Diese Annahme ist immer dann gerechtfertigt, wenn alle Gegenstände viel größer sind als die Wellenlänge des Lichts. Bei der betrachteten Szene ist das sicher der Fall.

47 Ein virtuelles Bild entsteht nur im Gehirn des Beobachters durch rückwärtige, geradlinige Verlängerung von Lichtstrahlen.

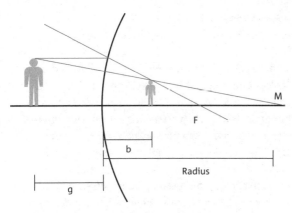

3.17 Die Abbildungsverhältnisse beim Wölbspiegel. Die Gegenstandsweite wird mit g, die Bildweite des virtuellen Bildes mit b und der Radius des Spiegels mit r bezeichnet. F ist der Brennpunkt des Spiegels. Sein Abstand bis zur Spiegeloberfläche ist die Brennweite f. Im Brennpunkt würden sich alle Strahlen sammeln, wenn sie von der Rückseite des Spiegels einfallen.

Diese Gleichung verknüpft die Abstände des Gegenstandes und des Bildes mit der Brennweite des Spiegels. Zusätzlich gilt, dass der Krümmungsradius, also die Wölbung, des Spiegels r doppelt so groß ist wie die Brennweite: $2 \times f = -r$.

Das Minuszeichen deutet hier wieder an, dass der Brennpunkt hinter dem Spiegel liegt. Mit diesen Formeln können die im Text verwendeten Zahlen leicht berechnet werden.

Polarisation durch Reflexion:
Wie man durch spiegelnde Scheiben sieht

In *Im Angesicht des Todes* besucht James Bond das Schloss Chantilly, das etwa 50 Kilometer nordöstlich von Paris liegt. Während seiner Suche nach Informationen über den mysteriösen Max Zorin wird ihm der Zugang zu einem Zimmer im Erdgeschoss verwehrt. James Bond geht nach draußen und sucht sich ein nicht durch Vorhänge verdecktes Fenster. Es ist ein wunderschöner Sommertag, die Sonne scheint und erschwert 007 durch starke Reflexionen den Blick in das besagte Zimmer. Doch der Top-Agent ist sehr gut ausgerüstet und trägt eine ganz besondere Brille, nämlich eine »Polarisationsbrille«. Er dreht an ihren Gläsern und kann sich bei einer ganz bestimmten Stellung das Geschehen im Zimmer ansehen – ohne seine Nase an die Scheibe drücken zu müssen und ohne durch die Reflexionen der Scheibe behindert zu werden.

Wie ist das möglich? Kann eine störende Spiegelung einfach weggedreht werden? Damit wir das verstehen, müssen die Eigenschaften des reflektierten Lichts genauer untersucht werden. Für die Berechnungen zur Spiegelung an der Augenoberfläche der Dame Bonita in *Goldfinger* wurde das Licht einfach als Strahl aufgefasst, der sich geradlinig ausbreitet.

Die Reflexionsunterdrückung können wir jedoch nicht mit einem so einfachen Modell des Lichts erklären. Hier muss berücksichtigt werden, dass Licht eine elektromagnetische Welle ist. Genau genommen ist Licht eine transversale Welle, d. h. das elektromagnetische Feld schwingt senkrecht zu ihrer Ausbreitungs-

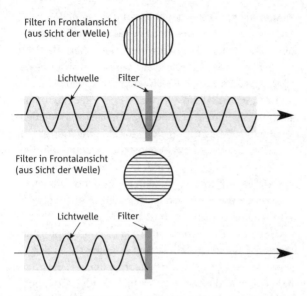

3.18 Wenn die Welle in Richtung der Gitterstäbe des Polarisationsfilters schwingt, dann kann sie das Filter ungehindert passieren (oben). Wenn die Gitterstäbe senkrecht zur Schwingungsrichtung der Welle liegen, dann wird sie vollständig absorbiert (unten).

richtung.[48] Diese Schwingungsrichtung des Feldes wird als Polarisationsrichtung oder einfach nur als die Polarisation der Welle bezeichnet.

Einen Polarisationsfilter, oder kurz Polarisator genannt, kann man sich in etwa wie ein Gitter mit senkrechten Gitterstäben vorstellen. Wenn nun Wellen auf den Polarisator treffen, die in der gleichen Richtung schwingen, in der auch die Gitterstäbe stehen, dann

48 Es gibt auch sogenannte longitudinale Wellen, bei denen die Wellenbewegung parallel zur Ausbreitungsrichtung stattfindet. Schallwellen sind als Druckschwankungen der Luft beispielsweise longitudinale Wellen.

können sie das Gitter ungehindert passieren. Wenn die Gitterstäbe aber senkrecht zu der Schwingungsebene der Welle stehen, dann kann diese den Polarisationsfilter nicht durchlaufen. Die Welle wird dann absorbiert. Diese Tatsache wird in Abbildung 3.18 verdeutlicht.

Licht, das im Alltag auftritt, ist in der Regel unpolarisiert. Es schwingt also ungeordnet in viele verschiedene Richtungen.[49] Das trifft nicht mehr auf reflektiertes Licht zu. Licht, das von einem Gegenstand reflektiert wurde, ist polarisiert und schwingt deswegen vornehmlich nur noch in einer Richtung. Es kann daher mit einem Polarisationsfilter unterdrückt werden, wie in Abbildung 3.19 schematisch zu sehen ist.

Um dies zu erreichen, muss James Bond seinen Polarisationsfilter so einstellen, dass er senkrecht zu der Schwingungsebene des störenden, reflektierten Lichtes liegt (siehe Abbildung 3.19, rechts unten). Dazu dreht er den Filter so lange, bis die Reflexionen nahezu verschwinden. Schaut man genau hin, kann man erkennen, dass James Bond die Polarisationsfilter seiner Brille um 90 Grad verdreht. Dies ist exakt der Winkel zwischen den beiden in Abbildung 3.19 gezeigten Extrempositionen. Bond sucht also tatsächlich die optimale Einstellung zur Reflexionsunterdrückung. Hier ist die realistische Darstellung also perfekt gelungen!

Das Licht ist aber nicht unter allen Reflexionswinkeln gleich stark polarisiert. Der Winkel zwischen James Bonds Blickrichtung und der Fensterscheibe sollte zwischen 50 und 60 Grad betragen.[50] Dann ist das reflek-

---

49 Eine Ausnahme ist das Laserlicht, das vollständig polarisiert ist.

50 Der Winkel, unter dem vollständige Polarisation des reflektierten Lichtes auftritt, heißt Brewsterwinkel. Der Brewsterwinkel für Glas mit einem Brechungsindex von 1,5 ist 56,3 Grad.

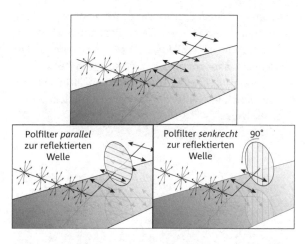

3.19 Oben: Wenn unpolarisiertes Licht von einer Oberfläche reflektiert wird, dann ist es polarisiert und schwingt nur noch vornehmlich in einer Richtung. Unten: Mit einem Polarisationsfilter kann nun diese reflektierte Strahlung unterdrückt werden. Links ist die Stellung zu sehen, bei der das reflektierte Licht vollständig den Polarisationsfilter passieren kann, rechts wird es gehindert. Beide Stellungen unterscheiden sich um einen Winkel von 90 Grad.

tierte Licht im Prinzip vollständig polarisiert und kann am besten weggefiltert werden.

Schaut man sich die Filmszene genau an, so sieht man zunächst zwei Damen, die in der Nähe des Fensters stehen. James Bond begrüßt diese freundlich, macht eine Linksdrehung, geht auf das Fenster zu und bleibt in einiger Entfernung stehen. In der Szene können wir sehen, dass 007 auf jeden Fall in einem größeren Winkel als 45 Grad zur Scheibe steht, während er durch sie mit seiner Polarisationsbrille hindurchschaut. Es zeigt sich wieder einmal, dass James Bond eine hervorragende Physikausbildung beim britischen Geheimdienst genossen haben muss, denn er weiß offensichtlich, in welchem Winkel er sich vor der Scheibe postieren muss, damit seine Polarisationsbrille optimal funktioniert.

Wahrscheinlich funktioniert diese Polarisationsbrille tatsächlich. Jeder könnte sich eine solche Brille aus den Polarisationsfiltern einer Fotoausrüstung leicht selber bauen, denn diese Filter funktionieren nach dem gleichen Prinzip.

KAPITEL 4

IMMER AUF DER HÖHE DER ZEIT – DIE JAMES-BOND-UHREN

Jedem James-Bond-Fan ist es schon aufgefallen: Der elegante Geheimagent trägt sehr interessante Uhren. Dabei legt er nicht immer so viel Wert auf Stil, sondern die Funktionalität steht im Vordergrund, da die Uhren meist ein technisches »Gimmick« enthalten, das 007 aus einer ausweglosen Situation befreien kann. Heutzutage sind Uhren, die kleine Mikrofone und Kameras enthalten, natürlich keine große Überraschung mehr.

Die »hochmoderne« Quarzuhr mit Flüssigkristall-Anzeige, deren eingebaute Kamera in *Octopussy* noch als technische Meisterleistung gepriesen wird, würde heute sicher auf jedem Schulhof in Deutschland unbeachtet bleiben.[1] Auch ist es mit den heutigen technischen Möglichkeiten einfach, einen Geigerzähler in eine Uhr einzubauen, wie im Film *Feuerball* stolz von Q präsentiert. Hier verwendet man sogenannte Halbleiterdetektoren, bei denen das Zählrohr aus einem Germanium-Kristall besteht, in dem die Ladungstrennung durch die einfallende ionisierende Strahlung stattfindet. Eine solche Uhr ist beispielsweise im Jahr

---

1 Im Film wird insbesondere die farbige Flüssigkristallanzeige hervorgehoben, die im Jahr 1983 in der Tat sehr fortschrittlich war.

2003 für 1 100 US-Dollar von einer Schweizer Firma auf den Markt gebracht worden. Diese Uhr soll auch in bis zu 100 Metern Tauchtiefe wasserdicht sein: »Wasserdicht selbstverständlich!«, wie Q beim Vorstellen der Uhr bemerkt.

Wir wollen jetzt zwei auf den ersten Blick recht gewöhnliche Uhren vorstellen, die erst bei näherem Hinsehen ihre wahren Geheimnisse offenbaren.

Eine Uhr, ein Stahlseil und eine Menge phantastischer Physik

In *Die Welt ist nicht genug* will die geheimnisvolle Elektra King eine Pipeline von Aserbaidschan bis ans Mittelmeer bauen lassen. Doch es gibt bereits drei russische Pipelines im Norden, die bis zum Schwarzen Meer reichen. Von dort wird das Öl mit dem Schiff weitertransportiert. Elektra King wird von dem Terroristen Renard, der die Kontrolle über die Ölversorgung der Welt an sich reißen will, entführt und einer Gehirnwäsche unterzogen. Als Renard den Atomwissenschaftler Dr. Arkov umbringen lässt, übernimmt Elektra Kings Leibwächter Davidov seine Aufgaben. James Bond sieht seine Chance gekommen, zu erfahren, was Renard vorhat und gibt sich als Davidov aus. Er fliegt nach Kasachstan, wo in einem Entschärfungsbunker aus alten Bomben Plutonium entfernt wird. Dort lernt James Bond Dr. Christmas Jones kennen, die ihn zunächst aus Unwissenheit auffliegen lässt. Es kommt zu einer wilden Schießerei zwischen 007 und Renards Männern. James Bond und Dr. Jones müssen in eine mit Kacheln ausgekleidete Grube springen. Renard lässt alle Tore schließen – und es scheint für 007 und die schöne Atomphysi-

4.1 James Bond (Pierce Brosnan) mit dem Supertüftler Q (Desmond LLewelyn) in *Der Morgen stirbt nie*.

kerin keinen Ausweg mehr zu geben. Doch James Bond will den Bösewicht nicht davonkommen lassen. Da kommt seine spezielle Uhr mit integriertem Haken und Abschussmechanismus zum Einsatz: Der Haken saust blitzartig an einem langen, dünnen Seil durch die Luft und dringt mit großer Wucht in einen Träger ein, der sich an einem Kran über der Grube befindet. James Bond wird ruckartig nach oben in die Freiheit gezogen, hechtet durch die sich schließenden Torflügel und verfolgt Renard bis zum Aufzug. Am Ende des Films kann der Geheimagent Renard und Elektra King zur Strecke bringen und dabei die Sprengung eines Atom-U-Boots im Bosporus verhindern.

Es stellt sich als Erstes die Frage, ob der Haken so tief in den Träger eindringen kann, dass er James Bonds Gewicht aushält. Bei dem Träger handelt es sich ganz offensichtlich um einen stark verrosteten Stahlträger. Das Seil der Uhr scheint ein herkömmliches Stahlseil zu sein. Für die genaue Analyse wird die Gesamthöhe des

Raumes benötigt. Diese wird durch Abzählen der einzelnen Kranelemente bestimmt. Ein Kranelement entspricht dabei in der Länge vier Kacheln, die an der Wand der Grube angebracht sind. Dabei ist eine Kachel etwa 20 Zentimeter hoch. Somit beträgt bei elf Kranelementen die Gesamthöhe des Raumes ca. 8,80 Meter. Der Haken schießt also, wenn Bonds Körpergröße von 1,83 Meter von der Gesamthöhe abgezogen wird, eine senkrechte Strecke von rund sieben Metern in die Höhe.

007 lässt den Haken zunächst schräg nach oben schnellen, wird aber später fast senkrecht nach oben gezogen. Deshalb betrachten wir zwei Fälle: Einmal wird ein Anstellwinkel von etwa 50 Grad angenommen, wie es in der ersten Szene zu sehen ist. Im zweiten Fall wird James Bond senkrecht nach oben gezogen. Der tatsächliche Anstellwinkel liegt irgendwo dazwischen.[2] Die Geschwindigkeit des in die Höhe schießenden Hakens hängt vom zurückgelegten Weg und seiner Flugzeit ab. Der Weg und damit auch die Geschwindigkeit sind für das schräge Abschießen natürlich größer als im senkrechten Fall. Mit einer gemessenen Flugzeit von 1,5 Sekunden liegt die Geschwindigkeit des Hakens damit zwischen 17 und 24 Stundenkilometern. Das ist nicht besonders viel für einen Haken, der offensichtlich in einen Stahlträger eindringt wie ein heißes Messer in Butter.

Aber wie tief dringt er wirklich ein? Bei der Verformung eines Materials wie Stahl werden grundsätzlich

2 Hier ist sicherlich beim Zusammenschnitt des Films ein Fehler gemacht worden, da offensichtlich nicht berücksichtigt wurde, dass 007 mit der Uhr vorher den Träger anpeilt. Weil James-Bond-Filme eigentlich aber nie Fehler enthalten, liegt nicht nur der tatsächliche Anstellwinkel, sondern auch die Wahrheit irgendwo dazwischen.

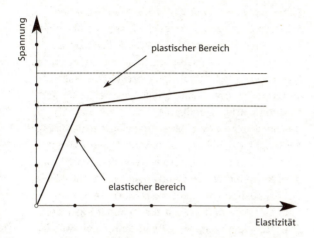

4.2 Elastischer und plastischer Bereich eines Materials. Im elastischen Bereich wächst die Dehnung eines Materials mit der Spannung, unter der es steht, also mit der Kraft, die auf das Material einwirkt. Dies ist im ersten Teil der Kurve zu sehen. Ab einem bestimmten Punkt nimmt aber die Dehnung des Materials stark zu, ohne dass die Spannung stark ansteigt. Dieser Bereich zwischen den beiden gestrichelten Linien ist der sogenannte plastische Bereich eines Stoffes. In diesem Bereich ist das Material weich.

zwei unterschiedliche Bereiche betrachtet: der elastische und der plastische Bereich. Im elastischen Bereich verformt sich der Stahlträger, geht aber in seine Ausgangsposition zurück, sobald die Belastung wegfällt. Im plastischen Bereich dagegen wird der Stahlträger bleibend verformt. Man kann nicht genau sagen, welcher Bereich bei der Filmszene vorliegt.

Abbildung 4.2 zeigt, dass die für den elastischen Bereich erwarteten Kräfte kleiner sind als die für den plastischen. Deshalb stellen wir nur Resultate für den elastischen Bereich vor. Dazu wird ein sehr einfaches Modell verwendet, das eigentlich für die Dehnung von

Stäben entwickelt wurde. Um das Modell auf den Fall des Hakens zu übertragen, wird ein stabförmiger Bereich aus dem Stahlträger in Gedanken herausgeschnitten. Es ist genau dieser stabförmige Bereich des Materials, der sich durch den Einschlag des Hakens verformt. Der Bereich außerhalb wird bei dieser Betrachtung nicht beeinflusst.[3]

Zuerst soll die Kraft berechnet werden, die für ein Eindringen des Hakens von fünf Millimetern benötigt wird. Sie hängt von der Größe der Auftrefffläche und dem sogenannten Elastizitätsmodul von Stahl ab. Der Elastizitätsmodul gibt an, wie stark sich ein Körper mit einer bestimmten Kraft zusammendrücken lässt. Er ist für alle Materialien eine bekannte Konstante. Mit dem Elastizitätsmodul von Stahl und den Abmessungen der Spitze des Hakens ergibt sich eine Kraft von 14000 Newton, um eine Eindringtiefe von fünf Millimetern zu erreichen. Das ist eine immens große Kraft! Zum Vergleich: Um mit einem Hammer einen Nagel fünf Millimeter tief in Holz zu schlagen, wird lediglich eine Kraft von 15 Newton benötigt. Es ist also fast tausendmal mehr Kraft vonnöten, um den Stahl nur fünf Millimeter zu verbiegen. Noch anschaulicher wird das Ganze, wenn die benötigte Kraft in die Geschwindigkeit umgerechnet wird, die der Haken haben müsste, um so weit in den Stahl einzudringen. Die entsprechende Geschwindigkeit wäre dann etwa 430 Kilometer pro Stunde.[4]

3 In Wirklichkeit ist dies natürlich nicht richtig. Wenn allerdings die korrekte Verformung berücksichtigt würde, dann wäre die Rechung ungleich komplizierter. Es ergibt sich so immerhin mit einfachen Mitteln eine grobe Abschätzung der Verhältnisse.
4 Man beachte: Es wurde lediglich die Geschwindigkeit für ein fünf Millimeter tiefes Eindringen des Hakens in den Stahlträger

Die vorher bereits berechnete Abschussgeschwindigkeit des Hakens von maximal 24 Stundenkilometern reicht in keinem Fall aus, um überhaupt nur die kleinste Delle in den Stahl zu schlagen. Die Verhältnisse sind genau genommen aber noch ungünstiger: Der Haken drückt nämlich beim Eindringen nicht nur den stabförmigen Bereich zusammen, sondern der Stahl muss von der ankommenden Spitze des Hakens auch nach außen weggedrängt werden. Diese sogenannte Scherkraft lässt sich auf ähnliche Weise berechnen wie die Kraft zum Eindrücken des Stahlträgers, mit dem Ergebnis, dass diesmal 62000 Newton benötigt werden. Umgerechnet in die Geschwindigkeit des Hakens ergibt sich nun ein so unrealistisch hoher Wert, dass er hier lieber nicht angegeben wird.

Ist es also gänzlich unmöglich, dass der Haken, wie im Film gezeigt, in den Träger dringt? Für einen Stahlträger muss diese Frage ohne Hintertürchen bejaht werden. Stellt man sich den Träger jedoch als Holzbalken vor, der lediglich einem Stahlträger zum Verwechseln ähnlich sieht, dann werden die Ergebnisse realistischer. Zwar kann immer noch wie vorher gerechnet werden, der Elastizitätsmodul ist jetzt aber um ein Vielfaches geringer. Darum wird lediglich eine Geschwindigkeit von 14 Stundenkilometern benötigt, damit der Haken fünf Millimeter tief in den Balken eindringt. Die Abschussgeschwindigkeit des Hakens liegt mindestens drei Kilometer pro Stunde darüber. Fünf Millimeter und möglicherweise etwas mehr Eindringtiefe sind dann also ohne Probleme möglich.

berechnet. Das wäre aber sicher nicht tief genug, um die sportlichen 76 Kilogramm von James Bond zu tragen.

Wenn aber verlangt wird, dass der Haken in seiner gesamten Länge in den Träger eindringt, damit 007 auch sicher an ihm hängen kann, dann zeigt die dafür benötigte Geschwindigkeit von mindestens 250 Stundenkilometern, dass das auch für einen Holzträger kaum möglich ist.

Welche Kräfte muss James Bonds Arm aushalten, wenn er ruckartig nach oben gezogen wird? Die Uhr an seinem Handgelenk zieht ihn nach dem Abschuss des Hakens immerhin fast sieben Meter nach oben und er scheint dabei keine Schmerzen zu verspüren. Bond hat offensichtlich nicht einmal ein verspanntes Schultergelenk. Das ist schon erstaunlich, da sein Arm, am Seil hängend, nicht nur das komplette Körpergewicht, sondern auch die am Anfang ruckartig wirkende Kraft des Uhrenmotors aushalten muss. Wie groß ist diese Kraft genau?

Sie kann mit dem Grundgesetz der Mechanik Kraft = Masse × Beschleunigung berechnet werden. Da James Bond 76 Kilogramm wiegt, ist die Masse, die beschleunigt wird, genau bekannt. Die Beschleunigung lässt sich aus der Geschwindigkeit errechnen, die der Geheimagent hat, wenn er am Seil hängt und gleichmäßig bewegt wird. Aus dem zurückgelegten Weg und der dafür benötigten Zeit ergibt sich eine Geschwindigkeit von etwa zehn bis 14 Kilometern pro Stunde. James Bond wird von Null auf diese Geschwindigkeit beschleunigt, während er dabei eine Strecke von etwa einem halben Meter zurücklegt, wie ein Vergleich mit der Kachelgröße in der Grube zeigt. Umgerechnet in eine Zeit entspricht dies, dass er von null auf zehn Stundenkilometer in 0,36 Sekunden beschleunigt wird. Für die Kraft bedeutet das, dass mindestens 600 Newton auf seinen Arm einwirken. Diese Kraft entspräche etwa 60 Kilogramm und wäre noch auszuhalten.[5]

Das ist aber noch nicht alles, wir müssen noch James Bonds Gewicht zu der Kräftebilanz hinzuzählen. Selbst bei ganz langsamer Beschleunigung müsste sein Arm immer mindestens noch das eigene Körpergewicht aushalten. Es wirkt also nicht nur die eben berechnete beschleunigende Kraft, sondern gleichzeitig auch ein Teil des Körpergewichts auf den Arm von 007. Genau genommen ist es aber nicht die Gewichtskraft, die James Bond zusätzlich verspürt, sondern nur diejenige Komponente, die auch das Seil spannt und den Agenten in Bewegungsrichtung zieht, siehe Abbildung 4.3.

Ist der Abschusswinkel bekannt, dann lässt sich daraus leicht der zur Seilrichtung parallele Teil der Gewichtskraft mit etwas Trigonometrie bestimmen. Die Summe aus dieser Kraft und der vorher berechneten beschleunigenden Kraft des Motors ist die tatsächliche Kraft, die James Bonds Arm aushalten muss. Wenn nun die beiden Extremfälle betrachtet werden, dass James Bond einmal in einem Winkel und einmal fast senkrecht nach oben gezogen wird, dann ergibt sich eine Kraft zwischen 1 100 Newton und 1 300 Newton, die auf den Arm bzw. die Schulterpartie wirkt. Das entspricht einem Gewicht von rund 110 bis 130 Kilogramm, das ruckartig den Top-Agenten am Arm aufwärts zieht. Seine Masse widersetzt sich zunächst dieser Bewegung, was sicher zu Schmerzen im Arm führt. Man spricht hier auch von der trägen Masse, die sich einer ruckartigen Bewegung

---

5 Man kann die Beschleunigungszeit aber auch durch eine Einzelbildanalyse der Szene bestimmen. Dabei ergibt sich ein ungefähr nur halb so großer Wert, was die einwirkende Kraft auf den Arm von James Bond verdoppeln würde. Die Methode mit dem Abzählen der Kacheln ist aber genauer.

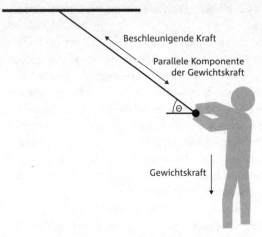

4.3 Die wirkenden Kräfte auf James Bonds Arm beim Abschussvorgang. Der Arm und das Seil müssen gleichzeitig nicht nur die beschleunigende Kraft aushalten, welche durch den Uhrenmotor ruckartig erzeugt wird. Auch die parallele Komponente der Gewichtskraft kommt hinzu. Die Komponente senkrecht zum Seil spürt James Bond nicht. Wenn er senkrecht nach oben gezogen wird, dann ist diese Komponente Null und sein Arm muss sein volles Gewicht tragen.

widersetzt. Diesen Effekt nutzt jeder täglich produktiv aus bei der Verwendung von Toilettenpapier. Zunächst ziehen wir langsam an der Rolle. Ist genug Papier abgerollt, ziehen wir ruckartig, sodass das Papier stark beschleunigt wird. Es wirkt eine große Kraft, und das Papier reißt an seiner schwächsten Stelle – also dort, wo es perforiert ist. Wäre James Bond eine Klopapierrolle, wäre die perforierte Stelle etwa in Höhe seiner Schulter. Möglicherweise bewegt sich also nur Bonds Arm nach oben ...

Es stellt sich natürlich auch wieder die Frage, welche Energie benötigt wird, um James Bond auf einem halben Meter zu beschleunigen und die Strecke von etwa 6,5 Metern weiter nach oben zu ziehen. Kann das eine normale Uhrenbatterie leisten? Der erste Teil der Energie ergibt sich aus der wirkenden Kraft und der Beschleunigungsstrecke von 50 Zentimetern. Es muss je nach Anstellwinkel eine Energie zwischen 550 Joule und 670 Joule vorhanden sein, um Bond auf seine Endgeschwindigkeit zu beschleunigen. Weiterhin erhöht sich seine sogenannte potenzielle Energie[6] um etwa 3 500 Joule. Werden diese beiden Ergebnisse zusammengefasst, dann ergeben sich für die gesamte benötigte Energie etwa 4 000 Joule. Das ist keine besonders große Energiemenge. Der Nährwert jedes Schokoriegels ist um ein Vielfaches größer. Allerdings muss diese Energiemenge von der Uhr in sehr kurzer Zeit zur Verfügung gestellt werden. Eine normale Knopfbatterie, wie sie in Uhren eingesetzt wird, hat eine Betriebsspannung von drei Volt und eine Ladung von 210 Milliamperestunden (mAh). Sie kann in der kurzen Zeit, in der James Bond am Seil hochgezogen wird, lediglich 1,5 Joule an Energie abgeben. Das bedeutet, dass der Geheimagent 2 670 solcher Knopfzellen bräuchte, um sich mithilfe seiner Uhr zu befreien. Anstelle der 2 670 Knopfzellen reicht natürlich auch eine Super-Batterie aus dem Hause Q!

Jetzt müssen wir uns noch das Seil ansehen. Passt ein Seil, das ein Gewicht von etwa 120 Kilogramm aushalten muss, in eine so schicke Uhr überhaupt hinein? Ein Stahlseil, das 120 Kilogramm tragen soll, muss eine

---

6 Potenzielle Energie ist Lageenergie und hängt nur von der Höhe ab, in der sich ein Körper befindet. Wenn eine Kugel einen Berg hochgerollt wird, dann kann auf diese Weise Energie gespeichert werden. Rollt sie wieder herunter, dann wird diese gespeicherte Energie in Form von Bewegungsenergie wieder frei.

Dicke von mindestens 1,3 Millimetern haben. Damit eine Seillänge zwischen sieben und knapp zehn Metern in die Uhr passt, muss diese einen ausreichend großen Durchmesser besitzen. Die Seillänge ergibt sich, wie vorher beschrieben, aus den beiden unterschiedlichen Strecken, die James Bond beim Hochziehen je nach Anstellwinkel zurücklegt.

Wie ist das Seil dann in der Uhr aufgerollt? Da es ohne nennenswerte Verzögerung herausgeschossen wird, vermuten wir, dass das Stahlseil in der Uhr ohne Überlappungen aufgerollt ist wie eine Lakritzschnecke. Ansonsten wäre die Wahrscheinlichkeit, dass es sich verheddert, viel zu groß. Mit der Dicke des Seils und der Länge ergibt sich dann ein Durchmesser der Uhr von elf bis 12,5 Zentimetern. Die Uhr müsste also wesentlich größer sein als das in der Szene gezeigte Modell, das nur einen Durchmesser von knapp vier Zentimetern hat.

Wenn umgekehrt der reale Durchmesser der Uhr von maximal vier Zentimetern fest vorgegeben ist, dann ist eine Dicke der Uhr von fünf bis sieben Millimetern wahrscheinlich, falls das Seil wie bei einer Garnrolle aufgewickelt ist und die Uhr voll ausfüllt. Das wäre nicht unbedingt unrealistisch, allerdings müsste natürlich noch Platz für die Abschussvorrichtung eingeplant werden.

James Bonds Uhr hat also einige phantastische Eigenschaften, die nicht leicht zu erklären sind. Insbesondere die Geschwindigkeit, die der Haken haben muss, um in den Stahlträger einzudringen, macht die Sache aus physikalischer Sicht äußerst schwierig. Wenn es sich allerdings um einen als Stahlträger getarnten Holzträger handelt, wenn die Uhr von einer Spezialbatterie angetrieben wird, und wenn schließlich James Bond eine äußerst strapazierfähige Schulter hat, um den Ruck von 120 Kilogramm abzufangen (wovon wir natürlich ausgehen), dann wiederum wäre diese Uhr nichts Besonderes.

Details für Besserwisser

Der Elastizitätsmodul E ist eine Konstante für jedes Material. Im elastischen Bereich (siehe Abbildung 4.2) gilt der Zusammenhang $\sigma = E \times a$, wobei die Spannung σ durch die Kraft, die auf der vorderen Fläche des Stahlträgers angreift, gegeben wird und die Dehnung a die Eindringtiefe pro Gesamtlänge ist. Für die benötigte Kraft F, um den Stahlträger der Dicke D auf der Fläche A um die Strecke L einzudrücken, folgt dann: $F = E \times A \times L / D$. Im vorliegenden Fall ist L = 5 mm, A = 1 mm², D = 7 cm und $E = 2 \times 10^{11}$ N/m² für Stahl. Damit ergibt sich die angegebene Kraft von 14 000 N. Mit dieser Kraft kann die Geschwindigkeit berechnet werden, die der Haken benötigt, um in den Träger einzudringen. Wenn die Bewegungsenergie des Hakens der Masse M = 10 g gleichgesetzt wird mit der Arbeit, die die Kraft F auf der Eindringstrecke L leisten muss, dann ergibt sich das Quadrat der Geschwindigkeit v des Hakens zu: $v^2 = 2 \times F \times L / M$.

Hieraus lässt sich mit den bekannten Zahlenwerten die Geschwindigkeit v = 430 km/h berechnen.[7]

Um die Energie E_{Bat} zu berechnen, die die Batterien der Uhr aufzubringen haben, damit James Bond ruckartig auf eine Geschwindigkeit von v = 14 km/h be-

---

[7] Diese Betrachtung ist sehr stark vereinfacht. In Wirklichkeit ist das Eindringen eines Hakens in einen Stahlträger ein hochkomplexer Vorgang, der nicht so einfach beschrieben werden kann. Die angegebene Rechnung soll lediglich die Größenverhältnisse der auftretenden Kräfte und Geschwindigkeiten veranschaulichen.

schleunigt und dann eine Strecke von $s = 6,5\,m$ hochgezogen werden kann, müssen die Energie für die
Beschleunigung seiner Masse $M = 76\,kg$ auf seine Endgeschwindigkeit und die Energie für das anschließende
Hochziehen zusammengezählt werden. Es ergibt sich:
$E_{Bat} = M \times v^2 / 2 + M \times g \times s$.

Dabei ist der erste Teil seine Bewegungsenergie
und der zweite Teil ist die Erhöhung seiner potenziellen oder Lageenergie und $g = 9,81\,m/s^2$ ist die Erdbeschleunigung. Das Einsetzen der Zahlen ergibt eine
Energie von etwa $E_{Bat} = 4000\,J$. Wenn die Knopfzelle
einer Uhrenbatterie bei $3\,V$ Betriebsspannung einen
Strom von 210 Milliampere liefert, dann ergibt das
eine Energie von $E_{Knopf} = 3 \times 0,210 \times 2,4 = 1,5\,J$, die die
Batterie während der $2,4\,s$ abgeben kann, die James
Bond am Seil hängt. Also werden $4000 / 1,5 = 2670$
solcher Knopfzellenbatterien benötigt.

Aus der Kraft $F_{min} = 1100\,N$, die das Seil mindestens
aushalten muss, kann sein Durchmesser d auf recht
komplizierte Weise berechnet werden. Es gilt der Zu-
sammenhang: $F_{min} = f \times R \times k \times d^2 \times \pi / 4 \approx 700\,N/mm^2 \times d^2$,
wobei der Füllfaktor f der Anteil des Stahlquerschnitts
am Gesamtquerschnitt, R die Festigkeit, k der sogenannte Verseilfaktor und $\pi = 3,14$ die Kreiszahl ist.
Diese Zahlen lassen sich für ein Stahlseil aus Tabellen
entnehmen und ergeben zusammengefasst den konstanten Wert $700\,N/mm^2$. Da die Kraft von $F_{min} = 1100\,N$
bekannt ist, die das Stahlseil mindestens aushalten
muss, wenn James Bond ruckartig nach oben gezogen
wird, kann nun mit der obigen Formel eine Dicke von
$d = 1,3\,mm$ berechnet werden, die das Seil benötigt,
um diesem Ruck standzuhalten.

Aus der Dicke d und der Länge L_{Seil} des Seils folgt
dann unmittelbar der Durchmesser U der Uhr, indem

die Fläche, die das Seil der Länge nach ausgelegt einnimmt, mit der Kreisfläche gleichgesetzt wird, die entsteht, wenn das Seil wie eine Spirale eng aufgewickelt wird. Es ergibt sich dann: $U^2 = 4 \times d \times L_{Seil}/\pi$.

Mit den bekannten Zahlenwerten folgt für den Durchmesser der Uhr der Wert $U = 11\,cm$. Wird das Seil aber wie eine Garnrolle aufgewickelt und die Höhe H der Uhr bei gegebenem Durchmesser $U = 4\,cm$ bestimmt, dann folgt mit einer ähnlichen Überlegung: $H^2 = 4 \times d^2 \times L_{Seil}/(\pi \times U)$.

Das Einsetzen der Zahlen ergibt nun $H = 5\,mm$.

Die Technik macht's möglich! – Eine Magnetuhr

In *Leben und sterben lassen* erhält James Bond von seinem Vorgesetzten M Instruktionen für eine neue Mission. Diesmal soll der Schurke Kananga überführt werden. M trinkt während der Unterhaltung eine Tasse Tee und Miss Moneypenny erzählt James Bond, dass Q seine Armbanduhr repariert habe. Dabei handelt es sich um das Luxusmodell der Nobelmarke Rolex. M sieht darin eine Verschwendung von Steuergeldern und empfiehlt 007 für das nächste Mal einen fähigen und vor allem günstigen Uhrmacher. Schließlich ist Q ein hoch bezahlter Waffenspezialist und nicht für das schnöde Reparieren von Uhren zuständig.

Doch Q hat nicht einfach die Zeiger repariert oder eine neue Batterie eingesetzt. James Bond betätigt einen Knopf an der Uhr: Mit etwas Verzögerung wird der Löffel, mit dem M gerade noch seinen Tee umgerührt hat, angezogen, fliegt durch die Luft und klebt dann an der Uhr. Der Geheimagent schaltet die Uhr wieder ab und gibt M den Löffel zurück. Er erklärt seinem verblüfften Vorgesetzten: »Sehen Sie, man braucht nur diesen Knopf herauszuziehen, und schon wird ein so hochintensives magnetisches Feld erzeugt, dass man damit sogar eine Kugel aus größerer Entfernung ablenken kann – behauptet jedenfalls Q.«

M murmelt, nicht vollständig überzeugt und immer noch schlecht gelaunt, dass er das am liebsten gleich ausprobieren wolle, und verlässt mit Miss Moneypenny den Raum. Der Top-Agent wendet sich daraufhin einer schönen Italienerin zu, die er bis dahin im Schrank vor seinem Vorgesetzten versteckt hatte. Bei einer innigen Umarmung öffnet 007 mit seiner Magnetuhr den Reißverschluss des Kleides, was die Dame nur mit »Wo nimmst Du nur die Kraft her?« kommentiert. 007 antwortet: »Die Technik macht's möglich!«

Was macht die Technik wirklich möglich? Würde die Magnetuhr tatsächlich funktionieren?[8] Elektromagnete sind heutzutage Alltagsgegenstände. Im Physikunterricht hat jeder schon einmal Draht auf einen Nagel aufgewickelt und an eine Batterie angeschlossen. Das ist bereits ein Elektromagnet, der durchaus auch einen Löffel anziehen kann.

Bei einem Elektromagneten wird ein Magnetfeld durch fließenden Strom erzeugt. Das erklärt auch, warum man einen Elektromagneten im Gegensatz zu einem Permanentmagneten (wie etwa ein Stück magnetisiertes Eisen) ein- und ausschalten kann. Rein prinzipiell könnte die Magnetuhr also ein Elektromagnet sein, der dann natürlich einen Löffel aus Eisen oder Stahl anziehen würde.[9]

8 Die Magnetuhr wurde übrigens im Jahr 2002 von Fans zum beliebtesten James-Bond-Spielzeug gewählt.

9 Da M sich in der Szene über den britischen Steuerzahler Sorgen macht, der durch die kostspieligen Uhren des Top-Agenten

Wo ist also das Problem? Das wird offensichtlich, wenn wir die Frage präzisieren. In der Filmszene steht James Bond etwa einen Meter entfernt von M. Wir müssen daher genauer fragen: Wie stark müsste der Strom sein, der durch die Magnetuhr fließt, um dadurch ein Magnetfeld zu erzeugen, das einen Eisenlöffel aus einem Meter Entfernung anziehen kann?

Zuerst muss die Stärke von magnetischen Anziehungskräften genauer untersucht werden. Diese Kräfte werden mit zunehmendem Abstand sehr schnell winzig klein. Genau genommen gilt, dass eine magnetische Anziehungskraft im zehnfachen Abstand nicht nur auf ein Zehntel ihres ursprünglichen Wertes abgenommen hat, sondern bereits auf ein Zehnmillionstel. Die Kraft nimmt mit der siebenten Potenz des Abstands zwischen Magnet und anzuziehendem Gegenstand ab. Ein Vergleich zeigt die Bedeutung dieser Abhängigkeit noch besser: Ein kleiner Magnet, der in einer Höhe von einem Zentimeter über dem Erdboden einen Gegenstand von zehn Gramm, also zum Beispiel einen Teelöffel, anhebt, kann in einer Höhe von zehn Zentimetern nur noch einen Gegenstand von $10/10\,000\,000 = 0,000001$ Gramm = ein Mikrogramm anheben, was etwa der Masse eines Zuckerkorns entspricht. In einem Meter Entfernung wäre die Anziehungskraft nochmals zehnmillionenfach kleiner. Schon in einem Meter Abstand ist von der Kraft, die von dem Magneten ausgeht, also so gut wie nichts mehr zu spüren. Das zeigt, dass Bonds Magnetuhr offensichtlich ein extrem starkes Magnetfeld erzeugen

zu sehr strapaziert wird, kann durchaus davon ausgegangen werden, dass er seinen Tee mit einem billigen Löffel aus Eisen umrührt und nicht etwa mit einem Silberlöffel!

muss, um in dieser Entfernung noch einen Löffel anziehen zu können.

Damit der Löffel von der Uhr angezogen wird, muss die magnetische Anziehungskraft größer als die Schwerkraft sein, die den Löffel auf der Untertasse hält. Das sind die beiden Kräfte, die auf den Löffel einwirken (siehe Abbildung 4.4). Die Schwerkraft ist leicht zu berechnen. Bei einer Masse des Löffels von angenommen zehn Gramm ergibt sich eine Schwerkraft von 0,01×9,81 =0,0981 Newton. Zur Bestimmung der magnetischen Anziehungskraft muss der Abstand zwischen James Bond und dem Löffel geschätzt werden. Analysiert man ein Standbild der Filmszene, so sind zwei Drittel des Top-Agenten im Bild zu sehen. Da James Bond 1,83 Meter groß ist, ist diese Strecke also etwa 1,20 Meter lang. Der Abstand zwischen 007 und M ist etwa genauso groß, also ebenfalls 1,20 Meter.

Jetzt können wir überlegen, wie der Elektromagnet in der Uhr aufgebaut sein muss, damit er in 1,20 Meter Entfernung eine Anziehungskraft erzeugen kann, die dem Gewicht des Löffels entspricht. Bei einem Elektromagneten wird Draht zu einer Spule aufgewickelt, um das Magnetfeld zu verstärken. Die Form der Spule ist durch die Uhr festgelegt, denn der Durchmesser und die Höhe der Spule müssen natürlich in das Uhrengehäuse passen (siehe Abbildung 4.5), das einen Durchmesser von zwei Zentimetern bei einer Höhe von maximal einem Zentimeter hat. Daher kann das Magnetfeld der Spule eigentlich nur durch die Windungszahl, den fließenden Strom und das von der Spule umwickelte Material, in der Regel Eisen, beeinflusst werden.

Es handelt sich bei der Uhr von James Bond offensichtlich um eine sehr teure Rolex, bei deren Anblick M unmittelbar an den britischen Steuerzahler denken

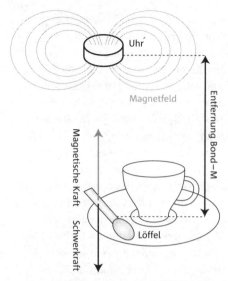

4.4 Veranschaulichung der auf Ms Löffel einwirkenden Kräfte. Wenn die magnetische Anziehungskraft größer ist als die Schwerkraft, dann wird der Löffel angezogen.

muss. Daher versuchen wir zunächst die Funktionsweise der Magnetuhr mit einem Aufbau zu erklären, bei dem sie weder geöffnet noch sonst irgendwie stark modifiziert werden muss. Wir nehmen an, das Q einfach nur eine Drahtwindung auf der Unterseite der Uhr versteckt hat – mehr nicht. Auf einen Eisenkern und auch mehrere Windungen verzichten wir also zunächst. Als Drahtmaterial soll Kupfer wegen seines geringen elektrischen Widerstands verwendet werden.

Nun kann der Strom berechnet werden, der durch diese Uhr fließen müsste, um einen Teelöffel in 1,20 Metern Entfernung anzuziehen. Es ergibt sich ein Wert von etwa 4,5 Milliarden Ampere! Das ist ein durchaus beachtlicher Wert, dessen Größe wir durch ein paar

Vergleiche veranschaulichen: Eine Taschenlampe wird mit etwa 0,2 Ampere betrieben, eine Elektroloko- motive immerhin mit etwa 300 Ampere, und in einem Blitz fließt kurzzeitig ein Strom der Stärke 100 000 bis 1 000 000 Ampere. Würde der für den Betrieb der Uhr notwendige Strom einer handelsüblichen Batterie entzogen, dann wäre sie nach gut einer Millionstel Sekunde leer.[10] So geht es also nicht.

Die schöne Rolex-Uhr kann aber noch perfektioniert werden, wenn man sie stark verändert und insbeson- dere alle Innereien entfernt. Es ist dann möglich, maxi- mal 100 Windungen dünnen Kupferdrahtes im Gehäuse unterzubringen. Da wir von einer etwa einen Zenti- meter hohen Uhr ausgehen, ist diese Zahl schon eher großzügig angesetzt. Das ergibt nun ein 100-mal grö- ßeres Magnetfeld, das die Uhr erzeugen kann, und somit einen 100-mal kleineren Strom, der zum Anzie- hen des Löffels benötigt wird. 45 Millionen Ampere sind aber immer noch unrealistisch groß. Weiterhin können die Kupferwindungen auf einen Eisenkern ge- wickelt werden.[11] Dadurch wird das Magnetfeld noch- mals um den Faktor 5 000 vergrößert und der benö- tigte Strom zum Anziehen des Löffels auf »nur« noch

10 In Wirklichkeit würde die Batterie bei einem so schnellen Entladevorgang aber wohl eher verdampfen!

11 Eisen ist ein sogenanntes ferromagnetisches Material und besteht selber aus lauter mikroskopisch kleinen Magneten. Durch ein äußeres Magnetfeld werden all diese kleinen sogenannten Elementarmagnete ausgerichtet. Dadurch verstärken sie das äußere Feld drastisch. Nur wenige Materialien haben diese Eigenschaft. Wenn aber alle Elementarmagnete ausgerichtet sind, dann befindet sich das Material in der magnetischen Sättigung. Eine Erhöhung des Stroms würde nun keine weitere merkliche Erhöhung des Mag- netfelds mehr bewirken. Wir gehen deswegen in diesem Kapitel immer davon aus, dass diese Sättigung noch nicht erreicht ist.

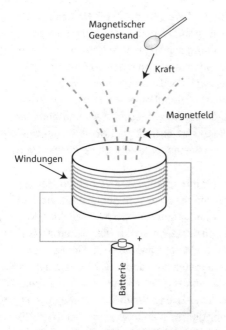

4.5 Schematische Darstellung einer zylinderförmigen Spule, wie sie in die Magnetuhr zu integrieren ist. Das Magnetfeld wird durch einen von einer Batterie gespeisten Strom erzeugt und übt eine anziehende Kraft auf einen Gegenstand aus. Es ist aus Übersichtsgründen nur angedeutet und verläuft eigentlich in geschlossenen Schleifen durch die Spule.

9000 Ampere gedrückt. Wenn Q tatsächlich eine Batterie entwickeln könnte, die diesen Strom liefert, dann würde die Uhr funktionieren.

Trotzdem tritt ein weiteres nicht unerhebliches Problem auf. Elektrischer Strom erzeugt nicht nur Magnetfelder, sondern auch Wärme. Der elektrische Strom, der durch eine Leitung fließt, heizt diese unweigerlich auf. Viele elektronische Geräte verfügen deswegen über einen Lüfter oder eine andere Art der Kühlung, damit diese Wärme an die Umgebung abgegeben werden kann. Deshalb können wir auch die Temperaturerhöhung der Magnetuhr berechnen, wenn James Bond sie einschaltet und die 9000 Ampere der Spezialbatterie durch den Draht der Kupferspule fließen: Die Uhr würde sich auf eine Temperatur von etwa 40 Millionen Grad Celsius aufheizen.[12] Als Konsequenz würde James Bond kurz nach dem Einschalten der Uhr in seine atomaren Bestandteile zerlegt werden und verdampfen.

Die Magnetuhr muss also erneut verbessert werden. Zuerst tauschen wir den Eisenkern gegen ein Material aus, das, wenn es mit Kupferdraht umwickelt wird, Magnetfelder noch effizienter verstärkt. Hier bieten sich sogenannte amorphe Metalle an, die auch zum Bau von Hochleistungsmagneten verwendet werden. Sie liefern einen Feldverstärkungsfaktor von etwa 500000 anstelle des Faktors 5000 des Eisens. Weiterhin nehmen wir als Durchmesser der Uhr drei Zentimeter an statt der realistischeren zwei Zentimeter. Dafür wird aber die Dicke auf 0,5 Zentimeter reduziert. Auch die Windungszahl muss noch einmal stark vergrößert werden. Anstatt der einlagigen Wicklung wird nun eine mehrfach gewickelte Spule verwendet, wie sie in Abbildung 4.6 dargestellt ist. Dabei werden jetzt drei Lagen von jeweils 600 Windungen sehr dünnen Kupferdrahtes verwendet.[13] Dies

---

12 Zum Vergleich: Diese Temperatur herrscht ungefähr im Inneren der Sonne.

13 Die Dicke des Drahtes wäre in der Tat nur 0,01 Millimeter, wenn 600 Windungen dreilagig auf einen Kern einer 0,5 Zentimeter hohen Uhr gewickelt werden sollen. Es erfordert noch einiges an Forschungsarbeit, solche dünnen Drähte herzustellen, die dann auch noch bei entsprechend großen Strömen nicht durchschmelzen.

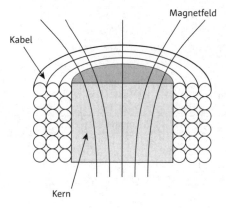

4.6 Dargestellt ist ein Schnitt durch die verbesserte Spule. Berechnungen zeigen, dass dreilagige Windungen mit jeweils 600 Drähten realistische Werte für die Magnetuhr ergeben.

sind also insgesamt 1 800 Windungen anstelle der bisherigen 100.

Beide Verbesserungen führen zu einem Gewinn, der dem Faktor 100 × 18 = 1 800 entspricht. Es ergibt sich dann nur noch ein benötigter Strom von etwa fünf Ampere, um den Löffel aus 1,20 Metern Entfernung anzuziehen, bei einer Temperaturerhöhung der Uhr um 250 Grad Celsius. Perfekt! 250 Grad Celsius sind zwar unangenehm, aber ein Top-Agent wie James Bond steckt das locker weg. Alternativ könnte diese Temperatur aber durch eine Keramikplatte an der Unterseite der Uhr leicht abgeschirmt werden.

Ein Effekt ist aber immer noch unberücksichtigt geblieben. Wegen der sogenannten lenzschen Regel[14]

---

14 Die lenzsche Regel besagt, dass der so genannte Induktionsstrom immer seiner Ursache entgegenwirkt. Im Fall der Magnetuhr ist die Ursache der Stromfluss, und dem Induktionsstrom entspricht das Magnetfeld. Das sich aufbauende Magnetfeld hemmt also kurz-

Durchmesser	3 Zentimeter
Dicke	0,5 Zentimeter
Windungen in 3 Lagen	1800 Kupferdraht
Material des Kerns	amorphes Metall Faktor 500000
Zeitverzögerung (90% der Maximalstärke)	3,5 Sekunden
Betriebsstrom	5 Ampere
Betriebstemperatur	ca. 250 Grad

4.7 Zusammenstellung der wichtigsten technischen Daten der Magnetuhr, die so funktionieren könnte.

ist das Magnetfeld der Spule nicht sofort da, sondern es baut sich langsam mit einer gewissen Verzögerung auf.

Die maximale Feldstärke wird erst eine gewisse Zeit nach dem Einschalten der Uhr erreicht. Für die Parameter der Magnetuhr ergibt das, dass 90 Prozent der Maximalfeldstärke nach ca. 3,5 Sekunden erreicht sind.

Phantastisch ist, dass wir in der Filmszene genau dies zu sehen bekommen! Erst mit einer Verzögerung von etwa drei Sekunden nach dem Einschalten der Magnetuhr beginnt der Löffel von Ms Untertasse loszufliegen. Diese Verzögerung ist das beste Beispiel für die lenzsche Regel.

Offensichtlich hat die von uns konstruierte Uhr genau die Eigenschaften der Magnetuhr in *Leben und sterben lassen*. In Abbildung 4.7 sind sie noch mal zusammengefasst.

Dass mit dieser tollen Magnetuhr dann natürlich leicht der Reißverschluss des Kleides der Dame geöffnet

zeitig den Stromfluss durch die Uhr, was wiederum dazu führt, dass sich das Magnetfeld langsamer aufbaut. Der Stromfluss durch die Spule behindert sich also selber, man spricht deshalb vom Phänomen der Selbstinduktion.

werden kann, versteht sich von selbst, vorausgesetzt der Reißverschluss ist aus Eisen oder Stahl. Der Abstand der Magnetuhr zum Reißverschluss beträgt in der Szene nur etwa zehn Zentimeter. Die Kraft, die zum Öffnen zur Verfügung steht, ist damit also $12^7 = 35$ Millionen Mal stärker als die Kraft auf den Löffel. Damit müsste sich ein Reißverschluss öffnen lassen. Möglicherweise wäre die Anziehungskraft so stark, dass er jetzt sogar aus dem Kleid herausgerissen würde. Das Öffnen würde allerdings auch schon mit der schwächeren Uhr funktionieren, bei der lediglich 100 Windungen auf einen Eisenkern gewickelt werden.[15]

Nun wollen wir noch untersuchen, was Q eigentlich mit der Magnetuhr vorhatte: Ist es möglich, mit ihr Kugeln abzulenken? Zunächst gibt es hier ein prinzipielles Problem. James Bond kann mit der Magnetuhr nur Gegenstände anziehen, nicht abstoßen, es sei denn, sie sind selbst magnetisch. Diese Eigenschaft ist aber bei einer Pistolenkugel eher unwahrscheinlich. Wenn also James Bond mit seiner Uhr auf eine Kugel zielt, dann leitet er diese direkt zu sich hin! Das wäre gut für seine Gegner und eher schlecht für ihn.

Aber was hat Q dann damit gemeint, die Uhr könne sogar Kugeln ablenken? Vielleicht dachte er daran, dass es möglich ist, mit der Uhr eine dritte Person, auf die geschossen wird, zu schützen. Zum Beispiel, wenn ein Bösewicht geradewegs auf das Herz seines Opfers zielt und James Bond dann seitlich dazu seine Magnetuhr einsetzt. So eine Situation ist in Abbildung 4.8 schematisch gezeichnet. Wenn nun Bond seine Uhr einschaltet,

---

15 Versuche zeigen, dass ein guter Reißverschluss geöffnet werden kann, wenn ein Gewicht von etwa 100 Gramm an die Öse gehängt wird. Diese Kraft ist zur Berechnung verwendet worden.

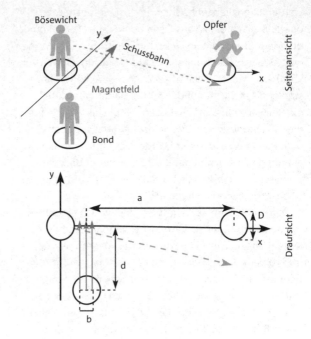

4.8 Oben: James Bond schützt einen Menschen, der erschossen werden soll, mit seiner Magnetuhr, indem er die Kugel an dem Opfer vorbeilenkt. Unten: Draufsicht.

sodass die Kugel auf ihrem Weg in das Herz des Opfers das Magnetfeld passiert, dann wird sie in der Tat ein wenig abgelenkt.[16] Im Magnetfeld ändert sich ihre Flugrichtung um einen gewissen Winkel. Danach fliegt sie mit konstanter Geschwindigkeit in die neue Richtung weiter. Ist die Uhr stark genug, dann fliegt die

---

16 Kugeln sind zwar häufig aus Blei, haben aber in der Regel einen Eisenkern. Reine Bleikugeln könnten von der Magnetuhr nur unmerklich abgelenkt werden.

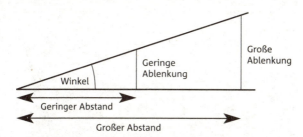

4.9 Der gleiche Ablenkungswinkel ruft bei einer geringen Entfernung eine kleine Ablenkung hervor, bei einer großen Entfernung hingegen eine entsprechend größere.

Kugel im Idealfall am Opfer vorbei. Der Ablenkungswinkel hängt dabei von der Stärke und Ausdehnung des Magnetfeldes und natürlich auch von der Geschwindigkeit der Kugel ab. Wesentlich dafür, ob das Opfer aber letztlich verfehlt wird, ist auch die Entfernung zwischen dem Opfer und dem Bösewicht. Wie Abbildung 4.9 verdeutlicht, gilt: Je länger die Kugel nach ihrer Ablenkung durch das Magnetfeld noch weiterfliegt, desto weiter entfernt sie sich von der geraden Schusslinie.

Abbildung 4.10 zeigt das Resultat von Berechnungen für den Mindestabstand zwischen dem Opfer und dem Bösewicht, sodass die Kugel ihr Ziel gerade verfehlt, wenn sich James Bond mit seiner Magnetuhr senkrecht zur Schussbahn in einem bestimmten Abstand befindet. Dabei wurde eine Uhr mit den in Abbildung 4.7 angegebenen Eigenschaften angenommen. Den Abstand zwischen 007 und der Schussbahn liest man auf der waagerechten Achse ab, den notwendigen Mindestabstand des Opfers zum Bösewicht auf der senkrechten. Dem Diagramm kann man beispielsweise entnehmen, dass, wenn der Top-Agent mit seiner Magnetuhr einen Meter von der Schussbahn entfernt steht, das Opfer

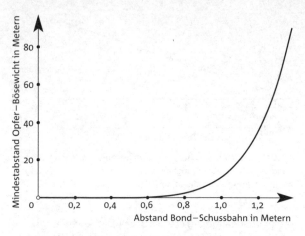

4.10 James Bond steht mit seiner Magnetuhr in einem gewissen Abstand zur Schussbahn des Bösewichts (waagerechte Achse). Die dunkle Linie beschreibt dann den Mindestabstand (senkrechte Achse) zwischen dem Opfer und dem Mörder aus Abbildung 4.8, damit die Kugel des Bösewichts ihr Ziel verfehlt. Beispielsweise liest man aus der Grafik ab, dass, wenn Bond mit seiner Uhr in 1,20 Metern Entfernung zur Schussbahn steht, das Opfer mindestens 30 Meter weit vom Bösewicht entfernt stehen muss, damit es noch von 007 mit seiner Magnetuhr gerettet werden kann. Man erkennt, dass dieser Mindestabstand sehr stark mit zunehmendem Abstand des Geheimagenten zur Schussbahn zunimmt.

mindestens zehn Meter vom Bösewicht entfernt sein muss, damit die Kugel es verfehlt.

Das klingt recht gut. Allerdings wird die notwendige Entfernung sehr schnell größer, wenn James Bond sich von der Schussbahn entfernt. Steht er etwa 1,20 Meter weit weg, so müsste die Strecke zwischen Opfer und Schütze bereits 30 Meter betragen. Wenn der Abstand zwischen 007 und der Schussbahn gar bei 1,50 Meter liegt, so müsste sich das Opfer in einem Abstand von über 80 Metern von seinem potenziellen Mörder befinden, damit dieser sein Ziel verfehlt. Einem Anstieg um 50 Prozent für den Abstand von James Bond zur Flugbahn steht somit also ein sechzehnfacher Abstand zwischen Opfer und Täter gegenüber.

Es ist also möglich, ein Opfer mit der Magnetuhr zu schützen, aber 007 muss sich sehr nahe an die Schussbahn heranwagen. Zu dieser Schwierigkeit kommt außerdem noch die zuvor beschriebene Zeitverzögerung von 3,5 Sekunden hinzu, mit der sich das Magnetfeld aufbaut. James Bond müsste also mindestens diese 3,5 Sekunden vorher wissen, dass auf das Opfer geschossen wird, damit er ihm mit der Magnetuhr das Leben retten kann.

James Bonds Magnetuhr wäre – rein prinzipiell – technisch realisierbar. Allerdings sind die benötigten Materialien an der absoluten Grenze des heute technisch Machbaren und erfordern einiges an Optimismus, falls jemand diese Uhr wirklich bauen wollte.[17]

Selbst wenn sie aber funktioniert, dann wäre ihr Einsatz sicher nur stark eingeschränkt möglich. Sie könnte zwar Teelöffel über eine Distanz von 1,20 Meter anziehen, schwerere Gegenstände über noch größere Distanzen aber wegen der starken Abstandsabhängigkeit der Anziehungskraft sicher nicht. Auch wäre es schwierig, die Magnetuhr zum Personenschutz einzusetzen. Hier darf man sich auch nicht viel weiter als einen Meter von der Schussbahn entfernt aufhalten, um die Flugbahn eines Geschosses signifikant abzulenken. Ms im Film geäußerte Bedenken hinsichtlich des britischen Steuerzahlers sind daher nicht ganz unbegründet.

---

17 Es wurde dieses Mal nicht thematisiert, welche Energie die Batterien der Uhr speichern müssten. Diese Energie wäre natürlich wieder der wesentliche Grund, warum eine solche Magnetuhr wohl niemals realisiert werden wird. Auch 5 Ampere sind für eine kleine Uhrenbatterie noch ein zu großer Strom.

Details für Besserwisser

Es soll nun etwas genauer erklärt werden, warum die magnetische Anziehungskraft so stark mit dem Abstand abnimmt. Die Magnetspule in der Uhr ist ein sogenannter magnetischer Dipol[18]. Man kann berechnen, dass die Stärke des Magnetfeldes eines solchen Dipols mit der dritten Potenz des Abstands abnimmt. Das bedeutet, dass im zehnfachen Abstand das Feld auf $1/10^3 = 1/1000$ abgenommen hat. Weiterhin ist das Magnetfeld proportional zum fließenden Strom durch die Spule, zu der Windungszahl und zu der Querschnittsfläche der Spule sowie zu einer Konstanten μ, die vom Material des Kerns der Spule abhängt.[19] Der Löffel aus Eisen wird nun wiederum durch dieses Magnetfeld der Uhr selber zu einem magnetischen Dipol, dessen Feldstärke vom äußeren Magnetfeld abhängt.[20] Da das äußere Magnetfeld der Uhr aber selber mit der dritten Potenz des Abstands abnimmt, ergibt sich insgesamt, dass die resultierende Anzie-

---

18 Elektrische Dipole sind in der Regel bekannter, da sie entstehen, wenn sich eine positive und eine negative Ladung in einem gewissen Abstand befinden. Magnetische Ladungen gibt es aber nicht, sodass magnetische Dipole etwas komplizierter sind als elektrische. Beispielsweise ist ein Stabmagnet ein magnetischer Dipol, dessen Feldlinien wahrscheinlich jeder schon einmal im Schulunterricht gesehen hat.

19 Hierbei handelt es sich um die sogenannte magnetische Permeabilität des Materials, aus dem der Kern der Spule besteht. Es gilt $\mu = 5000$ für Eisen und $\mu = 500000$ für die besten Materialien, sogenannte amorphe Metalle. Falls μ sehr viel größer als eins ist, dann bezeichnet man das Material als ferromagnetisch. Für die meisten Stoffe ist aber μ ungefähr gleich eins. Wir betrachten immer Materialien, die sich nicht in der sogenannten magnetischen Sättigung befinden.

20 Man spricht hier von einem sogenannten induzierten Dipol.

hungskraft mindestens mit der sechsten Potenz abfällt. Weiterhin ergibt die exakte physikalische Herleitung, dass die Anziehungskraft auf den Löffel nicht vom Magnetfeld selber, sondern der räumlichen Änderung des Feldes abhängt.[21] Daraus folgt dann schließlich, dass das Magnetfeld mit der siebenten Potenz des Abstands abnimmt, also in zehnfacher Entfernung bereits auf ein Zehnmillionstel abgefallen ist.

Die detaillierte Berechnung des Stroms, der für die Magnetuhr benötigt wird, um den Löffel anzuziehen, ist recht kompliziert und soll hier nicht angegeben werden. Für die Anziehungskraft ist neben der schon diskutierten Abstandsabhängigkeit klar, dass sie vom Quadrat des Spulenstroms I, dem Quadrat der Windungszahl N, dem Quadrat der Materialkonstante μ und der vierten Potenz[22] des Uhrendurchmessers d abhängt. Dies folgt mit gleichen Argumenten aus der Feldabhängigkeit des ursprünglichen Dipolfeldes, die bereits bei der Abstandsabhängigkeit diskutiert wurde. Für die magnetische Anziehungskraft F_{mag} gilt daher:

$$F_{mag} \propto I^2 \times \mu^2 \times N^2 \times d^4 / R^7$$

Dabei ist R der Abstand zwischen der Uhr und dem Löffel, und das Zeichen $\propto$ bedeutet, dass die Kraft proportional zu den Größen auf der rechten Seite der Gleichung ist und bei dieser Formel noch ein konstanter Faktor fehlt. Wenn nun der Löffel angezogen werden soll, dann muss die magnetische Anziehungskraft größer sein als das Gewicht des Löffels, also:

$$F_{mag} > M \times g.$$

21 Für Experten: Diese Änderung wird durch Ableitung des Abstandsgesetzes nach dem Ort bestimmt. Die Ableitung der Funktion $1/R^6$ ist aber im Wesentlichen $1/R^7$.

22 Das Quadrat der Querschnittsfläche ist proportional zur vierten Potenz des Durchmessers der Uhr.

Dabei ist M die Masse des Löffels und $g = 9{,}81\,m/s^2$ die Erdbeschleunigung. Wenn nun in dieser Ungleichung die magnetische Anziehungskraft eingesetzt wird, dann kann eine Bedingung für den Spulenstrom I angegeben werden, der benötigt wird, um den Löffel anzuziehen. Die exakte Berechnung ergibt schließlich die unübersichtliche Formel:

$$I^2 > 32 \times g \times \rho \times \mu_{\text{Löffel}} \times R^7 / (3 \times \mu_0 \times (\mu_{\text{Löffel}} - 1) \times N^2 \times d^4 \times \mu^2)$$

Dabei ist ρ die Dichte des Materials des Löffels[23], $\mu_{\text{Löffel}}$ ist die Konstante des Löffelmaterials, die analog zu der Konstanten μ für den Spulenkern definiert ist[24] und μ_0 ist die sogenannte magnetische Feldkonstante mit dem Wert $\mu_0 = 4 \times \pi \times 10^{-7}\,Vs/Am$. Mit dieser Formel sind die Angaben zu den Stromstärken im Text für die jeweiligen Größen der Spule in der Magnetuhr berechnet worden.

Wenn die Formel für die magnetische Anziehungskraft genauer analysiert wird, dann fällt neben der starken Abstandsabhängigkeit auch die starke Abhängigkeit vom Durchmesser der Magnetuhr auf. Die obige Formel liefert: $F_{\text{mag}} \propto d^4$.

Für die Magnetuhr ist es also nicht nur problematisch, dass der Löffel sich in der relativ großen Entfernung von $1{,}20\,m$ befindet, sondern auch, dass die Uhr nur einen relativ kleinen Durchmesser hat. Mit einem großen Elektromagneten, wie er beispielsweise auf Schrottplätzen zu finden ist, wäre es hingegen leicht möglich, einen Löffel aus über einem Meter Entfernung anzuziehen.[25] Der Durchmesser eines solchen Elektromagneten ist etwa fünfzigmal größer als der Durchmes-

23 Im Fall von Eisen wäre die Dichte etwa $\rho = 7{,}5\,g/cm^3$.
24 Da der Löffel aus Eisen ist, gilt $\mu_{\text{Löffel}} = 5\,000$.
25 Dies wurde experimentell von den Autoren auf einem Dortmunder Schrottplatz verifiziert.

ser der Magnetuhr. Die Anziehungskraft ist damit dann $50^4 = 6\,250\,000$ Mal stärker!

In *Man lebt nur zweimal* wird James Bond von japanischen Schurken in einem Auto verfolgt. Der japanische Geheimdienst kommt 007 aber mit einem Hubschrauber, an dem ein großer Magnet heruntergelassen wird, zu Hilfe. Dieser Magnet wird auf das Dach des Autos herabgelassen und der Wagen dann zu James Bonds Freude von der Straße gehoben. Diese Szene ist natürlich realistisch, da einerseits der Abstand klein ist, weil der Magnet auf das Dach schlägt, und andererseits der Durchmesser des Magneten groß ist. Beide Effekte erhöhen die magnetische Anziehungskraft drastisch.

Die Berechnung der Temperatur, auf die die Magnetuhr jeweils erhitzt würde, erfolgt analog wie im Kapitel über das Schmelzen von Metallen durch Laserstrahlen. Eine Energiezufuhr von E kann einfach in eine Temperaturänderung T umgerechnet werden mit[26]:

$$E = c_{Uhr} \times M_{Uhr} \times T$$

Dabei ist die spezifische Warme c_{Uhr} eine bekannte Materialkonstante und M_{Uhr} die Masse der Uhr. Die Energie E kommt aus der Batterie der Uhr und ergibt sich zu: $E = U \times I \times t = R \times I^2 \times t$.

Hierbei sind U die Spannung der Uhrenbatterie, R der elektrische Widerstand der Magnetspule in der Uhr und t die Dauer des Betriebes der Uhr. Der elektrische Widerstand R eines Drahtes der Länge L und des Querschnitts A kann mit der folgenden Gleichung berechnet werden: $R = \rho_{spez} \times L / A = \rho_{spez} \times \pi \times d \times N / A$.

---

26 Dabei wäre auch noch zu fragen, ob diese Formel überhaupt für so hohe Temperaturen gilt, wie sie im Text vorkommen. Schmelz- und Verdampfungswärmen wurden aus Gründen der Einfachheit auch nicht berücksichtigt.

Dabei ist ρ_{spez} der spezifische Widerstand des Spulen-materials, also der spezifische Widerstand von Kupfer. Auch diese Zahl ist eine bekannte Konstante. Die Querschnittsfläche A kann aus der Geometrie der Spule ebenfalls berechnet werden. Das Einsetzen aller Formeln ineinander ergibt einen Ausdruck für die Temperaturänderung, die die Uhr bei Stromfluss erfährt:

$$T = \pi \times \rho_{spez} \times d \times N \times I^2 \times t / (A \times c_{Uhr} \times M_{Uhr})$$

Diese Formel haben wir zur Berechnung der angegebenen Temperaturen verwendet, wobei geeignete Werte für c_{Uhr} und M_{Uhr} angenommen wurden.

KAPITEL 5

DIE MYTHEN AUS *GOLDFINGER*

Kein James-Bond-Abenteuer hat es unter Fans bisher zu einer größeren Popularität gebracht als der 1964 gedrehte Film *Goldfinger*. Man könnte fast sagen, dieser Film hatte einen nachhaltigen Eindruck auf die Gesellschaft! Einige Szenen sorgten nämlich dafür, dass sich Mythen gebildet haben, die bis zum heutigen Tag weiterleben. So wird bis heute kontrovers diskutiert, ob jemand wirklich sterben würde, dessen Haut mit einer hauchdünnen Goldschicht überzogen ist. Genau das passiert in einer der bekanntesten Filmszenen überhaupt: James Bond findet Jill Masterson vollständig mit Gold überzogen auf ihrem Bett – tot. Woran ist sie gestorben?

Der Bösewicht Auric Goldfinger möchte mit dem Unternehmen »Grand Slam« seinen Reichtum ins Unermessliche steigern. Er eröffnet seinen Plan, in Fort Knox einzubrechen, und hat es damit offensichtlich auf die amerikanischen Goldreserven abgesehen. Doch Goldfinger will keinesfalls das Gold aus Fort Knox abtransportieren, denn das wäre allein schon wegen des Gewichts der Barren problematisch. Doch was plant der Bösewicht dann?

Auric Goldfinger handelt rätselhaft: In einer Szene erklärt er seinen Mitstreitern das Unternehmen »Grand Slam« und verlässt dann den Raum. Dann können wir sehen, wie ein offenbar giftiges Gas ausströmt und alle zurückgebliebenen Personen augenblicklich sterben. Dasselbe ist beim Sturm auf Fort Knox zu beobachten: Alle dort stationierten Soldaten fallen sofort um, nachdem Flugzeuge Gas freisetzten. Funktioniert diese schaurige Mordmethode wirklich so schnell? Welche Prozesse laufen bei der Ausbreitung eines Gases in einem Raum ab und wie groß ist die Geschwindigkeit, mit der das passieren kann?

Auch bei der Frage, ob man eine Waffe in einem Flugzeug abfeuern kann, hat James Bond einiges zur Verwirrung beigetragen: In einer Szene erklärt der Geheimagent Pussy Galore, die gerade eine Waffe auf ihn richtet, dass ihre Kugel nicht nur ihn, sondern auch die Flugzeugwand durchschlagen werde, was wegen des Druckabfalls das Flugzeug zum Absturz bringen würde. Dank dieser Filmszene glauben die meisten Menschen, dass aus diesem Grund keine Waffe in einem Flugzeug abgefeuert werden sollte.[1] Was ist also dran an diesem, auf den ersten Blick recht logisch erscheinenden Mythos?

Woran starb die goldene Dame?

In *Goldfinger* wird James Bond mit der Überwachung des Goldhändlers Auric Goldfinger beauftragt, der des

---

[1] Es gibt sicher viele gute Gründe, warum man in einem Flugzeug keine Waffe abfeuern sollte und warum man nicht einmal eine Waffe in ein Flugzeug mitbringen sollte. Diese wollen wir hier aber nicht diskutieren.

5.1 Auric Goldfinger (Gert Fröbe) hat James Bond (Sean Connery) entführt.

Schmuggels von Gold verdächtigt wird. Bei Beginn der Beschattung lernt James Bond das Mädchen Jill Masterson kennen, das als Assistentin für Goldfinger arbeitet. Mit dem ihm eigenen Charme gelingt es 007 in nullkommanichts, Jill Masterson zu beeindrucken – und die beiden genießen ein paar nette Stunden in einem Hotelzimmer. Als Bond in den Nebenraum geht, um eine neue Flasche Champagner aus dem Kühlschrank zu holen, wird er mit einem Handkantenschlag gegen die Halsschlagader k. o. geschlagen. Dabei ist nur der Schatten des Täters zu sehen, der ein offensichtlich kräftiger Mann mit Hut ist. Nach einer dem Zuschauer unbekannten Zeitspanne erwacht James Bond aus seiner Ohnmacht, richtet sich auf und wankt noch leicht benommen zurück in das Schlafzimmer. Er stutzt und schaltet das Licht an. Auf dem Bett liegt Jill Masterson, von oben bis unten mit einer golden schimmernden Schicht bedeckt. James Bond tritt an das Bett, fühlt ihren Puls und stellt fest, dass sie tot ist.

Beim späteren Treffen mit seinen Auftraggebern erklärt der Geheimagent genau, wie Jill Masterson gestorben ist: Das Mädchen sei erstickt, da durch die Beschichtung mit Gold die Haut nicht mehr in der Lage sei, zu atmen. Dennoch, so sagt Bond, könne man eine derartige Beschichtung überleben, wenn eine kleine Stelle am Rücken frei gelassen werde, durch die genug Luft aufgenommen werden kann. Miss Masterson musste aber leider sterben, da ihr ganzer Körper mit Gold überzogen wurde. Wir fragen uns natürlich: Ist es möglich, dass jemand durch eine Goldschicht erstickt?

Allerdings wollen wir zuerst wissen, wie die Goldschicht aufgetragen wurde, und ob es sich hier wirklich um echtes Gold handeln kann. Die Möglichkeiten, einen Menschen zu vergolden, sind stark eingeschränkt. Angenommen, das Gold wird in geschmolzener Form aufgebracht, dann wird dies definitiv gut sichtbare Spuren auf dem Körper hinterlassen, da der Schmelzpunkt von Gold bei ca. 1000 Grad Celsius liegt. Die Verbrennungen, die dabei entstünden, würden Jill Mastersons Erscheinungsbild natürlich verändern. Von Entstellungen ist in der Szene aber gar nichts zu sehen – im Gegenteil: Jill Mastersons Leiche ist makellos. Eine Beschichtung mit flüssigem Gold ist zudem unwahrscheinlich, da sich nirgendwo im Raum oder auf dem Bett Goldspuren befinden. Wo sollte der Prozess des Vergoldens sonst stattgefunden haben? Jill Masterson wegzubringen und irgendwo anders zu vergolden, hätte sehr lange gedauert und zudem unnötige Aufmerksamkeit erregt. Ein Überzug aus echtem flüssigen Gold ist also nicht besonders wahrscheinlich.

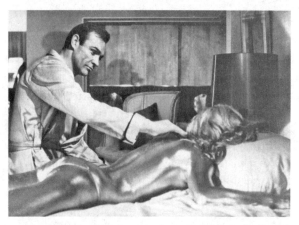

5.2 Die wohl bekannteste Szene aus James-Bond-Filmen überhaupt: Jill Masterson (Shirley Eaton) liegt tot auf dem Hotelbett. Augenscheinlich ist sie komplett mit einer golden glänzenden Schicht bedeckt. Ist das die Todesursache?

Eine weitere Möglichkeit des Vergoldens ist das Auftragen von Blattgold. Das ist jedoch eine sehr aufwendige Methode. Die Goldblättchen werden einzeln und mit großer Sorgfalt mit einem Pinsel auf das zu vergoldende Objekt aufgetragen. Das bedeutet einen noch größeren Zeitaufwand und ist damit für Goldfingers Zwecke ebenfalls nicht praktikabel.

Erfreulicherweise ist die Antwort auf unsere erste Frage gar nicht so schwer: In der deutschen Fassung von *Goldfinger* spricht James Bond in der Szene von »Gold«. Im englischen Original jedoch sagt er: »She's covered in paint, goldpaint.« Also handelt es sich hier nicht um Gold, sondern nur um Goldfarbe. Farbe ist natürlich ungleich leichter aufzutragen und stellt somit die einfachste und vermutlich in dieser Szene angewandte Art dar, Miss Masterson zu vergolden.

Und jetzt zu unserer eigentlichen Frage: Wieso stirbt Jill Masterson durch die Goldschicht auf ihrer Haut?

Dazu haben die Spezialisten von »MythBusters«, einer Sendung des amerikanischen Fernsehsenders Discovery Channel, die sich mit der Nachstellung und Überprüfung von urbanen Mythen befasst, Untersuchungen angestellt. Sie haben einen Mitarbeiter mit Goldfarbe bemalt und unter ärztlicher Aufsicht die Reaktionen des Körpers beobachtet. Der wichtigste Wert, nämlich die Sauerstoffsättigung des Bluts, erfuhr dabei nicht die geringste Änderung durch die Farbschicht. Und der leitende Arzt bestätigte das Ergebnis, dass man durch eine Beschichtung mit Goldfarbe nicht ersticken kann. Der Mensch atmet nur zu ca. ein Prozent durch die Haut. Somit können wir Bonds Erklärung von Jill Mastersons Tod sicher ausschließen. Auch der beste Geheimagent kann sich mal irren, wie es scheint.

Eine weitere Todesursache haben wir bereits ausgeschlossen: Tod durch Verbrennungen. Zwar ist es möglich, an großflächigen, tiefen Verbrennungen zu sterben, aber wie gesagt: In der Szene ist leicht zu erkennen, dass Miss Masterson keinerlei Verletzungen aufweist. Verbrennungen waren es also auch nicht.

Es bleibt noch eine Todesursache übrig, die auch der Arzt der »MythBusters« als wahrscheinlich annimmt: Tod durch Überhitzung. Im Normalfall gibt ein Mensch einen Teil seiner Körperwärme über verschiedene Mechanismen nach außen ab und reguliert dadurch seine Körpertemperatur. Durch die goldene Schicht findet diese Temperaturregulierung nicht mehr oder nur noch eingeschränkt statt und der Körper erhitzt sich allmählich. Eine Körpertemperatur von 42 Grad Celsius über einen längeren Zeitraum hinweg führt unweigerlich zum Tod.

Wir müssen deshalb klären, wie lange es dauert, bis der Tod durch Überhitzung eintritt. Damit wissen wir auch, wie lange James Bond mindestens bewusstlos gewesen sein muss, um nach dem Aufwachen Jill Masterson tot aufzufinden.

Für einen ersten Überblick betrachten wir zunächst den Fall der vollständigen Isolierung. Es wird also angenommen, dass die aufgetragene Goldschicht die vom Körper abgegebene Wärme komplett abschirmen kann und sich der Körper damit immer mehr aufheizt.

Ein Mensch strahlt im Durchschnitt eine Wärmeleistung von etwa 100 Watt ab.[2] Da Jill Masterson eine recht zierliche Frau ist, nehmen wir im Folgenden nur 70 Watt Strahlungsleistung für sie an und eine Körpertemperatur von 37 Grad Celsius.[3] Daher müssen wir ermitteln, wie lange es dauert, bis sich der Körper von Miss Masterson um fünf Grad Celsius erwärmt hat. Dabei spielt natürlich auch ihr Gewicht eine große Rolle. Aufgrund der optischen Erscheinung und der Körpergröße der Schauspielerin Shirley Eaton können wir dieses auf 55 Kilogramm schätzen. Diese 55 Kilogramm werden also ständig mit einer Leistung von 70 Watt aufgeheizt. Wegen der Goldschicht wird diese Energie nicht wieder an die Umgebung abgegeben. Eine Berechnung ergibt, dass nach etwa 3,5 Stunden der Tod

---

2 Darum trägt der Mensch in der Regel Kleidung. Diese recht beträchtliche Leistung von 100 Watt soll nicht ungehindert in die Umgebung abgegeben werden.

3 Normal sind bekanntlich 36 bis 37 Grad Celsius. Aufgrund der vorangegangenen Stunden mit 007 scheint es aber realistisch, eine leicht erhöhte Körpertemperatur für Jill Masterson anzunehmen.

der Dame durch innere Überhitzung eintreten würde, weil ihr Körper sich dann auf 42 Grad Celsius aufgeheizt hat. So lange war James Bond also auch mindestens bewusstlos.

Dies klingt zunächst relativ realistisch, jedoch haben unsere Betrachtungen eine große Schwäche: Die Annahme, dass die vom Körper abgestrahlte Leistung vollständig im Körper verbleibt, wäre bei einer Ummantelung der Dame mit Styropor oder einem anderen sehr guten Isoliermaterial sicher erfüllt. Gold und auch Goldfarbe haben allerdings nicht diese guten Isoliereigenschaften.[4]

Es muss also eine etwas genauere Betrachtung angestellt werden, bei der auch der Wärmefluss durch die Goldschicht mit berücksichtigt wird, das heißt, dass ein Teil der Wärme durch die Goldschicht nach außen abgeführt werden kann. Interessant ist nun die Frage, wie hoch der Anteil der abgeführten Wärme ist. Dazu werden einige stoffspezifische Daten von Gold benötigt. Außerdem ist nun auch die Zimmertemperatur wichtig, da die Geschwindigkeit der Wärmeabgabe vom herrschenden Temperaturgefälle, also der Differenz aus Körper- und Zimmertemperatur, abhängig ist.[5] In Anbetracht der Tatsache, dass sich die Szene in Miami Beach abspielt, wurde die Raumtemperatur mit 28 Grad Celsius angesetzt. Und es fließt noch die Körperoberfläche der Dame in die Rechnung mit ein, die bei Frauen durchschnittlich 1,6 Quadratmeter beträgt. Zusätzlich ist die abgegebene Wärme auch abhängig von der Dicke

---

4 Wäre das so, dann müssten Häuser einfach nur mit Goldfarbe gestrichen werden, um eine optimale Wärmedämmung zu erreichen.

5 Die Erfahrung lehrt, dass heißer Kaffee im Schnee auch schneller abkühlt als in der prallen Sommersonne.

der Goldschicht, die ähnlich einer Lackschicht zu 0,1 Millimetern angenommen wurde.

Mit diesen Zahlen ergibt sich eine nach außen durch die Goldschicht hindurch abführbare Wärmemenge von gigantischen 45 Millionen Watt.[6] Das bedeutet, dass bei den getroffenen Annahmen eine so große Wärmemenge nach außen abgegeben werden könnte, dass Jill Mastersons 70 Watt überhaupt nicht ins Gewicht fallen würden. Ihre 70 Watt gingen ungehindert durch die Goldschicht, und sie würde sich überhaupt nicht aufheizen!

Umgekehrt kann man nun fragen, wie dick die Goldschicht sein muss, damit eine Leistung von 70 Watt zu einer merklichen Veränderung der Körpertemperatur führt. Mit den vorhandenen Zahlen ergibt sich ein Wert von 64 Metern. Würde man Miss Masterson also in eine massive Goldkugel mit einem Radius von 64 Metern einkleiden, dann würde ein Teil der vom Körper abgestrahlten Wärme innerhalb der Goldschicht verbleiben und das Mädchen allmählich erwärmen. Doch von einer Goldkugel mit 128 Metern Durchmesser ist im Film nichts zu sehen.[7]

Wenn allerdings die Goldschicht die Wärme zum Teil nach innen zurückreflektieren würde, wie das die Rettungsdecke aus dem Erste-Hilfe-Kasten tut, dann könnte

---

6 Dies entspricht der Leistung, die von etwa 45 Windrädern erzeugt wird, und ausreicht, um drei ICEs mit Doppeltraktion zu bewegen.

7 Das wäre auch eine sehr kostspielige Angelegenheit – selbst für einen Multimillionär wie Auric Goldfinger. Denn mit dem damals gültigen Goldpreis von 1 281 US-Dollar pro Kilogramm würde eine solche Goldschicht das kleine Vermögen von rund 27 Billionen US-Dollar kosten. Das wäre doch sehr viel Aufwand für den Mord an einer illoyalen Mitarbeiterin.

die Sache funktionieren.[8] Bei einer reflektierenden Goldschicht beträgt der Teil der Wärmestrahlung, der absorbiert wird, nur etwa zwei Prozent; der Rest wird reflektiert. Also verbleiben hier immerhin 68,8 Watt im Körper und es ergibt sich eine Zeitspanne bis zum Eintritt des Todes durch Überhitzen von drei Stunden und 36 Minuten. Aber: Anders als bei der Rettungsdecke, bei der sich zwischen Körper und reflektierender Schicht Luft befindet, sind bei dem Goldüberzug der Körper und die Goldschicht in direktem Kontakt. In diesem Fall kann keine Reflexion stattfinden, mithin kann der Rettungsdeckeneffekt nicht eintreten![9]

Auf welchem Wege gibt der Körper sonst noch Wärme ab? Einer der bekanntesten Mechanismen ist das Schwitzen. Durch Verdunstung des Schweißes auf der Haut wird Wärme abgegeben und somit der Körper gekühlt. Ein Mensch produziert pro Nacht im Durchschnitt etwa einen halben Liter Schweiß. Nimmt man nun an, dass der Durchschnittsmensch etwa acht Stunden pro Nacht schläft, so ergibt sich eine durch Schwitzen abgegebene Leistung von 41,8 Watt. Die hauteigene Kühlung ist bei einer vollständigen Beschichtung mit Gold bzw. Goldfarbe aber nicht mehr möglich, da die Poren auf der Haut versiegelt werden. Die Leistung von 41,8 Watt kann nicht abgegeben werden, die verbleibende Wärme führt zur Erhitzung des versiegelten Körpers. Bis zum Erreichen

---

8 Deswegen sollen Rettungsdecken immer so eingesetzt werden, dass die goldene Seite nach innen zeigt.

9 Eine perfekte Rettungsdecke würde genauso wie eine perfekt reflektierende Goldschicht zum Tod durch innere Überhitzung führen. Eine Rettungsdecke ist aber nie perfekt und liegt an verschiedenen Stellen direkt am Körper an, sodass für Unfallopfer keine Gefahr der Überhitzung besteht.

der kritischen Körpertemperatur von 42 Grad Celsius vergehen rund sechs Stunden.

Das wäre ein durchaus realistisches Szenario und höchstwahrscheinlich der Grund für Jill Mastersons tragischen Tod. Das bedeutet aber auch, dass James Bond einen so starken Schlag erhalten hat, dass er für mindestens sechs Stunden bewusstlos auf dem Boden im Nebenraum gelegen haben muss.[10]

Details für Besserwisser

Die Grundlage aller Berechnungen zur Überhitzung der goldenen Dame ist die Verknüpfung zwischen der Temperaturänderung eines Körpers und der dafür benötigten Wärmemenge. Dieser Zusammenhang wurde schon in den Unterkapiteln über das Schmelzen von Metallen mit Lasern und beim Erhitzen der Magnetuhr erklärt. Eine Energie- bzw. Wärmezufuhr von E kann einfach in eine Temperaturänderung T umgerechnet werden mit: $E = c_{Dame} \times M_{Dame} \times T$.

Dabei ist die spezifische Wärme c_{Dame} eine bekannte Materialkonstante und M_{Dame} die Masse von Jill Masterson. Die spezifische Wärme für Wasser hat einen Wert von etwa 4000 J/(kg×K). Da der menschliche Körper zu 80 % aus Wasser besteht, kann die Wärmekapazität der Dame zu $c_{Dame} = 3200$ J/(kg×K) angenommen werden. Diese Zahl bedeutet, dass eine Wärmeenergie von

---

10 Das ist nicht unwahrscheinlich, denn der Schatten gehörte definitiv zu Oddjob, dem stummen, aber immens kräftigen Adlatus von Auric Goldfinger. Die Frage, warum sich Jill Masterson nicht gegen den Goldüberzug gewehrt hat, ist damit auch einfach zu beantworten: Sie scheint mit einem ähnlichen Schlag wie James Bond vorab außer Gefecht gesetzt worden zu sein.

3 200 J benötigt wird, um ein kg von Jill Masterson um 1°C zu erhitzen.

Für die vom menschlichen Körper abgegebene Leistung gilt: $P = E/t$. Die Leistung ist also die Energie, die pro Zeit an die Umgebung abgegeben wird. Wenn E nun die Energie ist, die benötigt wird, um Jill Masterson zu überhitzen, dann kann bei einer bekannten Leistung von 70 W die Zeit t berechnet werden, die vergeht, um Jill Masterson um 5°C zu erhitzen. Als Formel ergibt sich dann: $t = c_{Dame} \times M_{Dame} \times T/P$.

Einsetzen der Zahlenwerte aus dem Text liefert die jeweils angegebenen Zeiten, die bis zum Eintritt des Todes vergehen müssen.

Bei der Schweißbildung und anschließenden Verdunstung muss die Verdunstungswärme Q_V von Wasser berücksichtigt werden. Für die Energie E, die benötigt wird, um eine Menge $M_{Schweiß}$ an Schweiß zu verdunsten, gilt: $E = M_{Schweiß} \times Q_V$.

Die Verdunstungswärme für Wasser beträgt $Q_V = 2400 \, J/g$, d. h. man benötigt eine Energie von 2 400 J, um 1 g Schweiß zu verdunsten. Die Verdunstungsleistung ist dann: $P = M_{Schweiß} \times Q_V/t_{Schlaf}$.

Dabei ist $t_{Schlaf} = 8 \, h$ die Schlafdauer mit der dabei produzierten Schweißmenge $M_{Schweiß} = 0,5 \, kg$. Diese Leistung muss dann in den Nenner der obigen Formel eingesetzt werden, um die Überhitzungszeit t zu berechnen.

Die Wärmeleitung durch eine Schicht der Dicke D und Fläche A vollzieht sich nach dem fourierschen Gesetz: $P = \lambda A T/D$. Dabei ist P die Wärmeleistung, die bei einem Temperaturgefälle von T durch die Schicht hindurchtritt. Die Wärmeleitfähigkeit λ ist eine weitere Materialkonstante. Sie beträgt für Gold 310 W/(m × K). Da die Dicke der Schicht im Nenner steht, wird für eine dünne Schicht eines gut wärmeleitenden Materials diese Leistung recht groß.

Das Unternehmen »Grand Slam«

Das Unternehmen »Grand Slam« ist eine der besten, aber auch am wenigsten im Detail verstandenen Aktionen eines James-Bond-Bösewichts: Der Goldschmuggler Auric Goldfinger plant, in Fort Knox einzubrechen, um die gesamten Goldvorräte der Vereinigten Staaten radioaktiv zu verseuchen.

007 hat bereits erste Einblicke in diesen Plan erhalten, konnte die Machenschaften Goldfingers aber noch nicht vollständig durchschauen. In der Szene befindet er sich als Gefangener auf Goldfingers Ranch und wird auf die Veranda vor dem Haupthaus geführt. Goldfinger sitzt mit einem Drink im Schatten und lässt zu Beginn des Gesprächs James Bond ebenfalls einen solchen Drink bringen. Bond setzt sich ihm gegenüber.

Innerhalb dieses Vieraugengesprächs werden einige interessante Zahlen und Fakten genannt, die das Unternehmen »Grand Slam« genauer erklären.

Der Dialog beginnt so:

Goldfinger »Sie sind ungewöhnlich gut informiert, Mr. Bond.«
Bond »Sie werden 60 000 Menschen sinnlos umbringen.«
Goldfinger »Ach, Autofahrer bringen im Laufe von zwei Jahren genauso viele um.«

Ist die Zahl der Verkehrstoten im Jahr 1964 tatsächlich schon so hoch gewesen, obwohl es damals nur einen Bruchteil des Verkehrsaufkommens im Vergleich zu heute gab? Und wie kommt Bond auf die Zahl von 60 000 Menschen? Die zweite Frage ist relativ einfach zu beantworten. Diese Zahl bezieht sich auf die Besatzung des Militärstützpunkts, der zu Fort Knox gehört, und berücksichtigt auch dort lebende Familienangehörige. Die Zahl der Verkehrstoten ist noch interessanter. In der Tat bewegt sich diese Zahl in den Fünfzigerjahren bei etwa 35 000 Verkehrstoten pro Jahr. Damit kommt man also in etwa auf 60 000 in zwei Jahren. Allerdings steigt diese Zahl in den Sechzigerjahren kontinuierlich mit der zunehmenden Verkehrsdichte an. Um 1970 sterben auf amerikanischen Straßen bereits 55 000 Menschen jährlich. Erst Mitte der Siebzigerjahre sinkt die Zahl der Verkehrstoten mit der Einführung des Sicherheitsgurts. Im Jahr 2004 beträgt diese Zahl aber immer noch etwa 40 000, was auch dem heutigen Stand entspricht.[11]

James Bond spricht dann weiter:

»Kann sein. Ich habe inzwischen auch ein paar Berechnungen angestellt. 15 Millionen Dollar in Goldbarren wiegen 10 500 Tonnen. 60 Mann würden ungefähr zwölf Tage brauchen, um sie mit 200 Lastwagen zu verladen. Sie haben aber höchstens zwei Stunden Zeit, bevor die Armee, die Marine und die Luftstreitkräfte anmarschieren und Sie zwingen, das Gold wieder herauszurücken.«

11 In Deutschland sind es im selben Jahr 5 800 Tote gewesen. Auffällig daran ist, dass diese Zahl pro Einwohner gerechnet nur etwa halb so groß ist wie in den USA, und das trotz des dortigen rigiden Tempolimits. In der Tat sind etwa 50 Prozent der amerikanischen Verkehrstoten aus 2004 nicht angeschnallt gewesen.

Auch diese Zahlen wollen wir überprüfen: Sind 10 500 Tonnen Gold wirklich nur 15 Millionen US-Dollar wert und bewerkstelligen 60 Mann das Verladen dieser Menge in zwölf Tagen? Da 200 Lastwagen für die Menge Gold zur Verfügung stehen, muss jeder einzelne etwa mit 53 Tonnen belastet werden. Das ist sicherlich möglich, wenngleich 53 Tonnen pro Lastwagen eine ganze Menge ist.[12] Jeder der 60 Männer muss an einem Tag etwa 14,5 Tonnen bewegen. Das entspricht 49 Goldbarren[13] pro Stunde. Da es aber sogar einen Aufzug in Fort Knox gibt und man für den Transport durchaus Hilfsmittel wie kleine Schubkarren benutzen kann, ist das für Goldfingers Schurkentruppe durchaus machbar. James Bond hat also mit seinen Zahlenspielereien recht. Besonders aber mit der Aussage, dass die Aktion in zwei Stunden natürlich nicht machbar ist. Selbst ein Superschurke schafft keine 5 000 Tonnen pro Stunde!

Bleibt noch die Frage des Werts. In den Sechzigerjahren ist der Goldpreis an den US-Dollar gekoppelt gewesen, was durch das sogenannte Bretton-Woods-System geregelt war. Im Erscheinungsjahr des Films 1964 kostete eine Feinunze[14] Gold 35 US-Dollar. Damit berechnet man für die 10 500 Tonnen einen Wert von 11,8 Milliarden US-Dollar. Hat sich 007 bei seinen 15 Millionen US-Dollar etwa so kapital verrechnet? Die Antwort ist eindeutig: nein. In der englischen Originalfassung spricht James Bond von »billion«, also von Milliarden. Es handelt sich also um einen Überset-

---

12 Allerdings muss hier angemerkt werden, dass James Bond mit Sicherheit nicht in metrischen Tonnen rechnet. Im Vereinigten Königreich ist die Tonne nämlich 1 016 Kilogramm schwer.
13 Ein Goldbarren hat eine Masse von 12,44 Kilogramm.
14 Eine Feinunze (oder Unze) ist 31,1 Gramm schwer.

zungsfehler. Der Top-Agent liegt damit zwar immer noch etwas daneben, aber immerhin in der richtigen Größenordnung. Gold wird seit dem Zusammenbruch des Bretton-Woods-Systems im Jahr 1973 wieder frei gehandelt. Mit dem Börsenpreis von 650 US-Dollar pro Feinunze und dem starken Euro sind 10 500 Tonnen Gold heutzutage für schlappe 183 Milliarden Euro zu haben.[15]

Das Gespräch zwischen Goldfinger und James Bond geht weiter:

Goldfinger »Wer hat behauptet, dass es abtransportiert werden soll? (Pause) Mmmh ... Ist die Mischung scharf genug?«
Bond »Sie haben die Absicht, in die größte Bank der Welt einzubrechen, aber Sie wollen nichts stehlen. Warum?«
Goldfinger »Weiter, Mr. Bond.«
Bond »Mr. Ling, der rotchinesische Agent in der Fabrik, ist Spezialist für Kernspaltung ... (überlegt) ... Aber ja, natürlich! Dann haben Sie von seiner Regierung eine Bombe bekommen.«
Goldfinger »Ich würde es lieber als Atomgerät bezeichnen. Es ist klein, aber besonders schmutzig.«
Bond »Kobalt und Jod.«
Goldfinger »Genau.«
Bond »Wenn Sie es in Fort Knox zünden, dann wird der gesamte Goldvorrat der Vereinigten Staaten radioaktiv sein; für ... (überlegt) ... 57 Jahre.«
Goldfinger »58, um genau zu sein.«

15 Alle Angaben stammen aus dem März des Jahres 2008. Damals war 1 Euro 1,55 US-Dollar wert.

Bond »Ich muss mich entschuldigen, Goldfinger. Der Plan ist genial. Sie haben dann, was Sie wollen: Ein wirtschaftliches Chaos im Westen und der Wert Ihres Goldes wird sich vervielfachen.«

Goldfinger »Bei vorsichtiger Schätzung so um das Zehnfache.«

Jetzt geht es also um den Kern des Unternehmens »Grand Slam«, um das sogenannte Atomgerät. Goldfinger will Fort Knox für 58 Jahre radioaktiv verseuchen. Das dort lagernde Gold wäre damit in dieser Zeit nicht zugänglich. Außerdem soll dieses Atomgerät, das nichts anderes als eine Atombombe zu sein scheint, Kobalt und Jod enthalten und besonders »schmutzig« sein. Wie passt das alles zusammen?

Kann Gold 58 Jahre lang aktiviert, also radioaktiv gemacht werden? Eine Aktivierung von Gold selbst ist prinzipiell möglich, zum Beispiel durch Beschuss mit Neutronen. Eine solche Prozedur hat allerdings einen gravierenden Nachteil: Das Gold zerfällt unumkehrbar in ein anderes chemisches Element. Das soll aber natürlich nicht passieren. Also scheidet diese Möglichkeit aus.

Die Rede ist von einer »schmutzigen Bombe«. Das bedeutet, dass es sich um keine Atombombe im klassischen Sinne, die auf Kernspaltung basiert, handelt, sondern sie verwendet konventionellen Sprengstoff. Dieser Sprengstoff verteilt eingelagertes, radioaktives Material in der Umgebung. Das heißt also, die schmutzige Bombe verteilt radioaktives Kobalt und Jod über das Gold in Fort Knox. Die Sprengkraft einer solchen Bombe würde einen Großteil des Goldes völlig unbeschädigt lassen, beim Zünden einer Atombombe hingegen würde das Gold schlicht und einfach verdampfen.

Auch deswegen scheidet eine Atombombe als Atomgerät aus. Genügt eine solche Bestäubung mit radioaktivem Kobalt und Jod tatsächlich, um das Gold für eine so lange Zeit unzugänglich zu machen?

Erst einmal müssen wir herausfinden, was sich in der Bombe befindet. Ein Blick auf eine Isotopentafel[16] (siehe Abbildung 5.3) zeigt, dass die meisten Isotope von Kobalt und Jod entweder sehr kurzlebig sind, also Halbwertszeiten im Bereich von höchstens einigen Tagen haben, oder sehr langlebig sind mit Halbwertszeiten von einigen Millionen Jahren, einer unvorstellbar langen Zeit. Das anscheinend einzige passende Element ist Kobalt 60 (^{60}Co) mit einer Halbwertszeit von 5,27 Jahren.[17] Das bedeutet, dass nach eben diesen 5,27 Jahren nur noch die Hälfte der ursprünglichen Stoffmenge vorhanden ist. Der Rest ist dann zu einem anderen stabilen Element zerfallen. Für Jod bietet sich kein Isotop an. Jod kann deshalb eigentlich nicht im Atomgerät vorhanden sein.

Das Atomgerät enthält also größere Mengen des radioaktiven Kobalt 60 Isotops mit einer Halbwertszeit von 5,27 Jahren. Nach 58 Jahren wäre nur noch einer von 2000 Atomkernen der ursprünglichen Stoffmenge vorhanden. Im Prinzip hört sich das vernünftig an, aber wäre das Material dann nach 58 Jahren wirklich wieder ungefährlich?

16 Jedes Element des Periodensystems hat eine definierte Anzahl an Protonen; Kobalt hat zum Beispiel 27 Protonen. Das ist die sogenannte Ordnungszahl eines Elementes. Die Anzahl der Neutronen eines Elementes ist dagegen nicht festgelegt, sodass es verschiedene Kernzusammensetzungen, die Isotope, gibt. Isotope des Kobalts sind also zum Beispiel ^{59}Co, ^{60}Co, ^{61}Co etc.

17 Mit Kobalt 60 ist das Kobaltisotop gemeint, das 27 Protonen und 33 Neutronen im Atomkern enthält.

Kobalt			Jod		
Isotop	Halbwertszeit	Zerfallsart	Isotop	Halbwertszeit	Zerfallsart
^{55}Co	17,53 h	β^+	^{123}I	13,27 h	β^+
^{56}Co	77,27 d	β^+	^{124}I	4,18 d	β^+
^{58}Co	70,86 d	β^+	^{126}I	13,11 d	β^+
^{59}Co	stabil		^{127}I	stabil	
^{60}Co	5,27 a	β^-	^{128}I	24,99 min	β^+, β^-
^{61}Co	1,65 h	β^-	^{129}I	$1,57 \times 10^7$ a	β^-
^{62}Co	1,50 min	β^-	^{130}I	12,36 h	β^-
^{63}Co	27,4 s	β^-	^{131}I	8,02 d	β^-
^{64}Co	0,30 s	β^-	^{132}I	2,30 h	β^-

5.3 Auszug aus einer sogenannten Isotopentafel für Kobalt und
Jod. Die Halbwertszeit gibt an, nach welcher Zeit noch die Hälfte
der ursprünglichen Menge eines radioaktiven Stoffs vorhanden ist.
Als Zeiteinheiten werden neben den üblichen Stunden (h), Minuten
(min) und Sekunden (s) noch Tage (d) und Jahre (a) verwendet.
Mit Zerfallsart ist gemeint, nach welchem Schema die radioaktiven
Substanzen zerfallen. Meistens handelt es sich um Beta-Strahler,
die Elektronen oder Positronen als radioaktive Strahlung aussenden
(http://ie.lbl.gov/toi).

Um das zu beantworten, müssen wir zuerst die An-
fangsmenge des radioaktiven Kobalts bestimmen. Man
kann davon ausgehen, dass der Sprengstoff im unteren
Teil der Bombe eingelagert ist. Im Film erkennt man im
hinteren Teil des Geräts zwei Kugeln, aus anderen Perspektiven ist sogar noch eine dritte zu sehen. Diese
sollen nun bis auf eine zwei Zentimeter dicke Schutzschicht aus Blei vollständig mit Kobalt 60 gefüllt sein.
Eine Schutzschicht ist deshalb sinnvoll, weil die radioaktive Strahlung auch schon vor dem Zünden der
Bombe vorhanden ist. Die Strahlung wird damit zumindest etwas abgeschirmt. Es ist aber wahrscheinlich

trotzdem nicht besonders gesund, zu lange neben dem Atomgerät zu stehen.

Die Menge an ursprünglich vorhandenem Kobalt 60 ergibt sich dann direkt aus dem Radius der Kobaltkugel. Wenn die bekannte Körpergröße von James Bond ins Verhältnis zu den Abmessungen der Kiste, und diese Abmessungen ins Verhältnis zum Durchmesser einer solchen Kobaltkugel gesetzt werden, dann kann dieser Durchmesser recht genau bestimmt werden. Es ergibt sich ein Wert von 36 Zentimetern. Daraus wird dann direkt das Gesamtvolumen der drei Kugeln berechnet, und mit der bekannten Dichte von Kobalt folgt, dass immerhin rund 460 Kilogramm radioaktives Material vorhanden sind.

Wie gefährlich ist diese Menge an radioaktivem Material? Wir gehen davon aus, dass sich das radioaktive Material nach der Detonation des Atomgeräts einigermaßen gleichmäßig über den Boden des Raums verteilt. Die Größe des Raums schätzen wir auf 800 Quadratmeter, das ergibt wieder ein Vergleich mit Bonds Körpergröße.

In der Tat ist es so, dass jeder Mensch täglich einer geringen natürlichen Strahlungsdosis ausgesetzt ist, die zum Großteil aus dem Weltraum kommt. Es müsste aber schon das Tausendfache dieser Strahlung aufgenommen werden, damit der Organismus darauf mit leichten Symptomen wie etwa Übelkeit reagiert. Das geschieht im Bereich von 0,5 Gray.[18] Entsprechende Auswirkungen für höhere Strahlendosen sind in Abbildung 5.4 aufge-

18 Ein Gray Strahlungsdosis ist erreicht, wenn ein Kilogramm Materie eine Strahlungsenergie von einem Joule aufnimmt. Gebräuchlicher ist die Einheit Sievert, bei der auch die jeweilige biologische Wirksamkeit mit berücksichtigt wird. Für Beta-Strahlung sind die Einheiten Gray und Sievert aber identisch.

Strahlungsdosis	Auswirkungen
0,002 bis 0,004 Gray	Jährliche Strahlungsdosis, die von jedem Menschen als natürliche Hintergrundstrahlung aufgenommen wird
0,5 Gray	Strahlenkater: Übelkeit, Erbrechen, Kopfschmerzen und Schwindelgefühl
1 Gray	Deutliche Symptome: Fieber, Durchfälle und Blutungen, Geschwüre in Mund und Rachen, Haarausfall, Blutbildungsstörungen, Infektionen
2 Gray	50 % der Betroffenen sterben innerhalb von 30 Tagen
7 Gray	Innerhalb von wenigen Tagen tödlich
50 Gray	Sofortiger Tod

5.4 Aufgenommene Strahlungsdosis und ihre Auswirkungen auf den Menschen. Dabei handelt es sich um die unmittelbaren Auswirkungen. Langfristige Auswirkungen wie etwa erhöhte Krebsgefahr werden nicht berücksichtigt. Die Zeitangaben beruhen auf der Annahme, dass keine medizinische Versorgung stattfindet. (Quelle: http://lexikon.meyers.de/meyers/Strahlenschäden)

listet. Die Tabelle zeigt, dass es bei weniger als zwei Gray Strahlungsdosis noch möglich wäre, einen radioaktiv verseuchten Raum zu betreten. Die Strahlung in einem solchen Raum ist natürlich sehr gesundheitsschädlich, auch wenn sie nicht sofort tödlich wirkt.

Nun ist es bekanntlich so, dass beim radioaktiven Zerfall der Strahlungslevel kontinuierlich mit der Zeit abnimmt. Wie die Abbildung 5.5 zeigt, ist eine Strahlungsdosis von zwei Gray pro Sekunde nach etwa 33 Jahren erreicht.

Da jede sinnvolle Arbeit viele Sekunden dauert, kann also erst noch viel später damit begonnen werden, das Gold zu dekontaminieren, d. h. es zu entseuchen. 1964 gab es noch keine Roboter, die dem Menschen diese Aufgabe hätten abnehmen können. Erst nach über 50 Jahren wäre die Strahlungsdosis auf unter ein Gray abgefallen, was dann den Beginn von Aufräumarbeiten

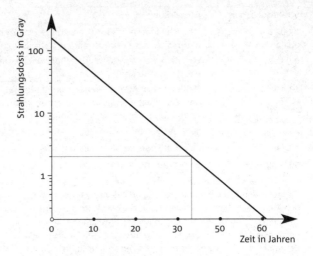

5.5 Abklingen der durch 460 Kilogramm Kobalt 60 verursachten radioaktiven Strahlung in dem 800 Quadratmeter großen Raum mit den Goldbarren. Angegeben ist die Strahlungsdosis in Gray, der eine Person pro Sekunde ausgesetzt ist.
Die lebensgefährliche Dosis von zwei Gray ist durch die graue waagerechte Linie angegeben. An der grauen senkrechten Linie sieht man, dass nach Ablauf von 33 Jahren diese Dosis immer noch innerhalb einer Sekunde in dem verseuchten Raum erreicht ist. Die Darstellung der Strahlungsdosis findet auf einer logarithmischen Skala als Funktion der Zeit statt.

ermöglichen würde. Aber auch dann könnte man sich noch nicht über einen längeren Zeitraum ohne Gefährdung der Gesundheit in dem Raum aufhalten. Daher ist ein Zeitraum der radioaktiven Verseuchung von 58 Jahren von Goldfinger durchaus realistisch geschätzt. 58 Jahre nach der Detonation des Atomgeräts könnte das Gold in Fort Knox also wieder zugänglich sein.[19]

---

19 Es kann allerdings nicht erklärt werden, dass Bond zunächst 57 Jahre für die Kontamination des Goldes berechnet, Goldfinger

Dieses Atomgerät hätte Auric Goldfinger in der Tat märchenhaft reich machen können – wenn es tatsächlich detoniert wäre. Aber James Bond entschärft am Ende die Bombe 007 Sekunden vor der Explosion.[20]

Details für Besserwisser

Beim radioaktiven Zerfall unterscheidet man drei grundsätzlich verschiedene Arten von Strahlung: Alpha-, Beta- und Gammastrahlung. Nur sehr schwere Kerne wie zum Beispiel Uran oder Polonium zerfallen unter Aussendung von Alpha-Strahlung. Ein Kern spaltet dabei je zwei Protonen und zwei Neutronen, d. h. einen Helium-Kern, ab. Es entsteht damit ein neuer Kern mit einer um zwei geringeren Ordnungszahl, wobei viel Energie freigesetzt wird. Da Helium-Atome[21] relativ große, geladene Objekte sind, können sie in Materie nicht tief eindringen. Zur vollständigen Abschirmung der Alpha-Strahlung genügen daher schon wenige Zentimeter Luft, ein Blatt Papier oder auch die Haut. Wäre das Gold mit einem Alpha-Strahler verseucht worden, dann hätte das kaum Auswirkungen.[22] Es könnte einfach aus dem Raum

ihn aber dann auf 58 Jahre korrigiert. Da es keinen festen Grenzwert gibt, ab dem gesagt werden kann, dass der Raum wieder betreten werden kann, wären auch 57 Jahre durchaus möglich. Es muss sich hier um eine taktische Finesse von 007 handeln, der den Dialog möglichst in die Länge ziehen möchte, um Goldfinger noch mehr Details über das Unternehmen »Grand Slam« zu entlocken!

20 Am Atomgerät befindet sich eine dreistellige Zeitanzeige, die die Sekunden bis zur Detonation rückwärts runterzählt. Am Ende zeigt dieser Zähler tatsächlich 007 an!

21 Der Atomradius beträgt für ein Helium-Atom kaum mehr als ein Ångstrøm, also ein Zehnmilliardstel Meter.

22 Alpha-Strahlung ist aber deswegen nicht ungefährlich. Ge-

255

in Fort Knox geborgen und anschließend gereinigt werden.

Beta-Strahlung besteht aus Elektronen oder Positronen.[23] Da Elektronen und Positronen deutlich kleiner sind als etwa Helium-Kerne, sind sie in der Lage, tiefer in Materie, wie zum Beispiel in die Haut, einzudringen. Bei geringer Intensität ist Beta-Strahlung noch gut mit einer relativ dünnen Bleischicht abzuschirmen. Bei der hohen Strahlungsintensität, die im Raum in Fort Knox nach der Detonation des Atomgeräts herrschen würde, hilft aber auch das nur bedingt. Bei 460 kg radioaktivem Kobalt 60 wäre es sicher schwer, die Beta-Strahlung komplett abzuschirmen.

Die dritte Art der radioaktiven Strahlung ist die Gamma-Strahlung. Dabei handelt es sich um extrem harte Röntgenstrahlung, die selbst mit dicken Bleiplatten kaum abgeschirmt werden kann. Kobalt 60, das Material, das Goldfinger für sein Atomgerät verwendet, ist ein Beta-Strahler, bei dem auch nachgeordnete Gamma-Zerfälle auftreten. Deshalb ist die Kontamination des Raumes sicher noch gefährlicher als wir bisher vermutet haben. Dieser Effekt wurde bei den bisherigen Überlegungen nicht berücksichtigt, sodass die berechneten Wartezeiten vor dem allerersten Betreten des Raumes tatsächlich nur eine absolute Untergrenze darstellen.

Da die radioaktiven Atomkerne meistens in stabile Atomkerne zerfallen, nimmt die Radioaktivität konti-

---

langen Alpha-Strahlen nämlich mit der Nahrung in den Körper, dann ist ihre schädigende Wirkung etwa zwanzigmal stärker als die von Beta-Strahlung.

23 Positronen sind positiv geladene Elektronen. Wenn Positronen emittiert werden, dann spricht man von Beta-Plus (β^+) Strahlung, ansonsten im Falle von Elektronen von Beta-Minus (β^-) Strahlung (siehe Abbildung 5.4).

nuierlich mit der Zeit ab. Es ist leicht einzusehen, dass die Zahl der radioaktiven Zerfälle proportional ist zu der anfänglichen Zahl von vorhandenen Atomen, also zu der am Anfang vorhandenen Stoffmenge. Dieser Zusammenhang ist letztlich die Ursache für das exponentielle Gesetz, welches den radioaktiven Zerfall beschreibt:[24] $N = N_0 \times \exp(-0{,}693 \times t / T_{1/2})$.

Dabei ist N die Zahl der Atome, die zur Zeit t noch nicht zerfallen sind, N_0 ist die Zahl der Atome, die am Anfang vorhanden waren und $T_{1/2}$ ist die Halbwertszeit. Die Halbwertszeit gibt dabei an, nach welcher Zeit nur noch die Hälfte der ursprünglich vorhandenen Anzahl von Atomen vorhanden ist.

Angenommen, es liegen 1000 Atome Kobalt 60 vor. Kobalt 60 hat eine Halbwertszeit von 5,27 Jahren. Nach dieser Zeit sind dann nur noch 500 Atome vorhanden, nach $2 \times 5{,}27 = 10{,}54$ Jahren gibt es nur noch 250 Kobalt-Atome, nach $3 \times 5{,}27 = 15{,}81$ Jahren nur noch 125 usw. Die Halbwertszeit ist für jedes Material charakteristisch und durch nichts zu beeinflussen.

Unter der Aktivität eines radioaktiven Materials versteht man die Zahl der Zerfälle pro Sekunde. Die Aktivität nimmt genauso exponentiell ab wie die Gesamtzahl der Atome.[25] Bei einem einzigen Kobalt 60-Zerfall wird eine Energie von $E_{Zerfall} = 5 \times 10^{-13}$ J frei. Diese Energie ist zwar sehr klein, muss aber noch mit der Aktivität A multipliziert werden. Dann ergibt sich die durch den Zerfall insgesamt frei werdende Energie: $E = A \times E_{Zerfall}$.

Aus der Masse des Kobalts im Atomgerät von $M = 460$ kg kann die Anfangszahl der Atome N_0 be-

---

24 exp bedeutet in der Formel die Exponentialfunktion mit der eulerschen Zahl $e = 2{,}718281\ldots$ als Basis.
25 Für Experten: Dies ergibt sich sofort durch Ableiten der Formel für die Zahl der Atome nach der Zeit.

rechnet werden. Da ein Mol Kobalt 60 einer Masse von 60 g entspricht und $N_A = 6{,}022 \times 10^{23}$ Teilchen enthält, gilt:[26] $N_0 = 460/0{,}06 \times N_A = 4{,}6 \times 10^{27}$.

Mit dieser Zahl kann sofort die Aktivität und damit die gesamte pro Sekunde im 800 m² großen Raum frei werdende Strahlungsenergie berechnet werden.

Wenn nun noch bedacht wird, dass eine Person etwa einen Quadratmeter abdeckt und James Bond 76 kg wiegt, dann muss das Resultat noch durch 800 und durch 76 geteilt werden, um auf die endgültige Strahlenbelastung in der Einheit Gray pro Sekunde zu kommen. Das Resultat ist in Abbildung 5.5 zu sehen, wobei der erwartete exponentielle Zusammenhang durch die logarithmische Skala[27] in eine Gerade umgewandelt wird.

Wie breitet sich Giftgas aus?

Hugo Drax will in *Moonraker* die gesamte Menschheit ausrotten, um die Erde anschließend mit von ihm auserwählten Supermenschen zu bevölkern. Das Giftgas für den Massenmord wird in einem Geheimlabor in einer venezianischen Glasmanufaktur hergestellt und in flüssiger Form in kleine Glasbehälter abgefüllt.

James Bond schleicht in das Labor und sieht sich die

---

26 Bei dieser Zahl handelt es sich um die sogenannte Avogadro-Konstante. Sie gibt an, wie viele Atome sich in einem Mol einer Substanz befinden. Dabei ist ein Mol einer Substanz eine Stoffmenge, die der Atommasse in g entspricht. Bei Kobalt 60 ist ein Mol somit eine Stoffmenge von 60 g.

27 Während ein Strich auf einer linearen Skala immer konstante Abstände bedeutet (1; 2; 3; ...), steigt der Abstand auf der logarithmischen Skala mit Zehnerpotenzen (... 0,01; 0,1; 1; 10; 100; ...).

5.6 James Bond (Roger Moore) hat in einem Geheimlabor eine interessante Entdeckung gemacht.

Giftbehälter genauer an, als er bemerkt, dass sich zwei Mitarbeiter nähern. Er flüchtet schnell und muss eine der kleinen Glasampullen in der Eile an der Kante eines Tisches liegen lassen. In einem Nebenraum mit einer hermetisch abdichtenden Tür beobachtet er das weitere Geschehen durch ein großes Glasfenster.

Die Ampulle rollt bei der nächsten kleinen Erschütterung über die Kante und zerschellt auf dem Boden. Im Labor scheint eine leichte Luftströmung zu herrschen. Aus der zerbrochenen Ampulle sieht man eine Dampfwolke entweichen, die langsam am Boden entlang zieht, mit etwa einem halben Meter pro Sekunde Geschwindigkeit. In diesem Moment sind die Laboranten mit ihren Atmungsorganen mindestens drei Meter von der Ampulle entfernt. Kurze Zeit später ist der Dampf auch in Brust- und Kopfhöhe zu sehen. Sie schauen sich erschreckt um, bekommen etwa fünf Sekunden nach dem Zerbrechen der Ampulle Atembeschwerden und brechen einige Sekunden später zusammen.

Giftgas ist auch ein wichtiger Bestandteil von Goldfingers teuflischen Plänen. In einer Szene lässt Goldfinger eine Reihe von Gangsterbossen in einen luftdicht
abgeschlossenen Raum sperren. Aus einer kleinen
Druckflasche strömt Gas aus, und etwa zehn Sekunden
später brechen auch am anderen Ende des großen
Raumes, etwa acht bis zehn Meter entfernt, die Männer zusammen.

Noch schneller wirkt das Gas, das Pussy Galore mit
ihrer Fliegerstaffel verwendet, um die militärische Besatzung von Fort Knox außer Gefecht zu setzen. Mehrmals sieht man, wie ganze Kolonnen von Soldaten
zusammenbrechen, buchstäblich in derselben Sekunde,
in der ein Flugzeug über sie hinwegfliegt. Die Flugzeuge befinden sich dabei in einer Flughöhe von ca.
50 Metern, wie der Vergleich mit den großen Gebäuden, die im Film zu sehen sind, ergibt. Die Luft ist allem
Anschein nach ruhig, jedenfalls ist kein Anzeichen von
starkem Wind zu sehen.

Kann es sein, dass sich Gas bei ruhiger Luft derart
schnell ausbreitet? Wenn beispielsweise irgendwo an
einem großen Tisch ein geruchsintensiver Käse ausge-
packt wird, dauert es doch eine Weile, bis sich der Ge-
ruch im ganzen Raum ausgebreitet hat. Woran liegt das?

Zunächst muss man sich klarmachen, dass auch die
scheinbar ruhige Luft in einem geschlossenen Raum
alles andere als ruhig ist. Die Moleküle, aus denen die
Luft besteht, hauptsächlich Stickstoff und Sauerstoff,
bewegen sich mit großer Geschwindigkeit, und zwar
umso schneller, je höher die Temperatur ist. Bei Raumtemperatur liegt die Geschwindigkeit bei mehreren
hundert Metern pro Sekunde. Zum Vergleich: Ein For-
mel-1-Auto erreicht auf einer langen Geraden 360 Kilometer pro Stunde, das sind gerade einmal 100 Meter

pro Sekunde. Wenn sich nun die Luftmoleküle, und damit auch Geruchsmoleküle oder Giftgasmoleküle, derart rasant bewegen, dann müssten sie sich doch auch sehr rasch ausbreiten, oder?

Dass sie das nicht tun, liegt daran, dass die Moleküle trotz ihrer hohen Geschwindigkeit nie sehr weit kommen, denn sie stoßen stets nach einer kurzen Strecke mit anderen Molekülen zusammen und werden in eine völlig andere Richtung abgelenkt, so ähnlich wie eine Billardkugel.

Wie kurz diese Strecke ist, kann leicht ausgerechnet werden. In einem Kubikmillimeter Luft, also einem winzigen Würfelchen von einem Millimeter Breite, einem Millimeter Höhe und einem Millimeter Tiefe, drängen sich 27 Billiarden Moleküle[28]; ausgeschrieben: 27 000 000 000 000 000. Jedem einzelnen Molekül steht also nur ein sehr begrenztes Volumen als Freiraum für seine Bewegung zur Verfügung. Dieser Freiraum kann als eine Art Tunnel zwischen den anderen Molekülen verstanden werden, durch den das eine Molekül hindurchpassen muss. Aus dem dazu nötigen Querschnitt des Tunnels und dem zur Verfügung stehenden Volumen kann die Länge der Strecke berechnet werden, über die sich das Molekül frei bewegen kann. Sie beträgt etwa ein Zehntausendstel Millimeter. Da die Fluggeschwindigkeit von einigen hundert Metern pro Sekunde bekannt ist, kann man ausrechnen, wie lang der freie Flug eines Moleküls dauert, oder wie oft es in jeder Sekunde mit einem der vielen anderen Moleküle zusammenstößt, nämlich einige Milliarden Mal. Auch

---

28 Das ist eine wirklich große Zahl: Wenn man die Moleküle verkaufen könnte, zum Schleuderpreis von 1 000 Stück für einen Cent, dann wäre der Gesamtpreis etwa so hoch wie der deutsche Bundeshaushalt eines Jahres.

die abgestandene Luft in einem lange geschlossenen Raum hat also einiges an Dynamik zu bieten.

Zurück zu der Frage, wie sich Fremdmoleküle (Giftgas oder Käseduft) ausbreiten. Sie stoßen immer wieder mit anderen Molekülen zusammen und ändern ihre Flugrichtung; im Laufe der Zeit entfernen sie sich daher immer wieder einmal von ihrem Ausgangspunkt oder kehren auch wieder ein Stück zurück. Genaue Vorhersagen für ein einzelnes Molekül können dabei nicht gemacht werden. Es ist aber klar, dass im Laufe der Zeit die Fremdmoleküle immer häufiger auch weit entfernt von ihrem Ausgangspunkt zu finden sein werden. Eine solche Bewegung nennt man Diffusion und die entsprechende Theorie ist in der Physik seit zwei Jahrhunderten bekannt. Wie eine solche Bewegung abläuft, können wir mit einer kleinen Computersimulation zeigen.

Jedes der drei Bilder in Abbildung 5.7 zeigt die Bewegung von zehn Molekülen, die in der Bildmitte starten und in jedem Schritt die gleiche feste Strecke geradeaus fliegen, aber die Flugrichtung nach jedem Schritt zufällig ändern. Im ersten Bild hat jedes Molekül 1 000 solche Schritte gemacht, im zweiten 4 000 und im dritten 16 000. Aus den Bildern ist zu erkennen, was eine genauere Berechnung bestätigt: Um sich doppelt so weit vom Ausgangspunkt zu entfernen, braucht ein Molekül nicht etwa die doppelte Zahl von Schritten, sondern die vierfache, und damit auch die vierfache Zeit. Für die zehnfache Entfernung wird bereits die hundertfache Zeit benötigt. Die Ausbreitung des Gases durch Diffusion wird daher immer langsamer, je weiter sie schon fortgeschritten ist.

Wie schnell die Diffusion abläuft, hängt von der Art des Gases ab, insbesondere von der Größe und Masse

5.7 Der Zickzackkurs von zehn Gasmolekülen, die in der Bildmitte starten und immer wieder mit anderen Molekülen kollidieren. Links ist der Kurs nach 1000 Kollisionen für jedes Molekül zu sehen, in der Mitte nach 4000 Kollisionen und auf dem rechten Bild nach 16000 Zusammenstößen. Die Moleküle breiten sich durch den Vorgang der Diffusion im Raum aus.

der Moleküle. Als konkretes Beispiel kann für Benzol, ein mittelgroßes und mittelschweres Molekül, die Zeit ausgerechnet werden, bei der die mittlere Entfernung der Moleküle von der Quelle einen bestimmten Wert hat. Eine mittlere Entfernung von einem Meter ist nach gut fünf Stunden erreicht; zehn Zentimeter dagegen schon nach drei Minuten. Um eine Strecke von zehn Metern mittels Diffusion zurückzulegen, benötigt ein Benzol-Molekül hingegen sage und schreibe 22 Tage!

Abbildung 5.8 zeigt die Konzentration eines Gases, das sich von einem Punkt aus im Raum ausbreitet, nachdem es dort schlagartig freigesetzt wurde. Nach einer bestimmten Zeit stellt sich in Abhängigkeit vom Abstand zu dem zentralen Punkt die Konzentration so ein, wie es die durchgezogene Linie zeigt. Nach der vierfachen Zeit ergibt sich die gestrichelt gezeichnete Verteilung des Gases. Die beiden Punkte markieren jeweils den mittleren Abstand der Gasmoleküle vom Ausgangspunkt. Nach der vierfachen Zeit hat sich dieser Abstand genau verdoppelt, so wie es auch die Computersimulation angedeutet hat.

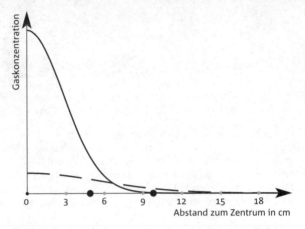

5.8 Ausbreitung eines Gases im Raum. Die Kurven zeigen die Gaskonzentration in Abhängigkeit vom Abstand zu dem Punkt, an dem das Gas freigesetzt wurde. Die durchgezogene Kurve zeigt die Situation für eine bestimmte Zeit (zum Beispiel für eine Minute) nach Freisetzung des Gases. Die gestrichelte Linie gibt die Konzentrationsverteilung im Raum nach der vierfachen Zeit an (also zum Beispiel nach vier Minuten). Die beiden schwarzen Punkte deuten an, wie weit sich die Gasmoleküle zu diesen beiden Zeiten im Mittel vom Ausgangspunkt entfernt haben. Für die vierfache Zeit verdoppelt sich der mittlere Abstand.

Wer nun einwendet, dass Käse auf dem Tisch nicht erst nach fünf Stunden zu stinken beginnt, hat natürlich recht. Dafür gibt es zwei Gründe: Auch wenn die mittlere Entfernung der Moleküle von ihrer Quelle nur einen Meter beträgt, gibt es viele Moleküle, die zum selben Zeitpunkt schon sehr viel weiter entfernt sind. Und sehr stark riechende oder sehr giftige Stoffe entfalten auch schon in geringer Konzentration ihre Wirkung. Außerdem gelten die genannten Zahlen nur, wenn die Luft absolut unbewegt ist. In einem Raum, in dem sich Menschen aufhalten, der geheizt oder belüftet oder von der Sonne beschienen wird, herrscht immer eine leichte Luftströmung, die dafür sorgt, dass sich Fremdmoleküle schneller ausbreiten können als bei einer reinen Diffusionsbewegung. Ein kaum spürbarer Luftzug von nur zehn Zentimetern pro Sekunde Geschwindigkeit würde beispielsweise dafür sorgen, dass der Käseduft schon nach zehn Sekunden einen Meter weit kommt.

Für die Ausbreitung von Gasen über Strecken von einem Meter oder mehr ist also sicher die Luftströmung einflussreicher als die reine Diffusion. Wenn das venezianische Giftgaslabor einigermaßen gut belüftet ist, kann sich das Gas also auch schnell ausbreiten. Die Geschwindigkeit des Luftzuges von einem halben Meter pro Sekunde, wie anfangs beschrieben, sorgt dafür, dass die giftigen Substanzen in fünf Sekunden etwa 2,5 Meter weit kommen. Das ist ungefähr der Abstand, den die armen Laboranten zu der zerbrochenen Ampulle haben. Ein verantwortungsvoller Arbeitgeber würde allerdings seine hoch qualifizierten Labormitarbeiter nicht ohne angemessene Schutzausrüstung – Gasmasken wären wohl das Mindeste! – mit derart gefährlichen Stoffen umgehen lassen. Wie aber auch der übrige Inhalt des Films zeigt, scheint Hugo Drax kein verantwortungsvoller Arbeitgeber zu sein.

Die Szene aus *Goldfinger*, in der die Gangster eingesperrt und vergiftet werden, ist unter wissenschaftlichen Gesichtspunkten schon etwas problematischer. Die Geschwindigkeit, mit der die Herren umfallen, legt einen ziemlich heftigen Durchzug von mindestens einem Meter pro Sekunde im Raum nahe, der sich aber nicht recht mit der Tatsache verträgt, dass vor dem Ausströmen des Gases alle Türen und auch der Rauchabzug des Kamins luftdicht verschlossen werden. Im Gegensatz zu Hugo Drax scheint es Auric Goldfinger mehr an der Gesundheit seiner Mitarbeiter gelegen zu sein: Sein Henkersknecht setzt eine Gasmaske auf, bevor er zur Tat schreitet. Pussy Galore und ihre Kolleginnen dagegen tragen bei ihrem tödlichen Auftritt keine Gasmasken.[29] Das würde natürlich auch den zweifelhaften Charme dieser schönen Todesbotinnen zunichte machen.

Was die Ausbreitung des Giftgases angeht, ist die Szene allerdings hochgradig unrealistisch. Um das Gas von der Flughöhe der Flugzeuge derart schnell auf den Boden zu bringen, müsste ein heftiger Sturm von mindestens 50 Metern pro Sekunde, also 180 Stundenkilometern, herrschen, von dem aber keinerlei Anzeichen zu sehen sind. Die Blumen in den Vorgärten und die Zweige an den Bäumen bewegen sich nur ganz schwach. Es ist außerdem zu sehen, dass die Flugzeuge sehr dicht beieinander fliegen. Würde sich das Gas so schnell ausbreiten, dann müssten sich die Pilotinnen zwangsläufig gegenseitig vergiften.

Halten wir also fest: Wenn Personen in einiger Entfernung sofort tot umfallen, dann muss immer ein recht großer Luftzug im Raum vorhanden sein. Die reine Diffusion, die bei Windstille der einzige Mechanismus zur Ausbreitung von Molekülen wäre, ist ein recht langsamer Prozess und könnte niemals zum augenblicklichen Tod von Personen führen.

---

29 Kenner des Films wissen natürlich, dass Pussy Galore von James Bond »umgedreht« wurde und in Wahrheit gar kein Giftgas an Bord hat.

Details für Besserwisser

Wärme ist nichts anderes als Bewegungsenergie, sogenannte kinetische Energie, von Molekülen. Die Temperatur T eines Gases, und zwar die absolute Temperatur gemessen in Kelvin, ist mit der mittleren Geschwindigkeit v der Gasmoleküle verknüpft durch die Beziehung $M \times v^2 / 2 = 3 \times k_B \times T / 2$. Dabei ist die linke Seite die kinetische Energie eines Moleküls der Masse M. Die Boltzmann-Konstante $k_B = 1{,}38 \times 10^{-23}$ J/K spielt bei allen Vielteilchenphänomenen eine Rolle. Wird die Masse eines Stickstoffmoleküls[30] N_2 eingesetzt, das sind 28 atomare Masseneinheiten, also $28 \times 1{,}67 \times 10^{-27}$ kg, dann ergibt sich für eine Temperatur von 300 Kelvin (d. h. 27°C) eine mittlere Geschwindigkeit von 515 m/s bzw. 1854 km/h.

In Schulbüchern findet sich die Aussage, dass ein Mol eines jeden Gases unter Normalbedingungen (Atmosphärendruck, 0°C Temperatur) ein Volumen von 22,4 l, also 0,0224 m³, einnimmt. Ein Mol enthält $6{,}022 \times 10^{23}$ Moleküle. Daraus ergibt sich die Zahl von $2{,}7 \times 10^{16}$ oder 27 Billiarden Molekülen pro mm³. Der Kehrwert dieser Zahl ist gerade das Volumen, das pro Molekül zur Verfügung steht.

Das Volumen pro Molekül ist mit der freien Weglänge L, also der ungehinderten Flugstrecke zwischen zwei Stößen, die ein Molekül in der Luft erleidet, verknüpft. Dazu muss man daran denken, dass jedes Molekül eine gewisse Größe hat. Der Einfachheit halber kann man sich die Moleküle als kleine Kugeln mit dem

---

[30] Stickstoff ist mit einem Anteil von fast 80% der wichtigste Bestandteil der Luft; die knapp 20% Sauerstoffmoleküle sind etwas schwerer als die Stickstoffmoleküle.

Radius r vorstellen. Damit das Molekül auf seinem Flug nicht mit einem anderen zusammenstößt, darf in einem Abstand 2r von der Flugbahn des Molekülmittelpunkts kein anderer Molekülmittelpunkt liegen. Bei einem freien Flug der Länge L heißt das, es darf in einem Zylinder mit der Länge L und dem Radius 2r kein anderes Molekül vorhanden sein. Das Volumen dieses Zylinders ist $4\pi \times r^2 \times L$. Wenn dieses Volumen mit dem pro Teilchen zur Verfügung stehenden Volumen gleichgesetzt wird, dann erhält man die freie Weglänge L, die sich für Stickstoff in Luft zu einem Zehntausendstel Millimeter ergibt.

Die Diffusion eines Stoffs wird durch die sogenannte Diffusionsgleichung beschrieben, die auch den Vorgang der Wärmeleitung mathematisch beschreibt und seit über 200 Jahren bekannt und für einfache Situationen auch gelöst ist. Die Verteilung einer Substanz, die aus einer sehr kleinen Quelle[31] in einen sehr großen Raum diffundiert, wird durch eine gaußsche Glockenkurve[32] beschrieben (siehe Abbildung 5.8). Die Breite dieser Kurve nimmt proportional zur Quadratwurzel aus der Zeit zu, die seit der schlagartigen Freisetzung der Substanz vergangen ist. Dabei nimmt die Höhe der Kurve, d. h. die Konzentration des Stoffs am Ausgangspunkt, entsprechend ab, da sich eine fest vorgegebene Menge immer weiter im Raum verteilt.

31 Streng genommen müsste von einer punktförmigen Quelle, aus der sich eine Substanz in einen unendlich großen Raum ausbreitet, gesprochen werden.

32 Die Formel für die gaußsche Glockenkurve und eine entsprechende Zeichnung war früher auf den Zehnmarkscheinen abgebildet.

Eine Pistole, ein Flugzeug und Pussy Galore

Nachdem James Bond betäubt wurde, wacht er in Goldfingers Flugzeug auf – 7000 Meter hoch über Neufundland und bewacht von der Pilotin Pussy Galore. Er soll nach Baltimore geflogen werden. Miss Galore kündigt die Landung in 55 Minuten an. Der smarte Geheimagent präpariert sich daraufhin im Bad. Als er dieses umgezogen wieder verlässt, steht Pussy Galore ihm mit gezogenem Revolver gegenüber. Es folgt dieser Dialog:

Pussy Galore »Wir landen in 20 Minuten. Wollen Sie das Spiel leicht oder schwer machen? Das ist kein Beruhigungsrevolver.«
James Bond »Oh Pussy, Sie verstehen mehr von Flugzeugen als von Revolvern. Das ist eine Smith & Wesson .45. Wenn Sie aus der Entfernung schießen, geht die Kugel durch mich und die Flugzeugwand wie ein Lötkolben durch Butter. Die Kabine verliert ihren Druck und der Sog befördert uns beide in den Weltraum hinaus. Wenn Sie die Vereinigten Staaten unbedingt auf diese Weise erreichen wollen, bitte. Ich ziehe eine bequemere Art vor.«

Die Frage ist nun: Wollte James Bond durch seine Anmerkungen Pussy Galore nur verunsichern, um sie davon abzuhalten, ihn weiter zu bedrohen, oder könnte das von ihm beschriebene Szenario tatsächlich eintreten?

Zunächst schauen wir uns die Pistole genauer an. Laut 007 handelt es sich dabei um eine Smith & Wesson .45. Die Zahl ».45« gibt dabei das Kaliber der Waffe an. Damit ist der Durchmesser des Geschosses in der

5.9 Ein Bild vom Set: Pussy Galore (Honor Blackman), James Bond (Sean Connery) und die Smith & Wesson .45.

amerikanischen Maßeinheit Zoll gemeint. 0,45 Zoll sind etwa 11,5 Millimeter. Smith & Wesson (S & W) ist der weltgrößte Hersteller von Handfeuerwaffen. *Goldfinger* wurde im Jahr 1964 gedreht. Zu diesem Zeitpunkt gab es zwei S & W-Revolver mit Kaliber 45 in Serienproduktion. Zum einen das Modell S & W M 1917 und zum anderen das Modell S & W 25-2. Letzteres hat eine Lauflänge von 152 Millimetern und beschleunigt das Projektil auf eine Austrittsgeschwindigkeit von 270 Metern pro Sekunde. Dies entspricht fast 1 000 Stundenkilometern und liegt nur etwa 20 Prozent unter der Schallgeschwindigkeit. Die S & W M 1917 schafft »nur« 213 Meter pro Sekunde, weshalb die S & W 25-2 besser geeignet ist, um eine große Durchschlagskraft zu erreichen. Wir haben Pussy Galores Waffe mit diesen beiden Modellen verglichen und festgestellt, dass sie sich in der Tat einer S & W 25-2 bedient haben muss.

Interessant ist, dass in der S & W 25-2 üblicherweise eine Patrone vom Typ .45 ACP (Automatic Colt Pistol) verwendet wurde. Diese wurde im Jahr 1905 von John

Moses Browning erfunden und lange Zeit vom US-Militär eingesetzt. Das ist für die Filmszene durchaus von Bedeutung: Diese ACP-Patrone hat einen relativ großen Durchmesser im Verhältnis zur eher geringen Bewegungsenergie. Das ist beabsichtigt, da sie so in menschlichen Zielen normalerweise stecken bleibt und schwere innere Verletzungen hervorruft, ohne weitere Personen – wie beispielsweise Soldaten aus dem eigenen Lager oder zu befreiende Geiseln – zu gefährden. Allerdings sehen wir, dass Pussy Galore ihre Waffe auf Bonds Bauch richtet. Würde sie ihren Revolver abfeuern, würde die Kugel ausschließlich auf Muskeln und Innereien treffen, die weniger Widerstand leisten als etwa Bonds Rippen.

Hat James Bond die Auswirkungen des Schusses nur übertrieben dargestellt, um sich selbst zu retten? Wir müssen zunächst herausfinden, ob die Kugel in der Tat durch ihn und die Flugzeugwand gehen würde, wie ein Lötkolben durch Butter. Schon der berühmte britische Physiker Sir Isaac Newton hat im 17. Jahrhundert untersucht, wie tief ein Geschoss in das getroffene Ziel eindringt. Dabei kam er zu dem Ergebnis, dass bei hohen Geschossgeschwindigkeiten der genaue Wert der Geschwindigkeit gar keine Rolle spielt. Vielmehr hängt die Einschlagtiefe nur vom Verhältnis der Dichten und von der Länge der Kugel ab.

Man kann sich das an einem einfachen Beispiel verdeutlichen: Wenn mit einer Pistole auf einen Holzblock geschossen wird, dann entsteht ein Schusskanal. Das abgefeuerte Projektil hat ein bestimmtes Gewicht und wird durch die Pistole auf eine hohe Geschwindigkeit gebracht. Wenn das Geschoss nun auf das Ziel trifft, muss es das Holz verdrängen. Das Gleiche passiert natürlich auch bei anderen Materialien. Wird eine Kugel zum Beispiel durch ein Verkehrsschild geschossen, wird das Metall in Schussrichtung gedrückt. Es wurde verdrängt und nach außen beschleunigt.

Newton fand heraus: Die Länge des Schusskanals ist gleich der Länge des Projektils mal dem Dichteverhältnis zwischen dem Material des Projektils und dem des Ziels. Pussy Galores Kugel schafft es ohne Hindernis problemlos 25–100 Meter weit, also ist die Distanz von der Pistole bis zu James Bond zu vernachlässigen. Die Kugel würde ihn mit voller Geschwindigkeit erreichen. James Bond ist gut durchtrainiert, und daher ungefähr 25 Zentimeter dick, gemessen vom Bauch zum Rücken. Die Pistole ist auf den Bauch gerichtet, der keine Knochen enthält und daher eine deutlich geringere Dichte aufweist als die Brust mit den Rippen. Die Berechnung ergibt dann, dass die Kugel fast 40 Zentimeter tief in das Bauchgewebe eindringen würde, also problemlos durch Bond hindurchflöge. Dabei würde sie aber bereits siebzig Prozent ihrer Energie verlieren.

Die Flugzeugwand ist praktisch direkt dahinter, besteht aus Flugzeugaluminium und ist etwa drei bis vier Zentimeter dick. Die Dichte der Wand ist etwa doppelt so groß wie die des Bauchs von James Bond. Mit der verbleibenden Energie würde die Kugel genau 4,08 Zentimeter tief eindringen. Sie schaffte es also tatsächlich gerade noch, ein Loch durch die Wand zu schlagen. Einem Lötkolben sollte das Löchern von Butter allerdings leichter fallen.

Am Ende des Films *Goldfinger* ereignet sich in 10 000 Metern Höhe ein Drama. James Bond genießt entspannt den Flug von, wie er denkt, Fort Knox nach Washington in einer Lockheed Jetstar, als Auric Goldfinger mit einer vergoldeten Smith & Wesson 25-2 Kaliber .45 in seiner rechten Hand den Passagierraum des Flugzeugs betritt. Der Bösewicht hatte die anderen Insassen schon überwältigt und das Flugzeug übernommen. Goldfinger will zuerst mit James Bond abrechnen, um sich anschließend mit Pussy Galore, die im Cockpit sitzt, abzusetzen. In einem kurzen Moment der Unachtsamkeit versucht 007 an die Waffe zu kommen und er gerät in ein Handgemenge mit Goldfinger. Im Kampf löst sich ein Schuss und die Kugel trifft ein einige Meter entferntes Fenster.

Die Scheibe zersplittert und das Flugzeug verliert umgehend an Höhe. Während die Pilotin versucht, das Flugzeug zu stabilisieren und James Bond sich an einem Gepäckfach festklammert, verliert Auric Goldfinger den Halt und wird zusammen mit diversen Gegenständen, einer Stehlampe und Sofakissen, zum zerschossenen Fenster gesogen. Er bleibt noch einmal kurz im Rahmen stecken, verlässt dann aber mit den Beinen voran unfreiwillig das Flugzeug.

Könnte das wirklich passieren?

Mithilfe der Proportionen des Kopfes von 007 zum Flugzeugfenster können wir in einer Szene die Breite und Höhe des Flugzeugfensters ungefähr bestimmen. Da das Fenster anscheinend quadratisch ist, erhält man für die Breite und die Höhe jeweils 40 Zentimeter.

Im Kampf kommt es also zu einem Schuss, dieser zerstört das Fenster und es entsteht ein Sog nach draußen. Das passiert, weil ein Passagierflugzeug eine Druckkabine hat. In 10 000 Metern Höhe, der Reiseflughöhe der meisten Flugzeuge, ist die Luft sehr dünn, der Sauerstoffanteil und der Luftdruck sind wesentlich geringer. Bergsteiger können auch erst nach intensivem Training ohne Atemgerät auf Achttausender klettern. Noch weiter oben wäre ein Überleben kaum möglich, erst recht nicht für untrainierte Passagiere und fliegendes Personal. Daher wird im Flugzeug in den Bereichen, in denen sich Menschen befinden, ein Luftdruck aufrechterhalten, der dem Luftdruck in 2000 Metern Höhe entspricht – einer Höhe, die den meisten Menschen noch keine Probleme bereitet.

Auf der Reiseflughöhe besteht deshalb ein Druckunterschied zur äußeren Umgebung des Flugzeugs. Entsteht dann ein Leck in der Außenwand, kann die Luft von innen nach außen strömen. Thermodynamische Systeme, zum Beispiel zwei Räume mit unterschiedlichen Gasen und einer Verbindung, versuchen immer ihre Bedingungen aneinander anzugleichen. Das ist auch der Grund, warum es Wind und Wetter gibt: An verschiedenen Orten der Atmosphäre herrschen unterschiedliche Luftdrücke, die Luft strömt vom Gebiet hohen Druckes zum Gebiet niedrigen Druckes und es gibt Wind.

Es wird also auch in der Filmszene aus *Goldfinger* nach dem Zersplittern des Fensters ein Luftaustausch stattfinden, der so lange anhält, bis der Druck innerhalb und außerhalb des Flugzeugs gleich ist. Da der Druck außerhalb geringer ist, strömt die Luft nach außen. Dieser Sog kann unter gewissen Umständen so groß werden, dass er Gegenstände oder Personen mitreißt. Ob die Voraussetzungen dafür in der Szene allerdings erfüllt sind, wollen wir genauer untersuchen. Zunächst soll betrachtet werden, wie lange es dauert, bis dieser Druckausgleich vollzogen ist. Die dazu notwendige Rechnung basiert auf der Thermodynamik und der Untersuchung von Gasen. Das hier betrachtete Gas ist Luft. Die Dauer, wie lange die Strömung anhält, hängt von drei Faktoren ab. Zuerst von der Luftmenge in der Kabine, also vom Volumen der Luft mit höherem Druck. Außerdem von der Fläche, durch die die Luft hinausströmt, also der Querschnittsfläche des Fensters. Und schließlich vom Druckverhältnis zwischen Außen- und Innendruck. Das Volumen des Flugzeugs beträgt 23,74 Kubikmeter. Die Querschnittsfläche des Fensters ergibt sich aus dem Produkt von Höhe und Breite und ist damit 0,16 Quadratmeter. Das Druckverhältnis schließlich beträgt etwa 3 : 1. Das bedeutet, dass der Luftdruck im Inneren dreimal so groß ist wie der Außendruck in 10 000 Metern Höhe. Eine längere Rechnung mit diesen Zahlen ergibt, dass der Sog dann nur etwa 0,81 Sekunden andauert. In der Szene schwebt Goldfinger allerdings ganze sieben Sekunden in der Luft, bevor er am Fenster ankommt.

Eine mögliche Erklärung wäre, dass der Sog aufgrund des Druckunterschieds gar nicht allein für Goldfingers Abflug verantwortlich ist. Stattdessen könnte die Flugkurve – Pussy Galore fliegt in Panik fast senkrecht hinunter – dafür sorgen, dass sich Goldfinger entsprechend Richtung Fenster bewegt. Allerdings handelt es sich nicht um einen Parabelflug, weshalb das Schweben und die auf das Fenster zielgerichtete Bewegung dadurch nicht erklärt werden können.

Die nächstliegende Begründung ist wahrscheinlich die: Damit die Zuschauer Goldfingers Abgang genießen können, wird die Szene stark verlangsamt, etwa mit einem Zehntel der realen Geschwindigkeit, abgespielt.

Neben der Dauer des Druckausgleichs muss als Nächstes untersucht werden, ob der Sog wirklich stark genug ist, um den eher kräftig gebauten Auric Goldfinger aus der Distanz mit sich zu ziehen. Der berühmte Schweizer Physiker Daniel Bernoulli fand im 18. Jahrhundert den nach ihm benannten Bernoulli-Effekt.

Dieser beschreibt die Beziehung zwischen der Fließgeschwindigkeit und dem Druck von Flüssigkeiten
und Gasen. Weiterhin ist die sogenannte Kontinuitätsgleichung zu beachten. Diese besagt, dass bei einer
Strömung die Querschnittsfläche des Flusses im um-
gekehrten Verhältnis zu den jeweiligen Geschwindigkeiten steht. Je kleiner das Loch, desto größer die
Fließgeschwindigkeit.

Während der Strömung herrscht direkt im Loch im
Fenster eine Fließgeschwindigkeit von etwa 330 Metern
pro Sekunde. Das entspricht der Schallgeschwindigkeit
und wird später noch genauer erklärt. Der Querschnitt
des Raums parallel zum Fenster hat eine Größe von
elf Quadratmetern, also etwa das Siebzigfache der Fens-
terfläche. Die Geschwindigkeit der Luft im Raum ist
damit 1/70 der Schallgeschwindigkeit, also etwa 4,7 Meter pro Sekunde.

Um diese Zahl zu veranschaulichen, wird die Beaufort-Skala zurate gezogen, mit der Winde und Stürme
gemessen werden. Ein entsprechender Wind hätte
die Windstärke 3. In der Skala von Beaufort wird ein
solcher Sturm als eine »schwache Brise« beschrieben,
bei der sich dünne Zweige und Blätter bewegen und
auf der Meeresoberfläche die Schaumbildung beginnt.

Interessant ist, dass in der Filmszene ein Buch auf
einem Beistelltisch liegen bleibt und nur die Seiten
leicht flattern. Und das passiert tatsächlich mit einem
Buch bei einem Lüftchen der Windstärke 3! Ein statt-
licher Verbrecher wie Auric Goldfinger würde dadurch
aber sicherlich nicht abheben. Das bestätigt eher
wieder die Theorie, dass der Sog gar nicht für seinen
Abflug zuständig ist und er wohl doch »herausfällt«.

James Bond sagt zu Pussy Galore, als diese auf ihn
zielt: »Der Sog befördert uns beide in den Weltraum

hinaus.« Das verwundert ein bisschen, von »Weltraum« wird nämlich frühestens ab einer Höhe von 80 Kilometern gesprochen.[33]

Wenn man nun aber davon ausgeht, dass Goldfingers Flugzeug tatsächlich so umgebaut wurde, dass es in dieser Höhe fliegen kann, würde sowohl die Dauer des Sogs als auch dessen Stärke den Werten der Szene entsprechen. Nicht erklärbar ist dann aber, wie die Pilotin es danach so schnell schafft, eine Notlandung hinzulegen und warum Bond das alles schadlos übersteht: Auch die Luft in seiner Lunge würde in diesem Fall komplett entweichen. Die Lunge würde stark verletzt, aber Bond würde ohnehin wegen Sauerstoffmangels ersticken. Auch ist es merkwürdig, dass Goldfinger zunächst im Fenster stecken bleibt. Dadurch wäre das Leck geschlossen und es gäbe keinen weiteren Sog.

Fassen wir zusammen: Die Gefahren des Lecks in der Druckkabine des Passagierflugzeugs werden deutlich dramatischer dargestellt, als sie in Wirklichkeit sind. Das als »explosive Dekompression« bekannte Phänomen des Sogs nach außen existiert aber wirklich. Wenn ein Passagier direkt am Fenster sitzt und das Fenster auch noch groß genug ist, dass ein Mensch problemlos hindurch passt, reicht der Sog, um ihn herauszuziehen. Im Flugzeuggang ist man aber schon wieder sicher, die Soggeschwindigkeit dort ist bereits sehr gering. Hinzukommt, dass jedes moderne Flugzeug ohnehin verschiedene Ventile hat, die praktisch nichts anderes als kontrollierte Lecks sind. Über die Klimaanlage wird ständig

---

33 Im englischen Original spricht James Bond von »outer space«, was in der deutschen Fassung fälschlicherweise mit »Weltraum« übersetzt wurde. In der Szene sollte man es aber eher mit »draußen« übersetzen.

frische Luft nachgeliefert. Wenn nun ein Leck auftritt, zum Beispiel weil jemand wie Pussy Galore einen Schuss auf die Außenwand des Flugzeugs abgefeuert hat, würden die Ventile einfach etwas weiter geschlossen. Die Auswirkungen einer Handfeuerwaffe reichen daher bei Weitem nicht aus, um ein Flugzeug zum Absturz zu bringen.

Die größte Gefahr durch ein Leck besteht eher darin, dass es zu Sauerstoffmangel kommen kann. Wenn aus irgendwelchen Gründen ein Druckverlust auftritt, kommen die allen bekannten Sauerstoffmasken zum Einsatz. Wenn der Flugzeuginsasse diese innerhalb der nächsten 15 Sekunden anlegt, kommt es noch zu keinen gesundheitlichen Schäden. Bleibt die Sauerstoffversorgung länger auf zu niedrigem Niveau, tritt nach kurzer Zeit ein Zustand ein, in dem sich eine Person besonders gut fühlt und denkt, sie könne auch ohne die Sauerstoffversorgung weiter kontrolliert agieren. Das ist ein fataler Irrtum, da kurz danach zunächst ein Bewusstseinsverlust und dann der Tod eintreten.

Trotzdem: Die mit Abstand größte Gefahr durch eine bewaffnete Person im Flugzeug ist, dass man von der Kugel getroffen werden könnte!

Details für Besserwisser

Das Eindringen eines Geschosses in ein Ziel stellt eine Anwendung von Energie- und Impulsbetrachtungen dar. Wenn das Geschoss stecken bleibt, dann ist die Energie, die auf das verdrängte Material übertragen wird, maximal so groß wie die Geschossenergie. Die Energie der Kugel und des verdrängten Materials im Ziel hängt jeweils nur von deren Volumen, Geschwindigkeit und

Dichte ab. Die Geschwindigkeit geht dabei quadratisch in die Formeln ein. Sie ist aber für die Kugel und das Material gleich groß und muss deshalb nicht berücksichtigt werden. Daher können die Energien gleichgesetzt und nach der Eindringtiefe L aufgelöst werden: $L = L_0 \times \rho / \rho_{Mat}$

Die Dichte ρ der Kugel ist leicht zu bestimmen. Die Kugel ist aus Blei mit einer Dichte von $\rho = 11\,340\,kg/m^3$. Außerdem ist bekannt, dass das üblicherweise in der Smith & Wesson .45 benutzte Geschoss ACP eine Länge von $L_0 = 3{,}24\,cm$ hat. Die Dichte von James Bonds Bauch nehmen wir als $\rho_{Mat} = 1\,000\,kg/m^3$ an. Das entspricht der Dichte von Wasser. Da der menschliche Körper zu 80 % aus Wasser besteht und im Bauch vorwiegend Fett und Bindegewebe ist, ist diese Abschätzung sicher ziemlich genau. Die Dichte des speziellen Flugzeugaluminiums ist mit $\rho_{Mat} = 2\,700\,kg/m^3$ für ein Metall auch relativ gering. Die Wand besteht außer aus Aluminium noch aus Hohlräumen und Dämmmaterialien, welche aber eine geringere Dichte haben, sodass die Kugel diese erst recht durchdringt, wenn sie auch durch einen 4 cm dicken Aluminiumblock schlägt.

Mit diesen Werten können die Eindringtiefen berechnet werden. Hierzu muss man aber noch anmerken, dass die Berechnung nur für große Geschwindigkeiten gilt, weil ansonsten die sogenannte Kohäsionsenergie – das ist die Energie der Verdrängungsarbeit – gegenüber der kinetischen Energie nicht mehr vernachlässigt werden kann. Wenn die Kugel etwa gegen die Flugzeugwand geworfen wird, ist sie sicherlich nicht schnell genug, um einzudringen, weil schon die dazu nötige Kohäsionsenergie nicht als kinetische Energie der Kugel vorhanden ist. Da James Bond aber nah genug an der Flugzeugwand steht, kann angenommen werden, dass

die Kugel beim Erreichen der Wand eine dazu ausreichende Geschwindigkeit aufbringt und die Wand durchdringt.

Bei der Berechnung der Geschwindigkeit der Luftströmung im Flugzeug ist die Soggeschwindigkeit im
Fenster von wesentlicher Bedeutung. Die Schallgeschwindigkeit stellt in der Fließdynamik eine häufige
Grenzgeschwindigkeit dar. Bei noch schnelleren Flüssen
treten chaotische Turbulenzen auf, sogenannte super-
sonische bzw. hypersonische Strömungen. Deshalb ist
die auch Mach-1 genannte Schallgeschwindigkeit der
energetische Optimalfall, den die Natur anstrebt. Es
handelt sich dabei noch um eine transsonische Strömung, und die Kontinuitätsgleichung bleibt als sehr
gute Näherung anwendbar. Diese Gleichung lautet:

$A_{Fenster} \times v_{Fenster} = A_{Raum} \times v_{Raum}$

Dabei sind $A_{Fenster}$ und A_{Raum} die Querschnittsflächen
des Fensters und des Raums, die im Verhältnis von $1:70$
zueinander stehen, und $v_{Fenster}$ ist die Schallgeschwindigkeit. Daraus ergibt sich als Geschwindigkeit des Sogs
v_{Raum} der Wert von $1/70$ der Schallgeschwindigkeit.

Die Berechnung der Dauer des Sogs ergibt sich aus
der Betrachtung des Massendurchsatzes. Man untersucht dabei die Luftmenge, die in einer bestimmten Zeit
zwischen den beiden benachbarten Räumen mit unterschiedlichen Luftverhältnissen ausgetauscht wird. Dabei
spielen Eigenschaften wie die Dichte, die Geschwindigkeit der Luftströmung und die spezifische Wärme eine
Rolle. Wenn in beiden Kammern Luft ist, dann kann man
dies zu der als Fliegners Formel bekannten Gleichung
des Massendurchsatzes umstellen:

$M/t = 0{,}04042 \times A \times p_0 / T^{1/2}$

Dabei sind M/t die durch die Öffnung strömende
Masse pro Zeit, A die Fläche der Öffnung, p_0 der Druck-

unterschied und T die Temperatur. Aus dieser Gleichung kann man eine Gleichung zur Bestimmung der Strömungsdauer herleiten, die für Flugzeuge und Raumschiffe gleichermaßen gilt.

KAPITEL 6

»GESCHÜTTELT, NICHT GERÜHRT!«

James Bond nimmt seinen Wodka-Martini immer geschüttelt und niemals gerührt zu sich. Bisher hat er in
allen Filmen zusammengenommen 25-mal diesen Drink
bestellt. Und immer ermahnt er den Barkeeper: »Geschüttelt, nicht gerührt.« Warum tut er das? Gibt es
dafür einen besonderen Grund oder ist es einfach nur
seine Eigenheit? Das Rezept für den original Geheim-
agenten-Cocktail finden wir glücklicherweise bei Ian
Fleming im Roman *Casino Royale*:

Flemings Originalrezept
Ein trockener Martini – in einem tiefen Champagner-
Kelch. Dazu 3 Maß Gordon's, 1 Maß Wodka, 1/2 Maß
Kina Lillet. Schütteln bis eiskalt, dann mit einem großen
schmalen Stück Limonenschale servieren.[1]

---

1 Das Ganze schmeckt scheinbar noch besser, wenn man einen
Wodka gebrannt aus Getreide und keinen aus Kartoffeln nimmt.
Übrigens schreibt Kingsley Amis in seinem Buch *James Bond Dossier*
von 1965, dass Kina Lillet nicht ganz passen kann, Ian Fleming habe
sich da offensichtlich vertan, es solle wohl nur »Lillet« sein, »Kina«
sei viel zu bitter.

Durch das intensive Schütteln des Drinks wird offenbar die Temperatur gesenkt, da dann das Getränk intensiver mit dem Eis im Shaker in Kontakt kommt. James Bond trinkt seine Wodka-Martinis nämlich am liebsten eisgekühlt – aber ohne Eis. Diese Erklärung für das »geschüttelt, nicht gerührt« ist aber sehr offensichtlich und eines James Bond irgendwie unwürdig. Deswegen suchen wir nach weiteren Gründen.

Im Jahre 1999 haben die Autoren C. C. Trevithick, M. M. Chartrand, J. Wahlman, F. Rahman, M. Hirst und J. R. Trevithick vom Department of Biochemistry, Faculty of Medicine and Dentistry an der Universität in London (Western Ontario, Kanada) einen Artikel mit dem Titel »Shaken, not stirred: bioanalytical study of the antioxidant activities of martinis« im British Medicine Journal veröffentlicht.[2]

Das verblüffende Ergebnis dieser Studie ist, dass der geschüttelte Cocktail gesünder zu sein scheint als der gerührte. Wird der Cocktail geschüttelt, dann werden die sogenannten freien Radikalen in der Flüssigkeit besser aufgelöst. Sie sind sehr aggressiv und entstehen, wenn Sauerstoff-Moleküle zerlegt werden.[3] Gerührt bleiben freie Radikale teilweise im Getränk zurück und können im Körper Schaden anrichten: Nehmen freie Radikale im Körper überhand, dann begünstigen sie Krankheiten wie Krebs, Arteriosklerose und den grauen Star. Dank seines Lieblingscocktails scheint 007 vor derartigen Krankheiten bewahrt zu bleiben. Im Alkohol

2 C. C. Trevithick et al, *BMJ* Volume 319 1825, December 1999, Seiten 1600–1602.

3 Zu diesen freien Radikalen gehören unter anderem auch Wasserstoffperoxid-Moleküle. Diese Moleküle spielten bereits als Antrieb beim Raketenrucksack eine Rolle. Freie Radikale sind in der Regel sehr reaktionsfreudige chemische Substanzen.

6.1 Sean Connery in seiner Paraderolle: als James Bond in *007 jagt Dr. No*, 1962.

sind zudem sogenannte Polyphenole enthalten – pflanzliche Gerbstoffe, die gesund sind, weil sie freie Radikale entschärfen können. Wenn wir also Wodka-Martini trinken, dann bitte nach James-Bond-Manier: denn der geschüttelte Martini vernichtet doppelt so viele freie Radikale wie der gerührte. James Bond, der nichts dem Zufall überlässt, beweist also auch in Cocktail-Fragen einen erstaunlichen Weitblick.

Diese Erklärung klingt gut und ist zudem durch die Studie der kanadischen Forscher streng wissenschaftlich untermauert. Sie hat nur einen Schönheitsfehler: Wenn 007 seinen Wodka-Martini wirklich schütteln ließe, weil das gesünder sei, dann könnte man ihm mit Recht unterstellen, dass er ein Gesundheitsfanatiker ist! Aufgrund vieler Beweise aus den James-Bond-Filmen scheidet diese Vermutung aber völlig aus. Der Lebenswandel des Mannes in geheimer Mission lässt an keiner Stelle erkennen, dass er Wert auf eine besonders gesunde Ernährung legt. Im Gegenteil, er trinkt bei jeder Gelegenheit literweise Champagner, isst Dutzende von Austern und verputzt russischen Beluga-Kaviar in großen Mengen. Diese Nahrungsmittel sind zwar vom Feinsten, gelten aber nicht als besonders gesundheitsfördernd. Ausgerechnet beim Genuss seines Wodka-Martinis, eines alkoholischen Getränks, das – ob geschüttelt oder nicht – eher schädlich im Körper wirkt, soll der Top-Agent auf seine Gesundheit achten? Sicher nicht!

Es muss also noch einen anderen Grund für das Schütteln des Drinks geben. Fangen wir bei unseren Untersuchungen an der Basis an, also bei der molekularen Struktur des Getränks. Wodka-Martini ist eine Flüssigkeit, die ein Gemisch aus relativ großen und relativ kleinen Molekülen ist. Die großen Moleküle sind meistens sogenannte aromatische Verbindungen, die ringförmige Atomanordnungen beinhalten. Solche Moleküle bestimmen oftmals den Geschmack eines Getränks, worauf ihr Name auch schon hindeutet. Äthanol hingegen ist ein kleines, kompaktes Molekül und ist nichts anderes als Alkohol. Ein Wodka-Martini ist also ein Gemisch aus großen und kleinen Teilchen, wobei die großen für den Geschmack und die kleinen für die Wirkung verantwortlich sind. Was hat das nun mit der Ausgangsfrage zu tun?

Bei Gemischen aus großen und kleinen Teilchen tritt der sogenannte Paranuss-Effekt auf. Dieser Effekt besagt, dass, wenn ein solches Gemisch in einem Behälter nur lange genug geschüttelt wird, sich die großen Teilchen an der Oberfläche anreichern.[4] Wenn man sich schon einmal gefragt hat, wieso in einer Müsli-Tüte die

4 Genaueres findet man beispielsweise in den Veröffentlichungen: M. E. Möbius, B. E. Lauderdale, S. R. Nagel, H. M. Jaeger, *Nature* (London) Vol. 414, 270 (2001) oder A. P. J. Breu, H.-M. Ensner, C. A. Kruelle, I. Rehberg, *Physical Review Letters* Vol. 90 014302 (2003).

6.2 Beispiel zum Paranuss-Effekt. Links oben: An Anfang liegen im Gemisch aus großen, schweren (hell) und kleinen, leichten Kugeln (dunkel) die kleinen Kugeln oben. Dann wird dieses Gemisch geschüttelt. Rechts oben: Leichtes Schütteln bewirkt, dass einzelne kleine Kugeln nach unten driften, da sie in jede Lücke passen. Links unten: Immer mehr kleine Kugeln dringen nach unten in die Lücken vor. Rechts unten: Nach einiger Zeit des Schüttelns sind alle großen, schweren Kugeln oben und alle kleinen, leichten unten.

Haselnüsse immer oben liegen, obwohl sie doch die größten und schwersten Zutaten sind, dann ist das eine praktische Konsequenz des Paranuss-Effekts. Abbildung 6.2 verdeutlicht den Effekt nochmals mit großen, schweren und kleinen, leichten Kugeln, die zunächst alle oben liegen. Nach längerem Schütteln befinden sich alle großen und schweren Kugeln oben und alle kleinen und leichten unten. Der Grund dafür ist, dass es sich um einen reinen Packungsdichteeffekt handelt. Immer wenn beim Schütteln eine kleine Kugel einmal in eine Lücke nach unten gerutscht ist, dann kommt sie aus dieser Lücke nicht mehr heraus. Deswegen gibt es für die kleinen Kugeln nur eine Richtung, nämlich nach unten. Dies bedeutet, dass sich die großen Kugeln, selbst wenn sie viel schwerer sind als die kleinen, nach oben bewegen müssen und sich an der Oberfläche des Behälters anreichern.

Nun ist allen klar, warum James Bond seine Wodka-Martinis schütteln lässt, oder? Bei einem gerührten Cocktail sind die großen und kleinen Moleküle gleichmäßig im Glas verteilt. Bei dem geschüttelten Getränk sind die größeren Teilchen an der Oberfläche angereichert – und diese Teilchen sind für den Geschmack verantwortlich (siehe Abbildung 6.3).

Es ist klar, dass James Bond seinen Wodka-Martini nie austrinkt. Im Gegenteil, da er stets von einem Abenteuer zum nächsten hetzt, schafft er immer nur höchstens einen Schluck seines geliebten Drinks. Dieser eine Schluck soll aber möglichst gut schmecken und dafür sorgt der Paranuss-Effekt! Die hier vorgestellte Theorie besagt also, dass James Bond trotz seines anstrengenden Lebens ein extremer Genießer ist, dessen Gaumen mit so feinen Geschmacksnerven ausgestattet ist, dass er selbst auf solche Kleinigkeiten achtet. Damit wäre das Rätsel um die geschüttelten Wodka-Martinis gelöst. Es zeigt einmal mehr, welches physikalische Detailverständnis der Top-Agent selbst in Momenten an den Tag legt, in denen andere sich einfach nur entspannen.[5]

Allerdings ist das natürlich zunächst nur genauso eine Theorie, wie die Gesundheitshypothese der erwähnten kanadischen Wissenschaftler. Aber es gibt einen Beweis dafür, dass der Doppelnull-Agent kein Gesundheitsfreak, wohl aber ein extremer Genießer ist.

---

5 Der Leser hat hier hoffentlich das Augenzwinkern bemerkt. Obwohl es den Paranuss-Effekt tatsächlich wie angegeben gibt, bleibt es dennoch dem Leser überlassen zu entscheiden, ob dieser Effekt auch bei einem Wodka-Martini wirken würde...

Gerührt Geschüttelt

6.3 Beim gerührten Wodka-Martini sind die großen und kleinen Teilchen gleichmäßig im Getränk verteilt (links). Im geschüttelten Cocktail sind die großen Moleküle an der Oberfläche angereichert. Diese Moleküle bestimmen den Geschmack des Getränks.

In *Sag niemals nie*[6] wird 007 von seinem Vorgesetzten M als dekadent beschimpft:

M »Sie haben eine sehr laxe Art und eine ungezügelte Lebensweise!«
Bond »Was darf ich darunter verstehen, Sir?«
M »Ich rede von den vielen Giften, die Ihren Körper und Ihren Verstand zerstören. Sie essen zu viel rohes Fleisch, zu viel Weißbrot, und Sie trinken zu viele trockene Martinis.«
Bond »Hmmm. Dann werde ich das Weißbrot weglassen, Sir!«

---

6 Dieser Film aus dem Jahre 1983 ist ein Remake des Films *Feuerball* und gehört eigentlich nicht zur offiziellen James-Bond-Reihe. Da der Top-Agent aber von Sean Connery gespielt wurde und auch sonst alles passt, soll er mit dazugezählt werden.

NACHWORT

WIE ES ZU DIESEM BUCH KAM

Als vor drei Jahren der Piper Verlag an mich herantrat und fragte, ob ich ein Buch über die Physik in den James-Bond-Filmen schreiben möchte, hätte ich niemals geglaubt, dass es so weit kommen würde. Zwar halte ich schon seit mehreren Jahren öffentliche Vorträge über die phänomenalen Physikkenntnisse des Geheimagenten und die Abenteuer von 007 gehören auch zu den Standardbeispielen meiner Vorlesungen für Physik-, Ingenieur- und Chemiestudenten an der TU Dortmund – aber ein Buch darüber schreiben?

Es mussten erst zwei glückliche Umstände eintreten, damit das Projekt in Angriff genommen werden konnte. Zuerst habe ich mit Prof. Dr. Joachim Stolze einen Mitstreiter gewonnen, der spontan zugesagt hat, an dem Buch mitzuarbeiten. Wir haben dann für das Sommersemester 2007 ein Seminar mit dem Titel »Geschüttelt, nicht gerührt! James Bond im Visier der Physik« angekündigt, in der Hoffnung, dass sich genügend Teilnehmer melden, um die einzelnen Themen des Buches zu bearbeiten. Anfängliche Zweifel, ob dies ein gutes Konzept sei, wurden sofort zerstreut. Der Erfolg war riesengroß, und der zweite glückliche Umstand trat ein:

Insgesamt 41 Studenten haben den Top-Agenten bei seinen Abenteuern genauestens durchleuchtet und dies in 18 Artikeln zusammengefasst.

Das Ergebnis liegt nun als Buch vor. Allen Beteiligten hat die Sache sehr großen Spaß gemacht. Wenn die Leser nur halb so viel Spaß beim Lesen der Geschichten haben wie wir beim Ausrechnen der kniffligen Stunts und Gadgets hatten, dann hat dieses Buch sein Ziel erreicht.

Dieses Buch ist kein Lehrbuch. Das Lüften der Geheimnisse von James Bond durch Anwendung der Naturgesetze soll dem Leser Spaß machen. Wenn dabei – quasi ohne es zu merken – noch etwas über Kräfte, Magnetfelder, Laser, Schwingungen und Linsen gelernt wird, dann ist es umso besser! Die Erkenntnis, dass sich mit der Physik Alltagsprobleme (zugegebenermaßen sind es ungewöhnliche Alltagsprobleme, die James Bond bei seinen Abenteuern zu überstehen hat) wirklich lösen lassen, ist sicher auch für viele spannend, die dies bisher nicht für möglich hielten.

Großen Dank schulde ich Dr. Klaus Stadler und Britta Egetemeier vom Piper Verlag, die mich zu diesem Projekt immer wieder ermuntert haben. Ohne Katharina Wulffius, ebenfalls vom Piper Verlag, wäre dieses Buchprojekt sicher nicht so verwirklicht worden. Ihr sei für die unermüdliche Hilfe, das gründliche Lektorat und die sehr angenehme Zusammenarbeit bei der Erstellung des Buches gedankt. Bedanken möchte ich mich auch bei Janine Erdmann vom Piper Verlag und Florian Feldhaus für ihren Einsatz bei der Erstellung der vielen Grafiken, und bei Christophe Cauet, Julian Wishahi und Tobias Brambach für die Index-Recherche.

Ohne den Kollegen und Mitherausgeber Prof. Dr. Joachim Stolze und die Studentinnen und Studenten Christophe Cauet, Julian Wishahi, Sebastian Jerosch, Dennis Spyra, Kathrin Stich, Nils Uhle, Daniel Pidt, Marco Lafrenz, Björn Wemhöner, Michael Mohr, Björn Bannenberg, Peter Schäfer, Christoph Bruckmann, Florian Feldhaus, Sandra Kuch, Michael Andrzejewski, Philipp Leser, Tobias Brambach, Fabian Clevermann, Ben Wortmann, Marc Daniel Schulz, Helge Rast, Daniel Brenner, Christoph Sahle, Manuela Meyer, Sarah Groß-Bölting, Nils Drescher, Katharina Woroniuk, Frank Hommes, Claudia Zens, Andreas Kim, Anne Hüsecken, Michael Schliwka, Jörn Krones, Sabrina Hennes, Marlene Doert, Steffen Bieder, David Odenthal, Thorsten Brenner, Julia Rimkus und Boris Konrad wäre dieses Buch garantiert nicht entstanden.

Metin Tolan, September 2008

ANHANG

Die Autoren

Michael Andrzejewski
(Die Zentrifugalkraft – mal
angenehm, mal tödlich)

Björn Bannenberg
(Wie sich Autos im Film
überschlagen)

Steffen Bieder
(Das Unternehmen »Grand
Slam«)

Tobias Brambach
(Von Raketen und Ruck-
säcken)

Daniel Brenner
(Feine Schnitte und grobe
Zerstörung: Laserstrahlen)

Thorsten Brenner
(Das Unternehmen »Grand
Slam«)

Christoph Bruckmann
(Ein Auto auf zwei Rädern)

Christophe Cauet
(Die körperlichen Belastungen eines Geheimagenten)

Fabian Clevermann
(Von Raketen und Ruck-
säcken)

Marlene Doert
(Woran starb die goldene
Dame?)

Nils Drescher
(Ich sehe was, was du nicht
siehst – James Bond hat den
Durchblick)

Florian Feldhaus
(Die Zentrifugalkraft – mal
angenehm, mal tödlich)

Sarah Groß-Bölting
(Ich sehe was, was du nicht
siehst – James Bond hat den
Durchblick)

Sabrina Hennes
(Woran starb die goldene
Dame?)

Frank Hommes
(»Ich schau dir in die Augen,
Kleines« / Polarisation durch
Reflexion: Wie man durch
spiegelnde Scheiben sieht)

Anne Hüsecken
(Eine Uhr, ein Stahlseil und
eine Menge phantastischer
Physik)

Sebastian Jerosch
(James Bond im freien Fall)

Andreas Kim
(Eine Uhr, ein Stahlseil und
eine Menge phantastischer
Physik)

Boris Konrad
(Eine Pistole, ein Flugzeug
und Pussy Galore)

Jörn Krones
(Die Technik macht's möglich!
– Eine Magnetuhr)

Sandra Kuch
(Die Zentrifugalkraft – mal
angenehm, mal tödlich)

Marco Lafrenz
(Wie man ein Flugzeug in
der Luft einholen kann)

Philipp Leser
(Von Raketen und Ruck-
säcken)

Manuela Meyer
(Ich sehe was, was du nicht
siehst – James Bond hat den
Durchblick)

Michael Mohr
(Wie sich Autos im Film
überschlagen)

David Odenthal
(Das Unternehmen »Grand
Slam«)

Daniel Pidt
(Wie man ein Flugzeug in
der Luft einholen kann)

Helge Rast
(»Ikarus« – Waffe oder
Wahnsinn?)

Julia Rimkus
(Eine Pistole, ein Flugzeug
und Pussy Galore)

Christoph Sahle
(Feine Schnitte und grobe
Zerstörung: Laserstrahlen)

Peter Schäfer
(Ein Auto auf zwei Rädern)

Michael Schliwka
(Die Technik macht's möglich!
– Eine Magnetuhr)

Marc Daniel Schulz
(»Ikarus« – Waffe oder
Wahnsinn?)

Dennis Spyra
(James Bond im freien Fall)

Kathrin Stich
(Luftwiderstand einmal
anders)

Joachim Stolze
(Wie breitet sich Giftgas aus?)

Metin Tolan
(Wie breitet sich Giftgas aus?
/ »Geschüttelt, nicht ge-
rührt!«)

Nils Uhle
(Luftwiderstand einmal
anders)

Björn Wemhöner
(Wie sich Autos im Film
überschlagen)

Julian Wishahi
(Die körperlichen Belastungen eines Geheimagenten)

Katharina Woroniuk
(»Ich schau dir in die Augen,
Kleines« / Polarisation durch
Reflexion: Wie man durch
spiegelnde Scheiben sieht)

Ben Wortmann
(»Ikarus« – Waffe oder
Wahnsinn?)

Claudia Zens
(Eine Uhr, ein Stahlseil und
eine Menge phantastischer
Physik)

Personen- und Sachregister

A

Absorption *140, 172, 185*
Akku(mulator) *040, 174*
Alec Trevelyan *059, 060*
amorphe Metalle *220, 228*
Anode *164, 165, 167, 173*
Archimedisches Prinzip *124, 126*
aromatische Verbindungen *286*
astronomische Einheit *139*
Atomgerät *017, 249*
Avogadro-Konstante *258*

B

barometrische Höhenformel *058*
Beaufort-Skala *276*
Beißer *012, 043, 062*
Bernoulli, Daniel *275*
Bernoulli-Effekt *275*
Beschleunigung *012, 020, 028, 036*
Boltzmann-Konstante *267*
Bonita *137, 185 ff.*
Brechungsindex *155, 196*
Brennpunkt *192*
Bretton-Woods-System *247*
Brewsterwinkel *196*
Browning, John Moses *270*
Bungee *021, 036, 038, 041, 059*

C

c_W-Wert *046, 048, 058, 064, 074*
Capungo *185, 188, 190*
Casino Royale *009, 012, 015, 022, 085*
Chang *101*

chaotisch *046, 051, 086, 280*
Compton-Streuuung *175*
Corinne Dufour *168*
Coriolis-Kraft *110*

D

Davidov *200*
Dekompression *277*
Der Hauch des Todes *015, 152, 156, 162,*
Der Mann mit dem goldenen Colt *014, 021, 076, 079*
Diamantenfieber *014, 021, 089, 093, 152*
Dichte *047, 059, 072, 150, 184*
Die Welt ist nicht genug *015, 170, 173, 184, 200*
Differenzialgleichung *010, 056, 071, 082*
Differenzialsperre *095*
Diffusion *263, 266, 268*
Dipol *228*
Dr. Arkov *200*
Dr. Chistmas Jones *200*
Dr. Holly Goodhead *100 f.*
Drehimpulserhaltung *115*
Drehmoment *096*
Druck *032, 127, 269, 276*
Druckkabine *273, 277*

E

Eaton, Shirley *237 ff.*
Elastizitätsmodul *204, 211*
Elektra King *200*
Elektromagnet *214, 216*
elektromagnetische Wellen *163, 180*
Elektronen *154, 164, 167, 256*
Erdbeschleunigung *011, 034, 041*

Erdorbit *099, 110, 116*
Ernst Stavro Blofeld *089, 116, 152*
eulersche Zahl *182*

F

Fallschirm *021, 043 ff., 068, 116*
Federkonstante *042*
Feuerball *014, 126, 199, 289*
Fliehkraft *091 ff., 103 ff., 113*
Fluchtgeschwindigkeit *130*
Flugbahn *067, 070 ff., 078 ff.*
Flugzeug *013 ff., 043 ff., 059 ff.*
Fort Knox *017, 152, 233, 245 ff.*
freie Radikale *284 f.*
Freier Fall *021, 037, 062*

G

Galileo Galilei *040, 055, 088*
gaußsche Glockenkurve *268*
Geigerzähler *199*
General Arkady Ourumov *059 f.*
geometrische Optik *186, 192*
Gewichtskraft *023, 032 ff., 045, 057*
Gleichgewicht, labiles, stabiles, dynamisches *090, 092, 097*
Golden Eye *009, 036, 059, 140*
Goldfinger *013 f., 017, 151 ff., 233 ff.*
Grand Slam *017, 152, 233 ff.*
Gravitation *102, 107 ff., 112, 120*
Gustav Graves *136, 140, 146 ff.*

H

Halbleiterdetektor *169, 183*
Halbwertszeit *250 f., 257*
Hebel *090 ff., 096*

Hugo Drax *016, 099, 109, 168 ff.*

I

Im Angesicht des Todes *015, 194*
Impulserhaltung *114, 120*
Isotop *250 f.*

J

Jill Masterson *013, 151, 233, 236 ff.*

K

Kananga *213*
Kara Milovy *152*
Kathode *167*
Kernspaltung *248 f.*
kinetische Energie *028, 035, 267*
Klettern *025 ff., 033*
Knallgasreaktion *124*
Kohäsionsenergie *279*
Kontinuitätsgleichung *276, 280*
Krummung *186 ff., 190*

L

Laser *089, 135 ff., 151 ff., 162*
Leben und Sterben lassen *012, 014, 077, 213*
lenzsche Regel *221 f.*
Lichtgeschwindigkeit *180*
Luftwiderstand *028, 038, 041, 043 ff.*

M

M *009, 011, 213*
Magnetfeld *214 ff., 228 ff., 292*
Magnetuhr *012, 213 ff., 243 ff.*
Maiman, Theodore *154*

Man lebt nur zweimal *014,*
   099, 115ff., 164ff.
Mary Goodnight *076f.*
Massendurchsatz *280*
Miss Moneypenny *213f.*
Molekül *148, 261*
Mollaka *020, 022ff.*
Moonraker *012ff., 021, 043,*
   054
Mylar™ *140, 147*

N

Nepomuk Pepper *021, 077ff.,*
   085
Neutron *250ff., 255ff.*
Newton, Isaac *019, 271*
newtonsche Axiome *019*

O

Octopussy *014, 199*
Oddjob *151, 243*
Orbit *099, 117*
Ordnungszahl *250, 255*
Osata *164ff.*

P

Parabelflug *078, 083, 119,*
   275
Parabolspiegel *140*
Paranuss-Effekt *287*
Pistole *011, 039, 164ff.*
plancksches Wirkungsquan-
   tum *183*
Polarisation *194ff.*
Polarisationsbrille *194ff.*
Polarkoordinaten *131*
Positron *256ff.*
potenzielle Energie *029,*
   035
Proton *250, 255*
Pussy Galore *234, 260, 269ff.*
Pythagoras *104*

Q

Q *015, 201, 213*
Querschnittsfläche *046, 057ff.,*
   064, 072ff.

R

Radioaktivität *257*
Rakete *099, 115ff.*
Raketengleichung *129*
Raketenrucksack *128f.*
Raumstation *013, 054, 099ff.,*
   141
Reflexion *140, 143, 194ff.*
Reibung *057ff., 072ff.*
Renard *200ff.*
Röntgenbrille *170ff., 174f.*
Röntgenstrahlung *135ff.,*
   164ff.
Rotationsachse *084*
Rotationsbewegung *079, 082,*
   115
Rotationsenergie *097*

S

Sag niemals nie *014, 289*
Sauerstoff *102, 124ff., 260*
Sauerstoffmaske *278*
Scaramanga *021, 076f.*
Schallgeschwindigkeit *270,*
   276, 280
Scheinkraft *106, 110*
Scherkraft *205*
schiefe Ebene *024ff., 034ff.*
Schmelzwärme *156f., 162*
schmutzige Bombe *249*
Schnickschnack *076*
Schwerelosigkeit *100, 108, 119*
Schwerkraft *120, 129, 216f.*
Schwerpunkt *030ff., 034f.,*
   078f., 090ff.
Smith & Wesson *269ff., 279*
Solarkonstante *139*

Solarzelle *161*
Spaceshuttle *099, 117*
Spannung, mechanische *058*
Spiegel *135 ff., 142 ff.*
Spule *216, 219*
Stirb an einem anderen
    Tag *009, 015, 136*
Strahlendosis *168, 185*
Strahlung, ionisierende *199*
Strahlung, Alpha-, Beta-,
    Gamma- *255 f.*
Streuung *159, 166, 175 f.*
Stromlinienform *046, 051*
Strömung, super-, hyper-,
    transsonische *280*
Symmetrie *084 ff.*
Szintillator *167*

T
Temperatur *059, 148, 162,
    230 ff., 239 ff.*
Terahertztechnik *178 ff.*
Translationsbewegung *063,
    088*
transversale Welle *194*
Treibstoff *095, 106 ff., 115 ff.*
Trigonometrie *074, 088, 207*

U
Überhitzen *242, 244*
Ultraschall *168*
Unabhängigkeitsprizip
    062 f., 073, 081

V
Valentin Zukovsky *170, 174*
Verbrennung *236, 238*
Verdampfungswärme *159,
    162 f., 231*
Verfolgungsjagd *019, 022,
    052, 138*
Vesper Lynd *085*

W
Wärmekapazität *155, 162*
Wärmeleitfähigkeit *244*
wiensches Verschiebungs-
    gesetz *163*
Winkelgeschwindigkeit *082,
    088, 097*
Wirkungsgrad *157, 161, 184*
Wodka-Martini *015, 170,
    283 ff.*
Wölbspiegel *192 f.*
Wurfparabel *088 f.*

Z
Zentrifugalkraft *099, 103 ff.,
    112, 131*
Zerfall, radioaktiver *180, 251,
    253, 255 ff.*

Abbildungsnachweis

S. 11: ullstein bild – Roger Viollet
S. 20, 201, 259: ullstein bild – KPA – 90061
S. 23, 47, 78/79, 81, 91, 103, 289: Jens Rotzsche
S. 37: Joachim Stolze
S. 101: Bild aus der DVD *Moonraker* (Fox)
S. 137: ullstein bild – Keystone
S. 174, 175: Bild aus der VHS *Die Welt ist nicht genug* (MGM)
S. 177: © 2001 American Science and Engineering, Inc.
S. 179: QinetiQ 100 GHz Millimetre Wave
S. 187: Bild aus der VHS *Goldfinger* (MGM)
S. 235: ullstein bild – ullstein bild
S. 237: ullstein bild – CINETEXT
S. 270: Bild aus der DVD *Goldfinger* (Fox)
S. 285: ullstein bild – AKG Pressebild

Walther PPK, Filmklappe und Bond-Girl: Jens Rotzsche

Alle anderen Grafiken, Abbildungen und Fotos mit freundlicher Genehmigung der Autoren.

PIPER

Metin Tolan
So werden wir Weltmeister

Die Physik des Fußballspiels. 368 Seiten. Gebunden

»So ist Fußball. Manchmal gewinnt der Bessere.« Was Lukas
Podolski nach der WM-Niederlage 2006 gegen Italien zer-
knirscht bekannte, kann der Dortmunder Physik-Professor
Metin Tolan beweisen: Fußball ist der ungerechteste Sport
der Welt. Würden sich auf dem grünen Rasen nämlich je
11 Physiker begegnen, wäre Schluss mit falschen Abseits-
entscheidungen, Bananenflanken ins Aus und schlecht positio-
nierter Abwehr. Denn die Physik kann, was Netzer und Co.
nur versuchen: Fußball erklären. Wer hätte gedacht, dass im
Elfmeterschießen die Reihenfolge der Schützen entscheidend ist? Und wer wagt vom Wembley-Tor 1966 zu behaup-
ten: »Der könnte drin gewesen sein«? Metin Tolan wagt
es! Und lüftet zum WM-Jahr 2010 absolut unbestechlich alle
Geheimnisse rund ums runde Leder.

01/1875/01/L